高等职业教育“互联网+”创新型系列教材

单片机应用技术项目化教程

第2版

主　编　高　松

副主编　李建东　陆中宏

参　编　于东东　成咏华

机械工业出版社

本书以 89C51 单片机为例，以初识单片机最小系统、单片机开发工具的应用、设计制作 LED 流水灯、设计制作简易计算器、设计制作里程表、设计制作秒表、设计制作 LED 电子显示屏和设计制作简易仪器仪表共 8 个项目为载体，结合一系列工作任务，讲解单片机系统开发必备的基础知识和软硬件条件，并介绍单片机硬件结构、常用接口技术和典型芯片的应用。本书各项任务均给出电路原理图和 C51 源程序代码，使读者真正做到“做中学”，紧密结合实践，提高理论水平和实践能力。

本书叙述力求通俗、易懂，内容以“有用、够用”为原则，过程由浅入深，循序渐进，任务选取突出了代表性。

本书可作为高职高专应用电子技术、电气自动化技术、机电一体化技术等专业的教材，也可作为电子爱好者和各类工程技术人员学习单片机应用技术的参考书。

为方便教学，本书有电子课件、拓展训练答案、模拟试卷及答案、二维码视频等，凡选用本书作为授课教材的老师，均可通过电话（010-88379564）或 QQ（3045474130）索取。

图书在版编目（CIP）数据

单片机应用技术项目化教程／高松主编．—2 版．—北京：机械工业出版社，2021.12（2024.7 重印）

高等职业教育“互联网+”创新型系列教材

ISBN 978-7-111-70292-4

Ⅰ.①单…　Ⅱ.①高…　Ⅲ.①单片微型计算机-高等职业教育-教材
Ⅳ.①TP368.1

中国版本图书馆 CIP 数据核字（2022）第 037386 号

机械工业出版社（北京市百万庄大街 22 号　邮政编码 100037）
策划编辑：曲世海　　　　责任编辑：曲世海
责任校对：张晓蓉　贾立萍　封面设计：马精明
责任印制：郜　敏
北京富资园科技发展有限公司印刷
2024 年 7 月第 2 版第 4 次印刷
184mm×260mm · 12.5 印张 · 309 千字
标准书号：ISBN 978-7-111-70292-4
定价：45.00 元

电话服务　　　　　　　　网络服务
客服电话：010-88361066　机　工　官　网：www.cmpbook.com
　　　　　010-88379833　机　工　官　博：weibo.com/cmp1952
　　　　　010-68326294　金　书　网：www.golden-book.com
封底无防伪标均为盗版　机工教育服务网：www.cmpedu.com

前言

单片机是嵌入式领域的重要分支之一，其应用领域已经渗透到国民经济的各个行业，目前许多院校都在开设单片机的相关课程，许多电子技术爱好者也特别青睐单片机方面的内容。鉴于这个原因，我们从初学者的角度出发，编写了本书，希望可以给广大单片机技术的爱好者带来帮助。

本书是在高职院校大力推行教学改革、深化专业和课程建设的背景下编写的。作者总结和提炼了单片机在企业生产中的实际应用，并且结合多年教学实践，精选教学内容。本书理论联系实际，把单片机的硬件和软件结合起来：硬件以89C51为核心，以其他元器件为辅助形成一个完整的硬件系统；软件摒弃了传统的汇编语言，采用工程实践中普遍使用的C语言。同时，本书打破了以往教材中的知识体系结构，切实落实“管用、够用、适用”的教学指导思想。

本书是为初学者准备的，适合零基础的人员使用。作者对书中必要的术语和知识点都给出了解释，尽可能使读者不会因生疏的专业词汇而感到困惑。当然，作者并没有回避51单片机所涉及的任何基础知识，而是将重点、难点详细讨论和分析。边学边练是短时间掌握一项技能的有效方法，本书也充分贯彻了这一思想。在学习过程中，读者可以以实物或仿真的方式进行“产品”的生产制作，提高学习兴趣和效率。

作者将多年单片机教学和开发过程中的许多非常重要的经验及思想写进了本书，因此无论您是采用传统的纯理论教学方式，还是采用项目式教学方式，都会感到得心应手。

本书由高松担任主编，李建东、陆中宏担任副主编，于东东、成咏华参与了本书的编写。感谢唐山工业职业技术学院自动化工程系各位领导和老师，他们为本书的编写提供了大量帮助。

最后，恳切希望广大读者对本书提出宝贵的意见和建议，以便再次修订时加以完善。

编　者

二维码索引

（续）

（续）

名称	二维码	页码	名称	二维码	页码
指针与数组		70	按键消抖方法		89
数码管的结构和显示原理		74	矩阵键盘电路		92
共阳极数码管显示电路		76	矩阵键盘行列扫描的工作过程		93
独立按键识别1		84	矩阵键盘程序		94
独立按键识别2		84	变量作用域		97
if选择分支语句		86	计算器电路		97
单一分支 if 语句执行过程		86	计算器程序		97
双分支体 if-else 语句执行过程		86	中断概念		102
switch 分支结构语句		88	中断源		102
switch 语句执行过程		88	中断标志位		103

（续）

名称	二维码	页码	名称	二维码	页码
中断允许及优先级		104	串行通信概念		135
中断过程及编程		105	串行口的结构		135
霍尔及光电传感器		109	串行口工作原理		136
光电传感器原理动画		109	串行口工作方式 1		141
计数器原理动画		112	串行口工作方式 2 和 3		142
定时计数器结构		112	串行口通信协议		143
定时计数器设置		113	PC 与单片机通信硬件电路与软件编程		145
方波发生器电路		114	双机串行通信硬件电路		147
方式 1 和方式 2		115	双机串行通信软件编程		148
方波发生器程序		116			

目　录

项目一

初识单片机最小系统

欢迎走进精彩的单片机世界。本项目通过一个单片机最小应用系统的构建，使读者能够对单片机有初步的了解，能叙述单片机的内部结构，能设计包括电源、晶体振荡电路、复位电路和简单外围器件的最小单片机系统。

任务一　认识单片机

认识单片机

一、任务要求

所谓单片机，就是采用超大规模集成电路技术把具有数据处理能力的中央处理器（CPU）、随机存储器（RAM）、只读存储器（ROM）、多种 I/O 口和中断系统、定时器/计数器等集成到一块硅片上构成的一个小而完善的计算机系统。通俗地说，单片机就是一块集成芯片，在满足一定的工作条件下，它的各引脚可以根据使用者的需要，通过编写合适的程序输出高、低两种电平，从而控制外围器件工作，实现预期的功能。

开发一个单片机系统首先要选择单片机器件的型号，本任务的主要目的是帮助读者选择适合的单片机，并使读者对单片机应用领域、单片机型号和包括硬件、软件设计的系统开发等有初步了解。

二、知识链接

单片机应用领域

1. 单片机的典型应用领域

本书中所有项目的实现均以单片机为核心，这是以单片机的广泛应用为前提的。在我国，从事单片机设计工作的技术人员数以万计。随着单片机的不断发展、完善，它已成为科技领域的智能化工具。

目前单片机已渗透到人们生活的各个方面，几乎很难找到哪个领域没有单片机的踪迹。可以说，凡是需要控制和简单计算的电子设备和产品都可以由单片机来实现。导弹的导航装置，飞机上各种仪表的控制，计算机的网络通信与数据传输，工业自动化过程的实时控制和数据处理，广泛使用的各种智能 IC 卡，民用豪华轿车的安全保障系统，录像机、摄像机、全自动洗衣机的控制，以及程控玩具、电子宠物等，这些都离不开单片机，更不用说自动控制领域的机器人、智能仪表、医疗器械了。科技越发达，智能化的东西就越多，单片机的使用也就越多，所以说学习单片机是社会发展的需求。

2. 单片机的类型

据不完全统计，全世界嵌入式微处理器的品种数量已经超过1000种，流行体系结构有30多个，其中MCS－51体系占大多数，所以本书选用MCS－51单片机进行阐述。

生产MCS－51单片机的半导体厂家有20多家，共有350多种衍生产品。在ATMEL公司成功推出AT89系列单片机后，几个著名的半导体生产商也相继生产了类似的产品，如PHILIPS公司的P89系列单片机、SST公司的SST89系列单片机、Winbond公司的W78系列单片机等。其中AT89C51、P89C51、SST89E51、W78E51都是与MCS－51系列完全兼容的单片机，各芯片之间也是相互兼容的，所以不写前缀，仅写89C51可以表示其中任何一个厂家的产品。本书如不做特殊声明，使用单片机的型号均为89C51。

除了MCS－51系列单片机以外，还有一些其他的单片机，如PIC、AVR和MSP430等系列。这些系列单片机和MCS－51系列单片机不兼容，程序指令也不相同。

AVR系列单片机也是ATMEL公司生产的一种单片机，它采用RISC精简指令集，它的一条指令的运行速度可以达到纳秒级，速度快，功耗低，片内资源丰富，一般都集成模-数转换器、PWM、SPI、USART、I^2C等资源，大大简化了外围电路的设计；MSP430单片机是美国TI公司生产的，它采用的是RISC的指令集，这款单片机除了资源丰富，其主要特点是超低功耗，但是多数内存都不大；PIC系列单片机是美国MICROCHIP公司生产的另一种8位单片机，它采用的也是RISC的指令集，资源较丰富，而且型号非常多，适用于不同场合。笔者认为初学者不应盲目地追赶技术，而是应踏实地学好基础知识，这样才能触类旁通，解决开发中的问题。

三、硬件电路设计

单片机作为一块集成芯片，其应用系统离不开硬件设计，即电路设计。和普通电路设计过程一样，单片机系统的硬件设计一般包括：

1. 电路原理图

利用电路设计软件，如Protel等，将单片机设计方案的硬件部分用标准的电路原理图表示，为印制电路板（PCB，简称电路板）图的生成提供依据。

2. 电路板图

根据电路原理图，利用电路设计软件，生成电路板图。主要实现元器件在电路板上的分布、具体封装，信号线、电源线与地线的走线等。其中需要考虑产品本身的尺寸要求、工作环境、干扰等问题。

3. 制板

根据电路板图加工电路板，完成元器件的安装与焊接。

硬件设计人员应对电路板进行检测，以发现其中的设计缺陷，如果不能通过修改电路板来补救出现的问题，则只能重新设计。

延伸阅读：在电子行业，Protel是广泛使用的一种计算机辅助设计（CAD）软件。它包含了电路原理图绘制、模拟电路与数字电路混合信号仿真、多层印制电路板设计（包含印制电路板自动布线）、可编程逻辑器件设计、图表生成、电子表格生成、支持宏操作等功能。

PCB（Printed Circuit Board），中文名称为印制电路板，它将零件与零件之间复杂的电路铜线，经过细致整齐地规划后，蚀刻在一块板子上，提供电子零组件在安装与互连时的主要支撑体，是所有电子产品不可或缺的基础零件。由于它是采用电子印刷术制作的，故俗称为印刷电路板。

覆铜板是以环氧树脂等为融合剂将玻纤布和铜箔压合在一起的产物，是PCB的直接原材料，在经过蚀刻、电镀、多层板压合之后制成印制电路板。印制电路板上通常都有设计预钻孔以安装芯片和其他电子组件，将电子组件的引脚穿过PCB后，再以导电性的金属焊条黏附在PCB上而形成电路。

印制电路板的设计是以电路原理图为根据，实现电路设计者所需要的功能。印制电路板的设计主要指板图设计，需要考虑外部连接的布局、内部电子元器件的优化布局、金属连线和通孔的优化布局、电磁保护、热耗散等各种因素。优秀的板图设计可以节约生产成本，达到良好的电路性能和散热性能。

单面板（Single-Sided Boards）：在最基本的PCB上，零件集中在其中一面，导线则集中在另一面上，适用于简单的电路。双面板（Double-Sided Boards）：这种电路板的两面都有布线，不过要用上两面的导线，必须要在两面间有适当的电路连接才行，这种电路间的“桥梁”叫作过孔（Via）。过孔是在PCB上充满或涂上金属的小洞，它可以与两面的导线相连接。因为双面板的布线面积比单面板大了一倍，而且布线可以互相交错（可以绕到另一面），它更适合用在比单面板更复杂的电路板上。

四、软件设计

单片机与普通电子器件不同的是它具有可编程性质，即除搭建硬件电路外，还需软件来与之协同工作。即使同一个电路，当运行不同的程序时，完成的功能也有所差别。这个特点常使开发人员感到单片机具有很大的挑战性、灵活性和趣味性而对它爱不释手，同时，单片机系统因体现了设计人员的思想而更具灵活性和智能性。目前，具有可编程性质的电子器件是电子技术发展的主流方向。

单片机应用系统的软件设计千差万别，不存在统一模式。开发一个软件的明智方法是尽可能采用模块化结构。根据系统软件的总体构思，按照先粗后细的办法，把整个系统软件划分成多个功能独立、大小适当的模块。划分模块时要明确规定各模块的功能，尽量使每个模块功能单一，各模块间的接口信息简单、完备，接口关系统一，尽可能使各模块之间的联系减少到最低限度。根据各模块的功能和接口关系，可以分别对其进行独立设计。在各个程序模块分别进行设计、编制和调试后，最后再将各个程序模块连接成一个完整的程序。

五、单片机系统的研制过程

解决问题时，应采取一些特定的步骤。合理地把握单片机开发的各个阶段，有助于设计流程与质量的保证。

如果不知道想做什么、完成什么任务，将无法找到解决方案，所以单片机应用系统的设计是以确定系统的功能和技术指标开始的。首先要细致分析、研究实际问题，明确各项任务和要求；再从考虑系统的先进性、可靠性、可维护性以及成本、经济效益出发，拟定出合理可行的技术性能指标。

对于有些实际应用中的单片机系统，任务相对复杂，所需资源较多，不适合初学者完成，所以本书所选取的例题、任务和项目都比较简单，但这恰是解决复杂实际问题的前提和基础。

确定了研制任务后，就可以进行系统的总体方案设计。一个好的方案，会节省大量的时间和工作，它将承担起工作蓝图的职责。对于相同的功能，特定的开发小组或是不同的决策者可能会选择不同的解决方案，但最终的选择不能违背产品设计的初衷。

在完成系统硬件和软件设计后，还需进行系统集成调试。此过程是将软件、硬件和执行装置集成在一起，进行系统调试，开发人员需要对技术接口进行逐一确认，发现并改进单元设计中的错误。

对于电路设计软件和制板过程，可参阅其他资料，本书重点说明单片机及其外围元器件电路的设计和单片机程序的编制。

六、拓展训练

1. 利用图书馆、互联网等资源查找 MOTOROLA、MICROCHIP、EPSON、华邦等公司各自生产的单片机的特点。

2. 一个完整的单片机应用系统的研制过程包含哪些环节？

3. 利用课余时间，学习电子绘图软件 Protel 的使用。

任务二　理解单片机中的数据

一、任务要求

无论学习 89C51 单片机的原理知识，还是编程语言，总离不开各种数据。日常生活中应用最多的是十进制数，除此之外，计算机中常用的还有二进制数、十六进制数等。通过本任务的学习，希望读者能够习惯使用二进制、十六进制表示数据，学会各种进制数之间的相互转换。

二、知识链接

1. 十进制数

数制及不同数制之间转换——按权展开式

十进制是日常生活和生产中最常用的计数体制。它的每一位用 0 ~ 9 十个数码表示，基数为 10，超过数码 9 的数则需要用多位数表示，其中相邻位数间的关系是逢十进一或借一当十。如十进制数 368，则 3 为包含 10^2 的个数，6 为包含 10^1 的个数，而 8 为包含 10^0 的个数，因此 368 可表示为

$$368 = 3 \times 10^2 + 6 \times 10^1 + 8 \times 10^0$$

2. 二进制数

对于一个电子电路，非常容易实现两种不同且互为相反的状态，如电平的高低、灯的亮灭、晶体管工作状态的导通和截止，如果将其中的一种状态看成为“1”，那么另外的一种状态就可以看成为“0”。这样可以使电路变得简单且容易实现，这就是计算机系统中采用二进制计数的原因。

在二进制数中，每一位仅有 1 和 0 两个数码之一，所以计数的基数为 2，相邻位数间的关系是逢二进一或借一当二。可用后标字母 B 表示二进制数，如 1101B、1001B。

二进制数所对应的十进制数，可将其按权展开得到，例如：

$$(1011)_2 = 1\times2^3 + 0\times2^2 + 1\times2^1 + 1\times2^0 = 8 + 0 + 2 + 1 = (11)_{10}$$

对于十进制整数，可采用除 2 取余法换算为二进制数，例如，将十进制数 29 转换为二进制数的步骤可表示为

$$\begin{array}{r|l l}
2 & 29 & \\
2 & 14 & 余数为\ 1 \\
2 & 7 & 余数为\ 0 \\
2 & 3 & 余数为\ 1 \\
2 & 1 & 余数为\ 1 \\
 & 0 & 余数为\ 1
\end{array}$$

换算结果为 $(29)_{10} = (11101)_2$。由此可见，将十进制数不断用 2 去除，直到商为 0，从下往上写出余数，即为所求的二进制数。

二进制数的位是计算机中数据的最小单位，8 个二进制位构成 1 个字节。1 个字节可以表示 2^8（=256）个不同的值（0～255）。字节中的位号从左至右依次为 7～0。第 7 位称为最高有效位（MSB），第 0 位称为最低有效位（LSB）。当数值大于 255 时，就要用字或双字进行表示。字可以表示 2^{16}（=65536）个不同的值（0～65535），这时第 15 位为 MSB。

3. 十六进制数

二进制数与十进制数相比，使用起来不太方便，因为与等值的十进制数相比，它所需要的位数多。例如，十进制数 9 是一位数，而等值的二进制数 1001B 则为 4 位，读写不方便。为了读写方便，常把二进制数改写成十六进制数，前面加“0x”是十六进制数的书写格式，如 0x3A；在汇编语言中，用后标字母 H 表示十六进制数，如 3AH。为便于对照，下面将部分十进制数、二进制数、十六进制数的等值关系列于表 1-1 中。

表 1-1　常用计数体制数的表示方法

十进制数	二进制数	十六进制数	十进制数	二进制数	十六进制数
0	0000	0x00	10	1010	0x0A
1	0001	0x01	11	1011	0x0B
2	0010	0x02	12	1100	0x0C
3	0011	0x03	13	1101	0x0D
4	0100	0x04	14	1110	0x0E
5	0101	0x05	15	1111	0x0F
6	0110	0x06	16	0001 0000	0x10
7	0111	0x07	64	0100 0000	0x40
8	1000	0x08	255	1111 1111	0xFF
9	1001	0x09	1000	1111101000	0x3E8

十六进制是在计算机指令代码和数据的书写中经常使用的数制，采用0～9、A、B、C、D、E、F 16个数码，计数的基数为16，相邻位数间的关系是逢十六进一或借一当十六。二进制数转换为十六进制数时，对于整数只要将二进制数从最低有效位往左每4位分成一组，每组用一个等价的十六进制数来代替即可。例如，将 $(1111101000)_2$ 转换为十六进制数可表示为

二进制转换为十六进制

$$\frac{11}{3}\ \frac{1110}{E}\ \frac{1000}{8}$$

所以 $(1111101000)_2=(3E8)_{16}$。由于4位二进制数可以方便地用1位十六进制数表示，所以人们对二进制的代码或数据常用十六进制形式缩写。十六进制数转换为二进制数的方法是把十六进制数的每位分别用4位二进制数码表示，然后把它们排列起来。例如，把十六进制数2AC转换为一个二进制数可以表示为

十六进制数转换为二进制数

$$\frac{2}{0010}\ \frac{A}{1010}\ \frac{C}{1100}$$

所以 $(2AC)_{16}=(1010101100)_2$。

十六进制数转换成十进制数的方法和二进制数转换成十进制数的方法类似，采用按权展开的方法。例如：

$$(3F)_{16}=3\times16^1+15\times16^0=48+15=(63)_{10}$$

十进制整数转换成十六进制整数可以采用“除16取余法”，即用16连续去除要转换的十进制整数，直到商为0，然后把各次余数按逆序排列起来所得的数，便是所求的十六进制数。例如，$(3901)_{10}$ 所对应的十六进制数可表示为

```
16 | 3901
16 | 243    余数  13  写作  D
16 | 15     余数   3  写作  3
     0      余数  15  写作  F
```

把所得余数按从下到上排列起来便可得到：$(3901)_{10}=(F3D)_{16}$。

对于各进制小数部分的相互转换，由于在单片机系统中很少应用，这里不再进行详细介绍。

4. ASCII码

在计算机系统中，有时需要把数及数以外的其他信息（如字符或字符串）用一个规定的二进制数来表示。二进制数只有0和1两个数码，把若干个0和1按一定规律编排起来，用来表示某种信息含义的一串符号称为代码。这些二进制形式的代码称为二进制编码。

字符的编码经常采用的是美国标准信息交换代码（ASCII码），用于计算机与外围设备的数据传输，以引号括起来标志，如“AB”。一个字节的8位二进制码可以表示256个字符。当最高位为“0”时，所表示的字符为标准ASCII码字符，共有128个，分为两类：一类是图形字符（96个），用于表示数字、英文字母、标点符号等；另一类是控制字符，包括回车符、换行符等，没有特定形状，其编码可以存储、传送和起某种控制作用。当最高位为“1”时，所表示的是扩展ASCII码字符。标准ASCII码字符表见附录A。

三、拓展训练

1. 利用十六进制数从 0x00 写到 0x100。
2. 把下列十进制数转换为二进制数和十六进制数：

（1）36　（2）128　（3）4096

3. 把下列十六进制数转换为二进制数和十进制数：

（1）2AH　（2）FFH　（3）100H

任务三　熟悉单片机内程序和数据存储

一、任务要求

为了能充分发挥单片机的功能，必须知道单片机是如何进行程序和数据存储的，即对其内部结构进行必要的了解，尤其是存储器结构，是正确使用单片机的必要的基础知识。本任务重点对 89C51 单片机内部存储器结构进行讨论。

假设单片机系统应用程序为 1KB，其中主程序 200B，定时器 0 中断服务程序 100B，其他子程序 700B；原始数据有 200B，中间数据 10B，位数据 8 位，分别分配存储空间，画出分配示意图。

二、知识链接

1. 89C51 单片机的内部结构

89C51 单片机的内部结构如图 1-1 所示，主要包括 CPU、内部存储器、定时与中断系统、并行 I/O 口、串行 I/O 口和时钟电路六部分。

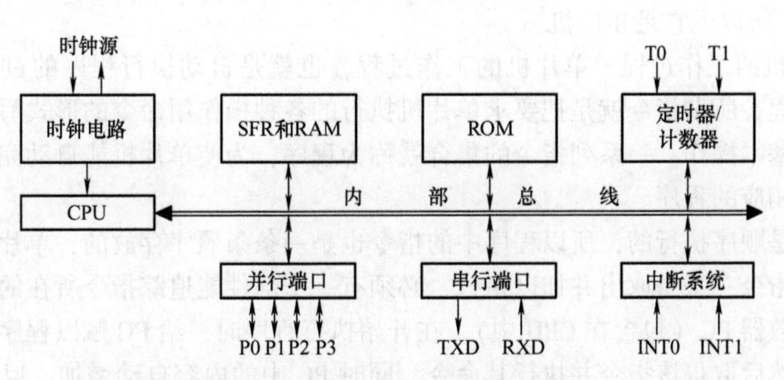

图 1-1　89C51 单片机内部结构框图

（1）CPU　CPU 也叫中央处理器，是单片机的核心部件，主要用于完成单片机的运算和控制功能，其内部由运算器和控制器组成。

（2）内部存储器　单片机的内部存储器包括程序存储器（ROM）和数据存储器（RAM），它们是相互独立的。程序存储器（ROM）为只读存储器，用于存放程序指令、原始常数及数据表格。数据存储器（RAM）为随机存储器，用于存放数据。

（3）定时与中断系统　89C51 单片机内部有两个 16 位的定时器/计数器，用于实现定时或计数功能，并以其定时或计数的结果（查询或中断方式）来实现控制功能。

89C51单片机具有中断功能，可满足控制应用的需要。它共有5个中断源（89C52单片机有6个中断源），即两个外部中断源、两个定时器/计数器中断源和一个串行口中断源。全部中断可分为高级和低级两个优先级别。

（4）并行I/O口　89C51单片机内部共有4个8位的并行I/O口（P0、P1、P2、P3），用于实现数据的并行输入和输出。

（5）串行I/O口　89C51单片机还有一个全双工的串行口，用于实现与外部的串行数据传送和与外部设备的串行通信。

（6）时钟电路　时钟电路为单片机产生时钟脉冲序列，用于协调和控制其工作。89C51单片机的内部有时钟电路，在采用内部时钟时需要外接石英晶体振荡器和微调电容。

2. 单片机的工作过程和ROM

地址和数据

（1）地址和数据　在计算机系统中，除要求包含CPU外，还必须要有存储器，用来存储程序和各种数据。存储器中最小的存储单位是一个二进制位，8位二进制位即一个字节构成一个存储单元。一个存储器包含许多存储单元，每个存储单元在存储器中所处的位置是以地址标志的，一个存储单元对应一个地址，可以将地址理解为每个存储单元前面的编号。不同地址线根数，所确定的存储空间也不一样。一根地址线对应的存储空间只有两个存储单元，其中一个存储单元的编号为0，另一个存储单元的编号为1；两根地址线对应的存储空间有四个存储单元，各存储单元的编号依次为00B、01B、10B和11B；以此类推，n根地址线对应的存储空间有2^n个存储单元，存储单元的编号范围是$0\sim(2^n-1)$。89C51单片机提供16根地址线，最大寻址空间为64KB（0x0000～0xffff）。

每个存储单元里存储的信息为数据，89C51单片机中，一个存储单元里能够存储8位二进制信息，即一个字节（Byte，简写为B）。89C51单片机的CPU一次所能处理的数据也是8位二进制数，所以说它是8位机。

（2）单片机的工作过程　单片机的工作过程，也就是自动执行程序的过程，即一条条执行指令的过程。所谓指令就是把要求单片机执行的各种操作用命令的形式写下来，一条指令对应着一种基本操作。一系列指令的集合就称为程序，为使单片机能自动完成某一特定任务，必须编写相应的程序。

程序通常是顺序执行的，所以程序中的指令也是一条条顺序存放的，单片机在执行程序时要能把这些指令一条条取出并加以执行，必须有一个部件能追踪指令所在的地址，这一部件就是程序计数器PC（包含在CPU中）。在开始执行程序时，给PC赋以程序中第一条指令所在的地址，然后取得该指令并执行其命令，同时PC中的内容自动增加，以指向下一条指令的起始地址，如此保证指令顺序执行。

PC本身没有地址，是不可寻址的，因此用户无法对其进行读写操作。在转移、调用和返回等指令中，PC的值会改变，以控制程序按用户的要求去执行。

（3）程序存储器ROM　在单片机内部，专门用来存放程序的是程序存储器（ROM）。ROM是一种写入信息后不能改写，只能读出的存储器。断电后，ROM中的信息保留不变，所以，ROM用来存放固定的程序或数据。

89C51是一种带Flash ROM的单片机，Flash ROM是一种快速存储式只读存储器，这种

程序存储器的特点是可以电擦写，掉电后程序依然保存，编程寿命可以达到1000次左右。早期的程序存储器还有掩膜ROM、PROM、EPROM三种。掩膜ROM中存储的信息是在制造过程中固化进去的，一旦固化便不能再修改，适合于大批量的定型产品；可编程只读存储器PROM中的信息可由用户通过特殊手段写入，但只能一次性写入；EPROM是可擦除、可改写的ROM，用户可根据需要对它多次写入和擦除，但可以擦除的次数也是有限的，一般为几十次。

不同型号的单片机，其内部存储器ROM的容量也有所差异，89C51单片机芯片内部ROM容量只有4KB（0x0000～0x0FFF），宏晶公司生产的STC89C516RD+单片机的内部ROM容量已达到64KB。

单片机复位后，程序计数器PC为0000H，即从程序存储器的0000H单元读出第一条指令。程序存储器中，某些单元保留给系统使用，用来存放特定的系统程序，见表1-2。分析表1-2可发现，系统为每一个应用程序保留的单元数都较少。如仅为“复位后初始化引导程序”保留了3个单元，为了保证程序的正常存放及运行，在0000H单元内放置一条跳转指令，如LJMP ××××(××××表示主程序入口地址)，然后把这个程序存放到××××位置。

表1-2　保留的存储单元

存储器单元	指定存放的系统程序
0000H～0002H	复位后初始化引导程序
0003H～000AH	外部中断0中断服务程序
000BH～0012H	定时器0溢出中断服务程序
0013H～001AH	外部中断1中断服务程序
001BH～0022H	定时器1溢出中断服务程序
0023H～002AH	串行端口中断服务程序
002BH～0032H	定时器2溢出中断服务程序

3. 数据存储器RAM

片内片外数据存储器

在程序的执行过程中，总有一些暂时性的数据或中间结果等信息需要存储。而ROM中的内容在单片机工作状态下是不允许更改的，为此单片机中专门设立了数据存储器RAM，在关闭电源时，其所存储的信息将丢失。

单片机的数据存储器（RAM）分为内部数据存储器和外部数据存储器两大部分。

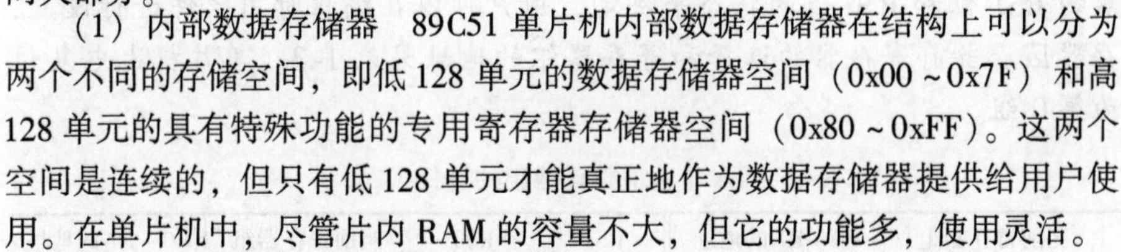

(1) 内部数据存储器　89C51单片机内部数据存储器在结构上可以分为两个不同的存储空间，即低128单元的数据存储器空间（0x00～0x7F）和高128单元的具有特殊功能的专用寄存器存储器空间（0x80～0xFF）。这两个空间是连续的，但只有低128单元才能真正地作为数据存储器提供给用户使用。在单片机中，尽管片内RAM的容量不大，但它的功能多，使用灵活。

片内数据存储器

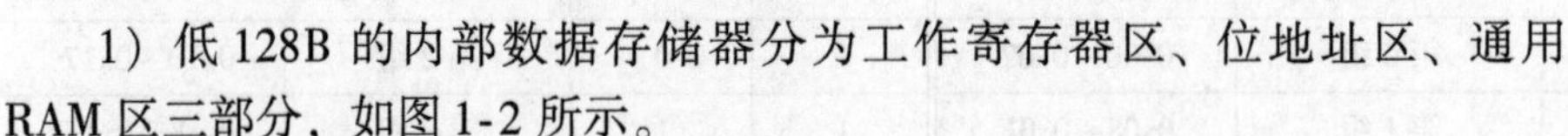

1）低128B的内部数据存储器分为工作寄存器区、位地址区、通用RAM区三部分，如图1-2所示。

① 工作寄存器区。内部数据存储器中，0x00～0x1F的32个单元是4个通用工作寄存器组，每组有8个寄存器，即R0～R7。编程时，寄存器常用于存放操作数及中间结果等。

地址									区域
7FH 30H									通用RAM区
2FH	7F	7E	7D	7C	7B	7A	79	78	位地址区
2EH	77	76	75	74	73	72	71	70	
2DH	6F	6E	6D	6C	6B	6A	69	68	
2CH	67	66	65	64	63	62	61	60	
2BH	5F	5E	5D	5C	5B	5A	59	58	
2AH	57	56	55	54	53	52	51	50	
29H	4F	4E	4D	4C	4B	4A	49	48	
28H	47	46	45	44	43	42	41	40	
27H	3F	3E	3D	3C	3B	3A	39	38	
26H	37	36	35	34	33	32	31	30	
25H	2F	2E	2D	2C	2B	2A	29	28	
24H	27	26	25	24	23	22	21	20	
23H	1F	1E	1D	1C	1B	1A	19	18	
22H	17	16	15	14	13	12	11	10	
21H	0F	0E	0D	0C	0B	0A	09	08	
20H	07	06	05	04	03	02	01	00	
1FH	3组								工作寄存器区
	2组								
	1组								
00H	0组								

图1-2　内部数据存储器分配

延伸阅读： 正在使用的寄存器组称为当前寄存器区，选择哪个工作组为当前工作区由程序状态控制寄存器的RS1位和RS0位的状态来决定，用户可以在编程时用软件进行设置，切换当前工作寄存器区。当前寄存器的选择和寄存器组的地址见表1-3。单片机上电复位后，工作寄存器为第0组。

表1-3　RS1、RS0与当前寄存器组的选择

RS1	RS0	当前寄存器组	R0～R7的地址	RS1	RS0	当前寄存器组	R0～R7的地址
0	0	第0组	0x00～0x07	1	0	第2组	0x10～0x17
0	1	第1组	0x08～0x0F	1	1	第3组	0x18～0x1F

② 位地址区。0x20～0x2F共16个字节的RAM为位地址区，有双重寻址功能，既可以

进行位寻址操作，也可以同普通 RAM 单元一样按字节寻址操作，共有 128 位，每一位都有相对应的位地址，位地址范围为 0x00～0x7F。位寻址是单片机的一个重要的特点。所谓位操作，只是对该位进行操作，对本字节其他位没影响。

③ 通用 RAM 区（数据缓冲器区）。0x30～0x7F 共 80 个字节为数据缓冲器区，用于存放用户数据，只能按字节存取。通常这些单元可用于中间数据的保存，也用作堆栈的数据单元。

2）特殊功能寄存器。特殊功能寄存器也叫专用寄存器（SFR），就是将内部数据存储器的高 128 个单元作为特殊功能寄存器使用，其单元地址为 0x80～0xFF。89C51 单片机的专用寄存器总数为 21 个，而 89C52 单片机为 26 个，这些寄存器仅占用了 0x80～0xFF 中的一小部分，其他空间虽然未安排寄存器，但也不能进行读、写操作。特殊功能寄存器的名称、地址见表 1-4。在特殊功能寄存器中，有 11 个寄存器不仅可以进行字节寻址，还可以进行位寻址。能进行位寻址的寄存器的特点是字节地址都能被 8 整除（字节地址的末位是 0 或 8）。SFR 中的位地址分布见表 1-5。

特殊功能寄存器

专用寄存器 P0、P1、P2 和 P3 分别是 4 个并行 I/O 端口寄存器，可实现数据从相应端口的输入/输出，既可按字节寻址，也可按位寻址。

表 1-4　特殊功能寄存器一览表

符号	地址	名　称	符号	地址	名　称
ACC	0xE0	累加器	IE	0xA8	中断允许控制器
B	0xF0	B 寄存器	TMOD	0x89	定时器方式控制器
PSW	0xD0	程序状态字	TCON	0x88	定时器控制器
SP	0x81	堆栈指针	TH0	0x8C	定时器 0 高 8 位
DPL	0x82	数据寄存器指针（低 8 位）	TL0	0x8A	定时器 0 低 8 位
DPH	0x83	数据寄存器指针（高 8 位）	TH1	0x8D	定时器 1 高 8 位
P0	0x80	通道 0	TL1	0x8B	定时器 1 低 8 位
P1	0x90	通道 1	SCON	0x98	串行控制器
P2	0xA0	通道 2	SBUF	0x99	串行数据缓冲器
P3	0xB0	通道 3	PCON	0x87	电源控制器
IP	0xB8	中断优先级控制器			

表 1-5　SFR 中的位地址分布

寄存器号	D7	D6	D5	D4	D3	D2	D1	D0	字节地址
B	F7	F6	F5	F4	F3	F2	F1	F0	0xF0
ACC	E7	E6	E5	E4	E3	E2	E1	E0	0xE0
PSW	D7	D6	D5	D4	D3	D2	D1	D0	0xD0
IP	—	—	—	BC	BB	BA	B9	B8	0xB8
P3	B7	B6	B5	B4	B3	B2	B1	B0	0xB0
IE	AF	—	—	AC	AB	AA	A9	A8	0xA8
P2	A7	A6	A5	A4	A3	A2	A1	A0	0xA0

（续）

寄存器号	D7	D6	D5	D4	D3	D2	D1	D0	字节地址
SCON	9F	9E	9D	9C	9B	9A	99	98	0x98
P1	97	96	95	94	93	92	91	90	0x90
TCON	8F	8E	8D	8C	8B	8A	89	88	0x88
P0	87	86	85	84	83	82	81	80	0x80

延伸阅读：特殊功能寄存器（SFR）的每一位的定义和作用与单片机各部件直接相关。这里先对部分SFR进行简要的说明，详细的用法将在相应的任务中进行讨论。

① 累加器ACC。累加器ACC简称累加器A，是在编程操作中最常用的专用寄存器，功能较多，可按位寻址。除了在传送指令中运用较多外，89C51单片机在进行各种算术和逻辑运算时，大部分单操作数指令的操作数就取自累加器，而且许多双操作数指令中的一个操作数也取自累加器。例如加、减、乘、除运算指令的运算结果都存放在累加器A或AB寄存器中。

② B寄存器。B寄存器是一个8位寄存器，既可作为一般寄存器使用，也可用于乘除运算。做乘法运算时，B是乘数，且操作后乘积的高8位存放在B中；做除法运算时，B存放除数，且操作后余数存放在B中。

③ 程序状态字（PSW）。程序状态字用于存放程序运行的状态信息，可按位寻址，这些位的状态通常是指令执行过程中自动形成的，以供程序查询和判别。其中PSW.1为保留位，未用。各标志位的说明见表1-6。各标志位定义如下：

Cy	AC	F0	RS1	RS0	OV		P

表1-6　程序状态字各标志位的说明

位	标　志	名　称	功　能
PSW.7	Cy	进位标志位	存放算术运算的进位标志
PSW.6	AC	辅助进位标志位	做BCD运算时，若低4位向高4位进位或借位，则置1
PSW.5	F0	用户标志位	用户可以用软件自定义的一个状态标记
PSW.4	RS1	当前寄存器区选择位	见表1-3
PSW.3	RS0	当前寄存器区选择位	见表1-3
PSW.2	OV	溢出标志位	做算术运算时，OV=0，未溢出
PSW.1		保留位	
PSW.0	P	奇偶标志位	若P=1，则累加器A中1的个数为奇数

④ 堆栈指针（SP）。堆栈指针操作是在内存RAM区中专门开辟出来的按照“先进后出，后进先出”的原则进行数据存取的一种工作方式，主要用于子程序调用及返回和中断断点处理的保护及返回，在完成子程序嵌套和多重中断处理中是必不可少的。为保证逐级正确返回，进入栈区的“点”数据应遵循“先进后出，后进先出”的原则。SP用来指示堆栈所处的位置，在进行操作之前，先用指令给SP赋值，以规定栈区在RAM区的起始地址（栈底）。当数据推入栈区后，SP的值也自动随之变化。

系统复位后，SP初始化为0x07，如果不重新设置，就会使堆栈由0x08单元开始。因为0x08～0x1F单元属于工作寄存器区，所以在程序设计过程中，最好把SP的值设置得大一些，一般将堆栈开辟在0x30～0x7F区域中。

⑤ 数据指针（DPTR）寄存器。数据指针寄存器是由两个8位寄存器（DPH）和（DPL）组合而成的一个16位专用寄存器，其中DPH为DPTR的高8位，DPL为DPTR的低8位。它既可作为一个16位寄存器来使用，也可作为两个独立的8位寄存器（DPH和DPL）来使用。DPTR用于存放16位地址指针，既可访问数据存储器，也可访问外部程序存储器。

(2) 外部数据存储器　当进行大量连续的数据采集时，单片机内部提供的数据存储器（RAM）是远远不够的，这时可以利用单片机的扩展功能，在芯片外部扩展数据存储器（RAM）。单片机最大可扩展片外64KB空间的数据存储器，地址范围为0x0000～0xFFFF。

三、存储空间分配

一般单片机系统的应用程序和原始数据存储在程序存储器中，系统的中间数据和位数据存储在数据存储器中。系统的子程序和原始数据一般无存储要求，但对于主程序和中断服务程序，系统有指定位置存放。图1-3是本任务的系统程序和原始数据的存储示意图。本任务的8位数据可保存在片内数据存储器的20H单元中，10字节数据可存储在30H～39H这十个单元中。当然读者也可以根据自己的习惯选择其他存储位置。

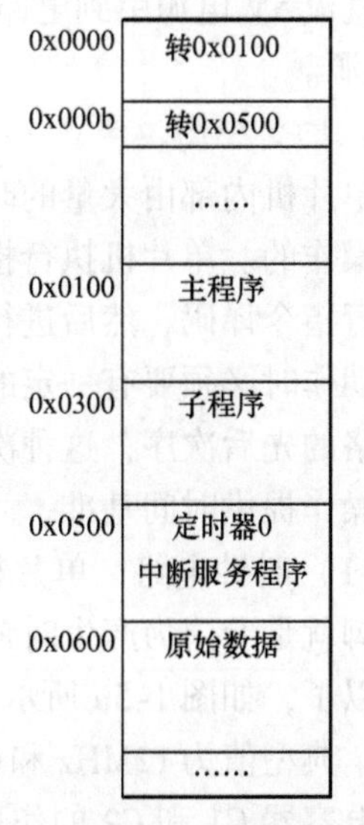

图1-3　系统程序和原始数据的存储示意图

四、拓展训练

1. 89C51单片机内部结构包含哪几部分？各部分的主要功能是什么？

2. 单片机是如何实现自动运行程序的？

3. 对于容量有4KB的程序存储器，其地址线需要多少根？

4. 简述89C51单片机片内RAM的空间分配。各部分的主要功能是什么？

5. 片内RAM中包含哪些可位寻址单元？

任务四　组建单片机最小系统

一、任务要求

89C51单片机将CPU、RAM、ROM、I/O口及定时器/计数器等都集成在一块芯片内。作为一块电子芯片，在使用过程中，必须设计适当的外围电路，才能正常工作。本任务通过组建一个简单的单片机应用系统，帮助读者学会单片机工作所必需的电源地电路、晶体振荡电路和复位电路的设计，能进行发光二极管（LED）和单片机的连接。

二、知识链接

对于一块集成电路，要想使用它，首先必须要知道它的引脚功能，然后才能正确连线。双列直插式（DIP）封装的89C51单片机的引脚排列图如图1-4所示。

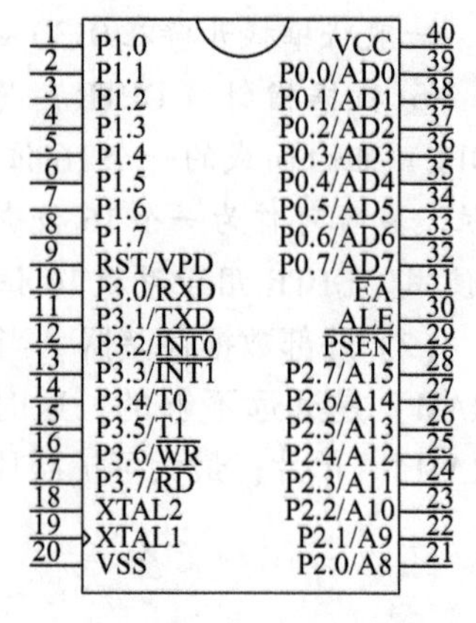

图1-4　89C51单片机引脚排列图

1. 电源VCC和接地VSS引脚

VCC（40脚）：接电源5V。

VSS（20脚）：接地，也就是GND。

一块集成电路工作的前提条件之一是要有稳定的电源电压保障和可靠的接地。89C51单片机标准电源电压值为直流5V，正负偏离一般不要超过10%。通常得到直流5V电源的方法是用变压器、整流电路、滤波电路和稳压电路实现，请参考电子技术相关知识。还可以用一条USB线把计算机USB口的直流5V电源引到电路板上使用，注意USB接口共有4根接线，两端的接线即为直流5V电源。

2. 时钟引脚及电路

单片机内部由大量的时序逻辑电路构成，各电路都是在时钟脉冲的控制下，一步步完成各种操作的。单片机执行指令的过程就是顺序地从程序存储器ROM中一条一条取出指令，并进行指令译码，然后进行一系列的微操作控制，来完成各种指定的动作。它在协调内部的各种动作时必须要有一定的顺序，换句话说，就是这一系列微操作控制信号在时间上要有一个严格的先后次序，这种次序就是单片机的时序。单片机的时钟信号用来为单片机芯片内部各种操作提供时间基准。

时钟电路

（1）时钟电路　单片机的XTAL1（19引脚）和XTAL2（18引脚）两个引脚就是专门为产生时钟振荡信号设立的，只要在这两个引脚上外接晶振就可以了，如图1-5a所示。图中晶振的振荡频率范围一般选择在4～12MHz之间，典型值为12MHz和6MHz，高速单片机可以工作在32MHz的振荡频率下；电容器C1和C2的作用是稳定频率和快速起振，典型值为30pF，但在实际使用时，需要根据实际起振情况进行选择。

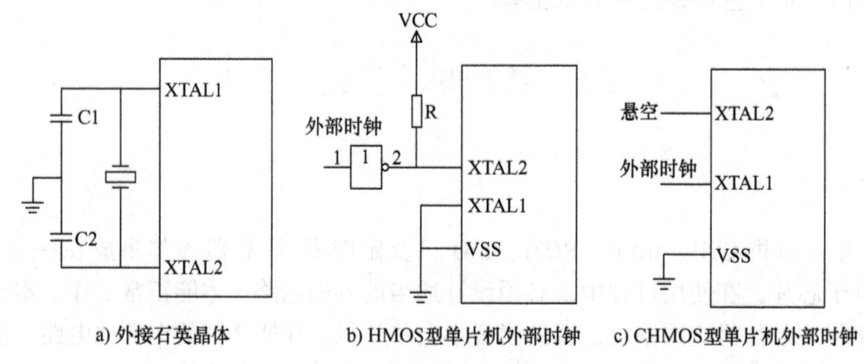

a) 外接石英晶体　b) HMOS型单片机外部时钟　c) CHMOS型单片机外部时钟

图1-5　单片机的时钟电路

如果多片单片机同时工作，为了保证单片机的同步，可采用外部时钟方式，即把外部已有的时钟信号引入到单片机内。一般要求外部信号高电平的持续时间大于20ns，且为频率低于12MHz的方波。图1-5b、c给出了两种外部时钟电路，可以根据不同的单片机型号进行选择。

在制造上MCS-51系列单片机按两种工艺生产：一种是HMOS工艺，即高密度短沟道MOS工艺，在产品型号中不带有字母“C”的即为HMOS芯片，如8051；另一种是CHMOS工艺，即互补金属氧化物的HMOS工艺，在产品型号中凡带有字母“C”的即为CHMOS芯片，它是CMOS和HMOS的结合，既保持了HMOS高速度和高密度的特点，又具有CMOS低功耗的特点。

（2）机器周期和指令周期　89C51单片机包括4个定时单位，即振荡周期（节拍）、时钟周期（状态周期）、机器周期和指令周期。单片机的两种常用晶振的4个周期信号的对比见表1-7。

表1-7　常用晶振的4个周期信号的对比

晶振频率/MHz	振荡周期/μs	时钟周期/μs	机器周期/μs	指令周期/μs
6	1/6	1/3	2	2~8
12	1/12	1/6	1	1~4

1）振荡周期。振荡周期也叫节拍，用P表示，是指为单片机提供定时信号的振荡源的周期，由单片机振荡电路OSC产生，是最小的时序单位。

2）时钟周期。时钟周期又叫状态周期，用S表示，是振荡周期的两倍，其前半个周期对应的节拍叫作P1节拍，后半个周期对应的节拍叫作P2节拍。P1节拍通常用于完成算术和逻辑运算，P2节拍通常用于完成传送指令。

3）机器周期。单片机每访问一次存储器的时间，称之为一个机器周期，它是一个时间基准。89C51单片机的一个机器周期的宽度由6个状态周期（12个振荡周期）组成，并依次表示为S1~S6，分别记作S1P1、S1P2~S6P1、S6P2。如所用晶振为12MHz，它的晶体振荡周期$T=1/f$，即$\frac{1}{12}\mu s$，此时单片机的一个机器周期是$12\times\frac{1}{12}\mu s$，也就是1μs。

4）指令周期。指令周期是最大的时序定时单位，是执行一条指令需要的时间。在单片机中，机器语言指令按执行时间可以分为三类：单周期指令、双周期指令和四周期指令。四周期指令只有乘、除法两条指令。如所用晶振为12MHz，对于双周期指令，执行一次需要2μs的时间。

（3）典型时序　每一条指令的执行都可以分为取指和执行两个阶段。在取指阶段，CPU从内部或外部ROM中取出需要执行的指令的操作码和操作数。在执行阶段对指令操作码进行译码，以产生一系列控制信号完成指令的执行。

按照指令字节数和机器周期数，89C51单片机的111条指令可分为6类，分别对应6种基本时序。这6类指令是：单字节单周期指令、单字节双周期指令、单字节四周期指令、双字节单周期指令、双字节双周期指令和三字节双周期指令。为了弄清这些基本时序的特点，现将几种主要时序进行简述。

1）单周期指令的时序。单周期指令的时序如图1-6所示。对于单周期单字节指令，在

S1P2 把指令码读入指令寄存器，并开始执行指令，但在 S4P2 读下一指令的操作码要丢弃，且 PC 不加 1。对于单周期双字节指令，在 S1P2 把指令码读入指令寄存器，并开始执行指令，在 S4P2 读入指令的第二字节。无论是单字节还是双字节，均在 S6P2 结束该指令的操作。

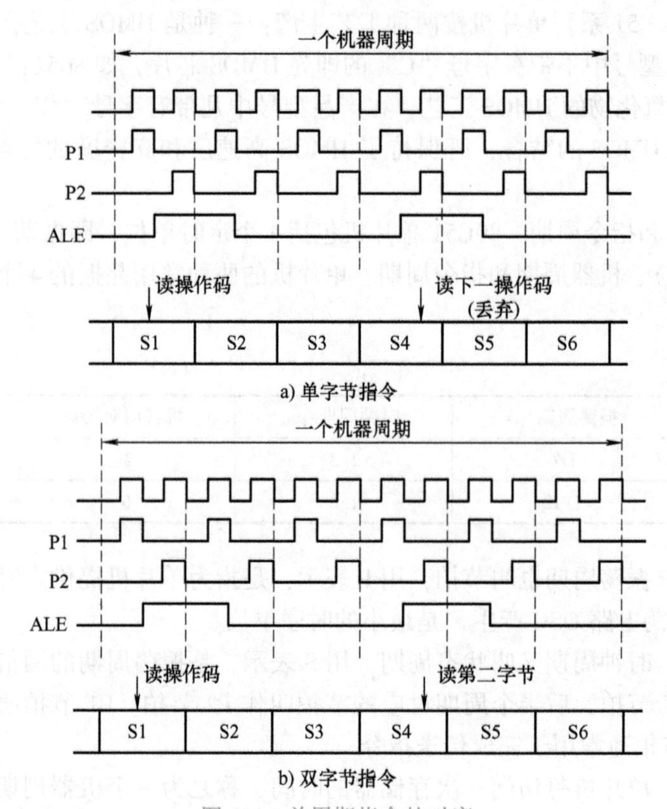

图 1-6　单周期指令的时序

2）双周期指令的时序。双周期指令的时序如图 1-7 所示。对于单字节双周期指令，在两个机器周期之内要进行 4 次读操作，只是后 3 次读操作无效。

在图 1-6 和图 1-7 中还给出了地址锁存允许信号 ALE 的波形。可以看出，在片外存储器不作存取时，每一个机器周期中 ALE 信号有效两次，具有稳定的频率。所以，ALE 信号是时钟振荡频率的 1/6，可以用作外围设备的时钟信号。

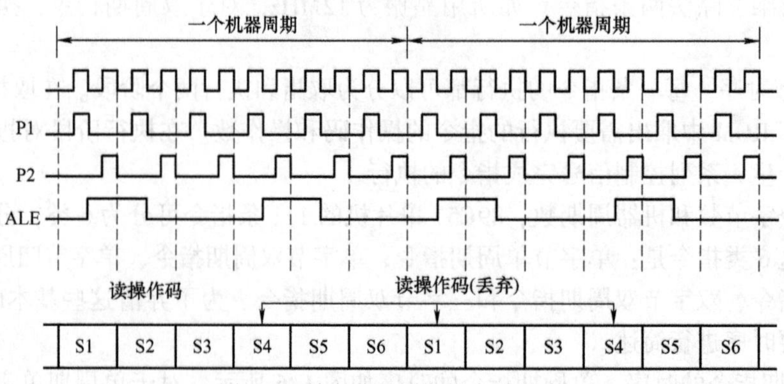

图 1-7　单字节双周期指令的时序

应注意的是，在对片外 RAM 进行读/写时，ALE 信号会出现非周期现象。访问片外 RAM 的双周期指令的时序如图 1-8 所示，在第二机器周期无读操作码的操作，而是进行外部数据存储器的寻址和数据选通，所以在 S1P2 ~ S2P1 间无 ALE 信号。

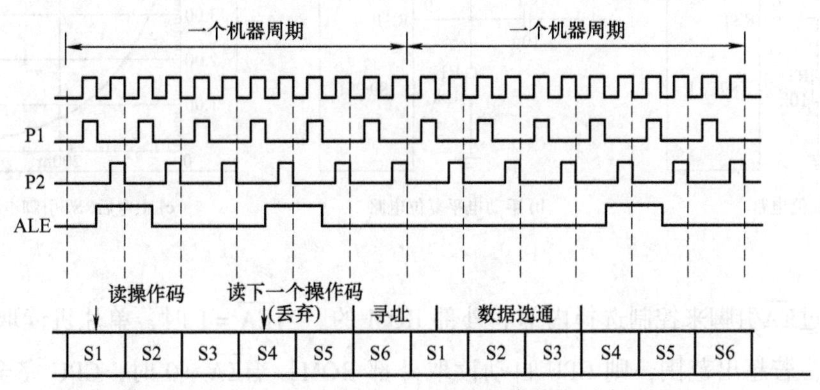

图 1-8　访问片外 RAM 的双周期指令时序

3. 复位引脚及复位电路

复位就是使中央处理器（CPU）以及其他功能部件都恢复到一个确定的初始状态，并从这个状态开始工作。单片机在开机时、在工作中因干扰而使程序失控或工作中程序处于某种死循环状态等情况下都需要复位。单片机的复位靠外部电路实现，信号由 RST（RESET，9 引脚）引脚输入，高电平有效，在振荡器工作时，只要保持 RST 引脚高电平两个机器周期，单片机即复位。复位后，程序计数器 PC 的内容为 0000H，即复位后将从程序存储器的 0000H 单元读取第一条指令码。其他特殊功能寄存器的复位状态见表 1-8。

复位电路

表 1-8　复位后各寄存器的状态

寄　存　器	复位状态	寄　存　器	复位状态	寄　存　器	复位状态	寄　存　器	复位状态
PC	0000H	P0	FFH	IE	0X000000B	TL1	00H
ACC	00H	P1	FFH	TMOD	00H	TH1	00H
PSW	00H	P2	FFH	TCON	00H	SCON	00H
SP	07H	P3	FFH	TL0	00H	SBUF	不定
DPTR	0000H	IP	XX000000B	TH0	00H	PCON	0XXX0000B

和时钟电路一样，复位电路也是单片机系统正常运行所必需的外部电路。复位电路一般采用上电复位电路，如图 1-9a 所示，其工作原理是：系统通电瞬间，电容相当于短路，RST 引脚为高电平，然后电源通过电阻对电容充电，RST 端电压下降到一定程度，即为低电平，单片机开始正常工作。复位电路还可以选择上电和按键均有效的复位，如图 1-9b 所示。其上电复位与前述相同，在单片机运行期间，手动复位时，单击复位按钮，电容 C1 迅速放电，RST 端出现高电平，使单片机复位；复位按钮松开后，电容 C1 通过 R1 和内部下拉电阻充电，逐渐使 RST 端恢复为低电平。

4. $\overline{EA}$引脚

早期某些单片机片内没有或有容量很小的 ROM，在使用这些单片机时需要外扩 ROM。

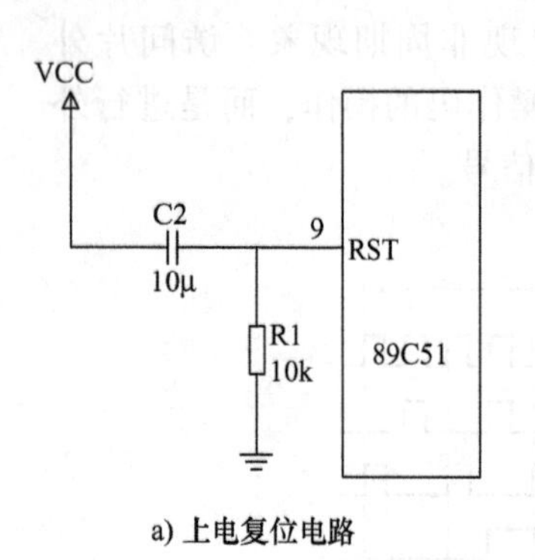

a) 上电复位电路

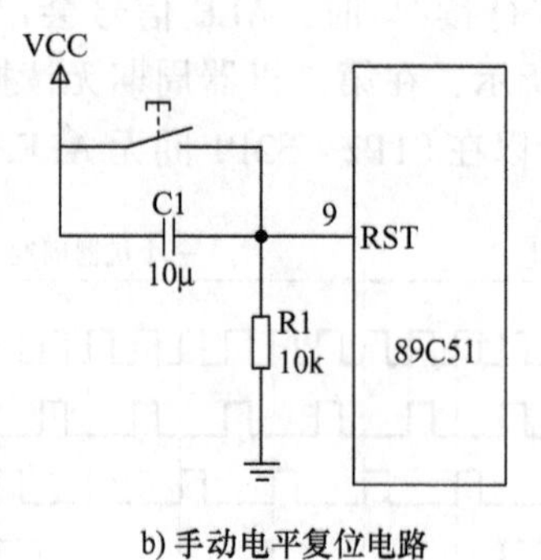

b) 手动电平复位电路

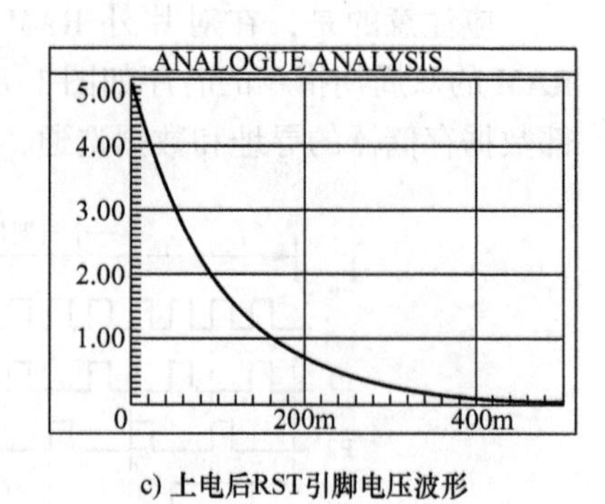

c) 上电后RST引脚电压波形

图 1-9　单片机的复位电路

单片机是通过$\overline{EA}$引脚来控制选择内部和外部 ROM 的。当$\overline{EA}$ = 1 时，单片机读取内部 ROM 的地址范围，若超出范围，则 CPU 自动读取外部 ROM；当$\overline{EA}$ = 0 时，CPU 完全读取外部 ROM。随着技术的发展，现在单片机的内部 ROM 容量已经完全够用，如 STC89C516RD + 单片机供用户使用的片内 ROM 容量已达到 64KB，实际应用中无需扩展外部 ROM，所以将$\overline{EA}$移做它用。

5. 输入/输出引脚

89C51 单片机共有 32 条并行双向 I/O 口线，分成 4 个 I/O 端口，记作 P0、P1、P2 和 P3。每个端口均由数据输入缓冲器、数据输出驱动及锁存器等组成。4 个端口在结构和特性上是基本相同的，但又各具特点。

（1）P0 口　P0 口包括一个 D 锁存器、两个三态缓冲区、由一对场效应晶体管组成的输出驱动电路，以及由一个与门、一个反相器和一路模拟转换开关（MUX）组成的输出控制电路，其特点如下：

1）P0 口可进行位寻址，其字节地址为 80H。

2）P0 口既可作为地址/数据总线使用，又可作为通用 I/O 口使用。若作为地址/数据总线使用，就不能再作为通用 I/O 口使用了。

3）P0 口为双向 I/O 口，输出漏极开路，可推动 8 个 TTL 电路。

4）P0 口作为双向 I/O 口使用时，需要外接上拉电阻。

P0 口的位结构如图 1-10 所示。当它访问外部程序存储器时，控制信号为 1，模拟转换开关将地址/数据信号接通，同时打开与门，输出的地址/数据信号经过反相器驱动 VF2，经过与门驱动 VF1，使两个场效应晶体管构成推拉输出电路。若地址/数据信号为 1，则 VF1 导通，VF2 截止，引脚输出 1；若地址/数据信号为 0，则 VF1 截止，VF2 导通，引脚输出 0。访问外部存储器时，CPU 会自动向 P0 口的锁存器写 1，所以 P0 口作为地址/数据总线使用时是一个真正的双向口。

当 P0 口作为普通 I/O 口使用时，控制信号为 0，与门被封锁，VF1 截止，模拟转换开关将接通锁存器的 $\overline{Q}$ 端与 VF2 的栅极。由于 $\overline{Q}$ 与 VF2 具有倒相作用，因此内部总线上的数据和 P0 口上的数据是一致的。这时如果有写锁存器的信号脉冲加在锁存器的 CLK 端，则内部数据总线上的信号就会送到 P0 口上。因为输出级 VF2 的漏极开路，所以必须外接上拉电阻。

当P0口作为输入口使用时，应区分读引脚和读锁存器（端口）两种情况。

1）读引脚时，P0口作为输入，信号既加到了VF2上，也加到了读引脚的三态缓冲器上。如果上面的锁存器为0，则VF2导通，P0口上的电位就被钳在0电平上，输入的数据1就无法读入。所以，作为通用I/O口使用时，在输入数据之前，P0口是一个准双向口，应先向锁存器中写1，使VF2截止。MOV类传送指令进行的读口操作就属于这种情况。

2）读锁存器时，端口已处于输出的状态下，通过上方的缓冲器读锁存器Q端的状态。其目的是为了适应端口进行“读—修改—写”操作指令的需要。例如，执行“XRL P0，A”指令前，应先读入P0口锁存器中的数据，然后与A的内容进行逻辑异或，再把结果送到P0口输出。这一类的指令有ANL、ORL、XRL、CPL、JBC、INC和DEC等。

（2）P1口　P1口是一个准双向口，通常作为通用I/O口使用，在电路结构上要比P0口简单。当它作为输出口使用时，能向外提供推拉电流，无需外接上拉电阻；当它作为输入口使用时，同样也需要向锁存器写入1，使输出驱动电路的场效应晶体管截止。P1口的位结构如图1-11所示。

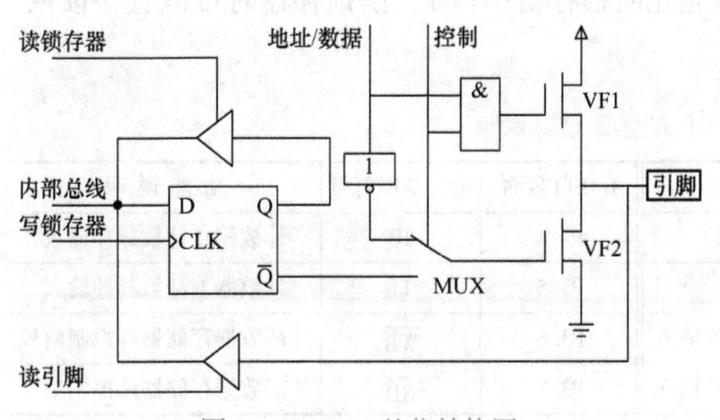

图1-10　P0口的位结构图

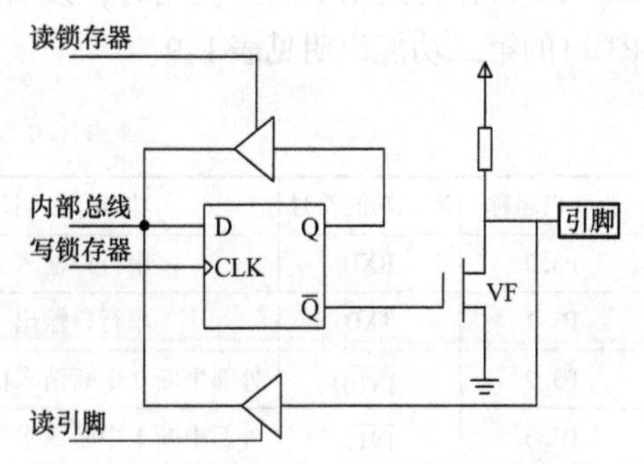

图1-11　P1口的位结构图

（3）P2口　P2口也是一个准双向口，可以作为通用I/O口使用。由于P2口有时要作为地址线使用，因此，它比P1口多了一个多路开关MUX。当它作为高位地址线使用时，MUX接通地址信号；当它作为通用I/O口使用时，MUX接通锁存器，使内部总线与其接通。当它作为输出口使用时，无需外接上拉电阻；当它作为输入口使用时，应区分读引脚和读锁存器。读引脚时，应先向锁存器写1。P2口的位结构如图1-12所示。

（4）P3口　P3口是一个双功能口，也是一个准双向口，既可以作为通用I/O口使用，又具有第二功能。P3口的位结构如图1-13所示。

1）当P3口作为通用输出口使用时，第二功能输出应保持高电平，与非门开通，数据可顺利地从锁存器到输出端引脚上。当作为第二功能信号输出时，该位的锁存器Q端应置1，使与非门对第二功能信号的输出打开，从而实现第二功能信号的输出。

2）当P3口作为通用输入口，或第二功能输入的信号引脚使用时，输出电路的锁存器Q端和第二功能输出信号线都应置1。

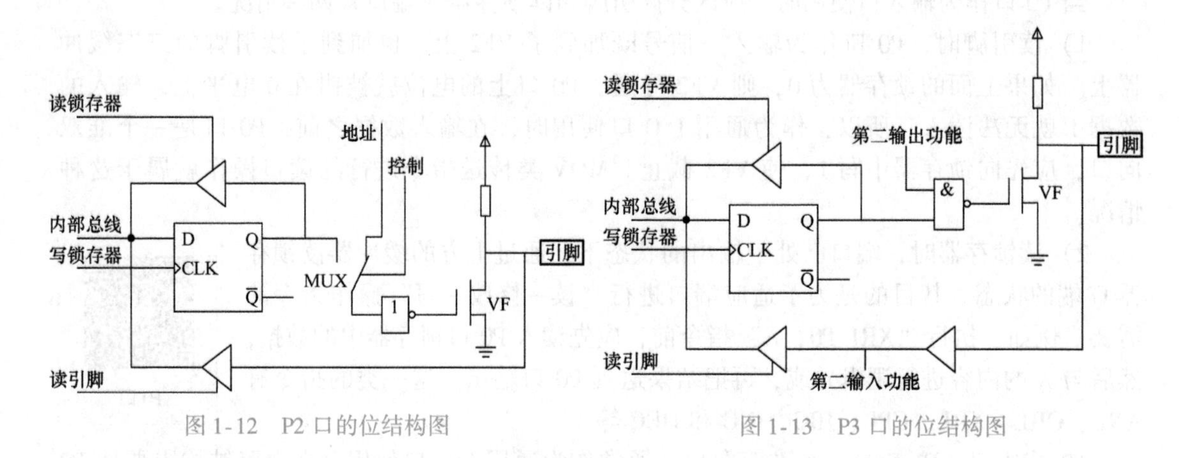

图 1-12 P2 口的位结构图　　图 1-13 P3 口的位结构图

当 P3 口的某些端口线作为第二功能使用时，就不能再作为通用 I/O 口使用了，其他未使用的端口线仍可作为通用 I/O 口使用。同样，若 P3 口作为通用 I/O 口使用，就不能再作为第二功能使用了。

P3 口作为通用 I/O 口使用时，读引脚应先向锁存器中写 1，读锁存器时可以直接读取。P3 口的第二功能说明见表 1-9。

表 1-9 P3 口的第二功能说明

I/O 口名称	第二功能符号	功 能 说 明	I/O 口名称	第二功能符号	功 能 说 明
P3.0	RXD	串行口输入	P3.4	T0	计数器 0 计数脉冲输入
P3.1	TXD	串行口输出	P3.5	T1	计数器 1 计数脉冲输入
P3.2	$\overline{INT0}$	外部中断 0 中断请求信号输入	P3.6	$\overline{WR}$	外部数据存储器写控制信号
P3.3	$\overline{INT1}$	外部中断 1 中断请求信号输入	P3.7	$\overline{RD}$	外部数据存储器读控制信号

三、硬件电路设计

将以上介绍的引脚接线连接好，单片机就具备了硬件工作的基本条件。简单的单片机应用系统电路如图 1-14 所示，它给出了形成单片机最小系统的电路和外部 LED 接口电路，包括晶振电路和复位电路，单片机的$\overline{EA}$引脚接高电平，运行内部 ROM 中的程序，P1 端口接 8 个发光二极管（LED）。LED 和普通二极管一样，具有单向导电特性，其正向导通压降一般为 1.7～1.9V，其点亮电流为 5～10mA，使用时，通常在其电路中串联一个电阻，其作用在于限制电流，从而达到减少功耗或者满足端口对最大电流的限制。

四、硬件电路实现过程

搭建系统的硬件电路有 3 种方法。第一种方法，独立设计 PCB（对于简单任务，也可以采用万用板），焊接元器件；第二种方法，采用各种实验、实训装置；第三种方法，采用 Proteus 软件仿真，此方法只需一台计算机，非常适合于自学和硬件设施不足的场合。关于 Proteus 软件的应用，详见项目二。

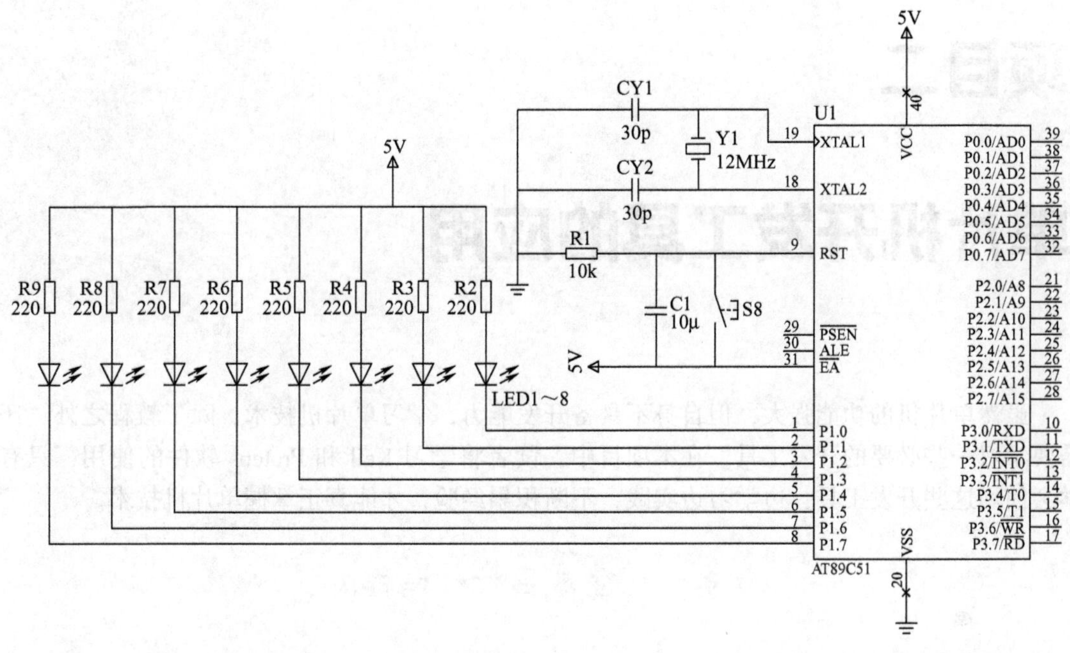

图 1-14　简单的单片机应用系统电路

五、拓展训练

1. 画出典型的晶振电路。

2. 晶振周期、机器周期和指令周期的含义是什么？若晶振频率为 6MHz，则时钟周期、机器周期为多少？

3. RST 引脚的作用是什么？有哪两种复位方式？画出典型的复位电路。

4. 复位后，程序计数器 PC 的内容是什么？这意味着什么？

5. 89C51 的 4 个 I/O 口在使用上有哪些分工和特点？P0～P3 口作为 I/O 口使用时，有何要求？

6. P3 口的第二功能是什么？

7. 在电路板上焊接简单的单片机应用系统。

项目二

单片机开发工具的应用

虽然单片机的功能强大，但自身不具备开发能力，学习单片机技术，除了教程之外，还需要学习一些必要的开发工具。在本项目中，读者将学习 Keil 和 Proteus 软件的使用，只有学会使用这些开发工具，边学习边实践，不断积累经验，才能真正掌握单片机技术。

任务一　生成目标代码程序

一、任务要求

项目一构建了一个简单的单片机系统，即完成了硬件设计，除此之外，还需进行程序的设计和开发。本任务将帮助读者学会单片机程序开发工具 Keil 软件的一般应用，包括如何输入源程序、建立工程、对工程进行设置，以及如何编辑流水灯 C 源程序代码，创建 HEX 文件。

二、知识链接

1. 程序设计语言

前已述及，单片机的一个显著特点是需要编写程序才能工作。指令是规定计算机进行某种操作的命令，一条指令仅能完成一种操作，为了完成某项任务，就需要连续执行多条指令，这些指令的集合就是程序。所谓程序，是人们按照自己的思维逻辑，使计算机按照一定的规律进行各种操作，以实现某种功能的有关指令的集合。

作为一个典型的数字电路系统，单片机中所能传递、处理和存储的必然是二进制信息，单片机的 CPU 能直接识别和执行的指令也不例外，必须是二进制编码。这种用二进制编码表示的指令称为机器语言，一个简单的机器语言程序见表 2-1。为了便于书写和记忆，机器语言也可用十六进制数表示，尽管如此，机器语言还是具有不易查错、不易修改等缺点，所以人们便采用有一定含义的符号，即助记符来表示指令，这就是汇编语言。汇编语言指令与机器语言指令一一对应，与计算机的内部结构密切相关。汇编语言对单片机的硬件资源操作直接方便、概念清晰，对于掌握单片机的硬件结构极为有利，且具有占用存储空间少、执行速度快等优点。

高级语言中，每条语句与多条机器语言指令对应，是一种面向过程且独立于计算机硬件结构的语言。使用高级语言可以大大缩短开发周期，明显增强程序的可读性，便于改进和扩充，支持单片机的高级语言有 BASIC 语言和 C 语言等。本书主要对 C 语言进行讨论。

表 2-1　三种语言程序对照

机器语言		汇编语言	C51
二进制	十六进制		
01111111 11111010 01111110 11111010 11011110 11111110 11011111 11111010	7F FA 7E FA DE FE DF FA	MOV　R7，#250 D1：MOV　R6，#250 D2：DJNZ　R6，D2 DJNZ　R7，D1	unsigned char i，j； for（i=250；i>0；i--） for（j=250；j>0；j--）；

无论是汇编语言程序还是高级语言程序，都是不能被计算机直接识别和执行的，必须使用一些工具，将它们编译成机器语言后才能被单片机所执行。常用的编译工具很多，这里介绍 Keil 软件。

2. µVision2 界面介绍

Keil 软件是众多单片机应用开发软件中优秀的软件之一，它支持多个不同公司的 MCS-51架构的芯片，集编辑、编译、仿真等于一体，同时还支持汇编语言和 C 语言的程序设计，在调试程序、软件仿真方面也有很强大的功能。

首先启动 Keil 软件的集成开发环境，可以从桌面上直接双击 Keil µVision2 的图标以启动该软件，也可以从“开始”→“程序”列表中启动，启动 Keil µVision2 后的界面如图 2-1 所示。µVision2 的界面包括标题栏、主菜单、快捷工具栏、编辑窗口、管理窗口和信息窗口等。

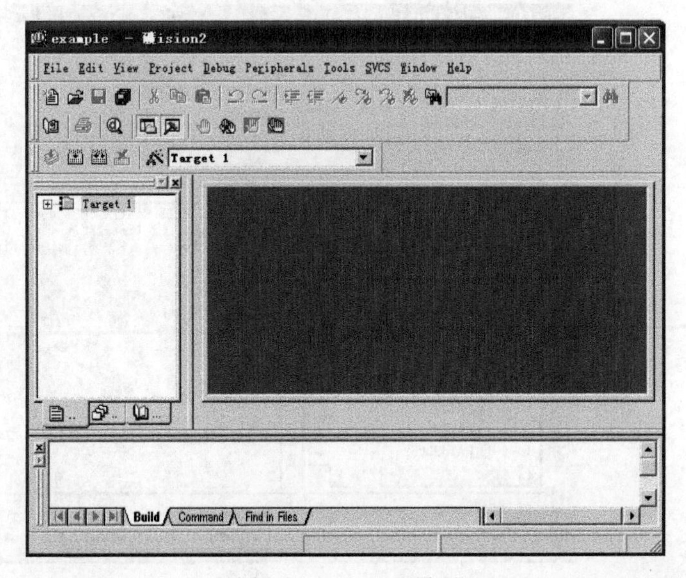

图 2-1　µVision2 界面

三、创建一个 µVision2 应用项目

Keil操作步骤

1. 启动 µVision2 并创建一个项目

启动 µVision2 后，单击 Project 菜单，在弹出的下拉式子菜单中单击 New Project 命令，将打开一个标准的 Windows 对话框——新建项目对话框，如图 2-2 所示。在该对话框内选择项目存放位置并输入项目文件名，如“test”，默认的扩展名为“. uv2”。

输入项目名称并保存后，将自动弹出选择 CPU 的对话框。单击“Atmel”前面的“+”号，选择该公司的 AT89C51 单片机，此时界面如图 2-3 所示。AT89C51 的功能、特点在图中右边有简单的介绍。

Create New Project

保存在(I): 新建文件夹

文件名(N): test.uv2

保存类型(T): Project Files (*.uv2)

保存(S)

取消

图 2-2 新建项目对话框

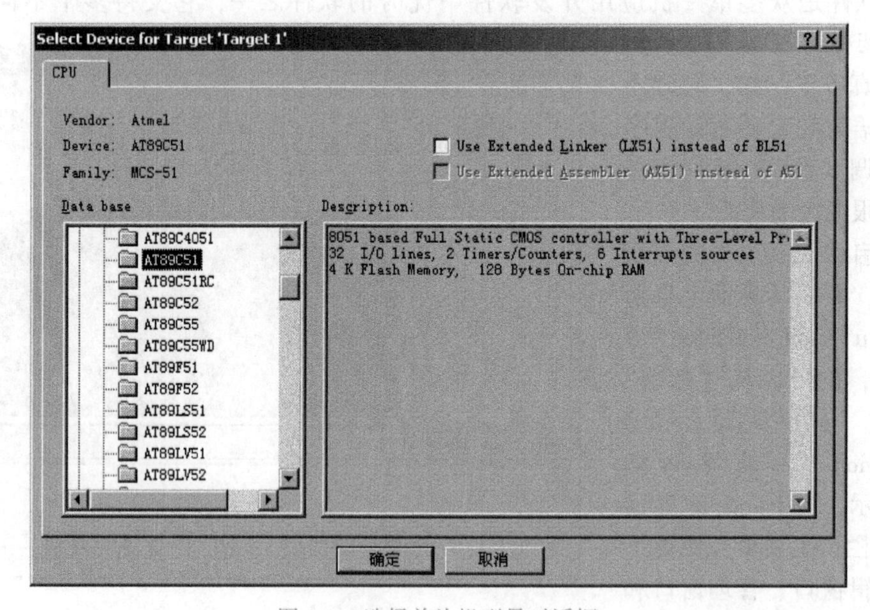

图 2-3 选择单片机型号对话框

2. 新建并保存一个源程序文件

单击图 2-4 中的新建文件按钮（标号为 1），也可以通过菜单命令 File→New 实现，将打开一个空的编辑窗口，如图 2-4 中标号 2 指出的区域，在该编辑窗口中输入下面的源程序（chengxu2_1_1. c）：

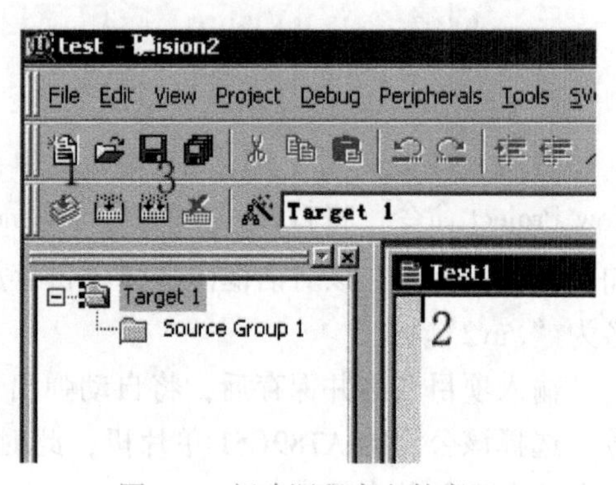

图 2-4 新建源程序文件窗口

```
#include "reg51. h"
void delay( )
{
  unsigned int i,j;
  for( i = 200;i > 0;i -- )
```

```
        for(j=500;j>0;j--);
    }
    main()
    {
        while(1)
        {
            P1=0x00;            //点亮 LED
            delay();            //调用延时函数延时
            P1=0xff;            //熄灭 LED
            delay();            //调用延时函数延时
        }
    }
```

即使不明白上面程序的功能，在录入程序的过程中也要注意以下问题：C51 编译器是忽略空格的，因此语句“P1 =0x00;”和语句“P1 =0x00;”是等价的，甚至将该语句写成多行也可以，但不能将一个单词分为两部分。程序的录入具有很大的灵活性，但应确保源代码易于阅读，每条语句应占一行。C51 是对大小写敏感的，“P1”和“p1”是不同的内容。“//”及其后面的内容为注释，对语句功能没有任何影响，可以不录入。除注释以外的其他地方所使用的标点符号必须在英文状态下录入。不要将数字“0”和字母“o、O”、数字“1”和字母“l”混淆。

单击图 2-4 中的标号为 3 的按钮保存新建的程序，也可以单击菜单命令 File→Save 进行保存。在弹出的保存文件对话框中，输入文件名“chengxu2_1_1. c”。注意，由于录入的源程序文件为 C 语言程序，因此必须加上扩展名“. c”；如果是汇编语言程序，则必须使用扩展名“. asm”。不论是项目名还是源程序文件名都可以任意选取，两者可以相同，也可以不同，但最好具有一定含义，并符合 Windows 文件命名规则，还有就是最好将它们保存在同一目录下。

保存后，程序中的单词将会呈现不同的颜色，说明 Keil 的语法检查生效了。任何语言都有自己的语法要求及习惯，如汉语中某人说“饭吃我”，就不符合语法习惯。同样，C51 也有自己的语法要求。有些初学者往往不注意细节，不遵从 C51 的语法要求，从而导致不能成功编译。

3. 将源文件添加到项目中

如图 2-5 所示，用鼠标右键单击 Source Group1 文件夹图标，在弹出的快捷菜单中选择 Add Files to Group‘Source Group 1’选项添加源文件。这时弹出文件选择窗口，选中刚刚保存的文件，单击 ADD 按钮将程序文件添加到项目，然后关闭该窗口。这时在 Source Group1 文件夹图标左边出现了一个小“+”号，说明文件组中有了文件，单击它可以展开查看。

4. 工程设置

工程建立好以后，要对工程进行进一步的设置，以满足要求。单击 按钮即出现工程设置对话框 Options for Target‘Target1’。该对话框共有 9 个选项卡，可以定义目标硬件及所选器件的片上元件相关的所有参数，绝大部分设置项都可以选取默认值。

设置对话框中的Output选项卡，如图2-6所示。图中标号1是选择编译输出的路径，标号2是设置编译输出生成的文件名，标号3则是决定是否要创建HEX文件（可以用编程器写入单片机芯片的HEX格式文件，文件的扩展名为“. HEX”），选中它编译工程时就可以自动生成HEX文件到指定的路径中。

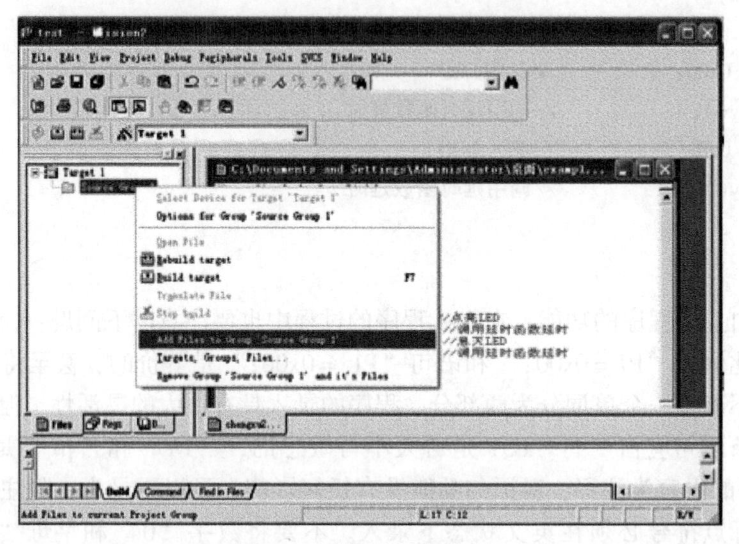

图2-5　添加源文件到项目

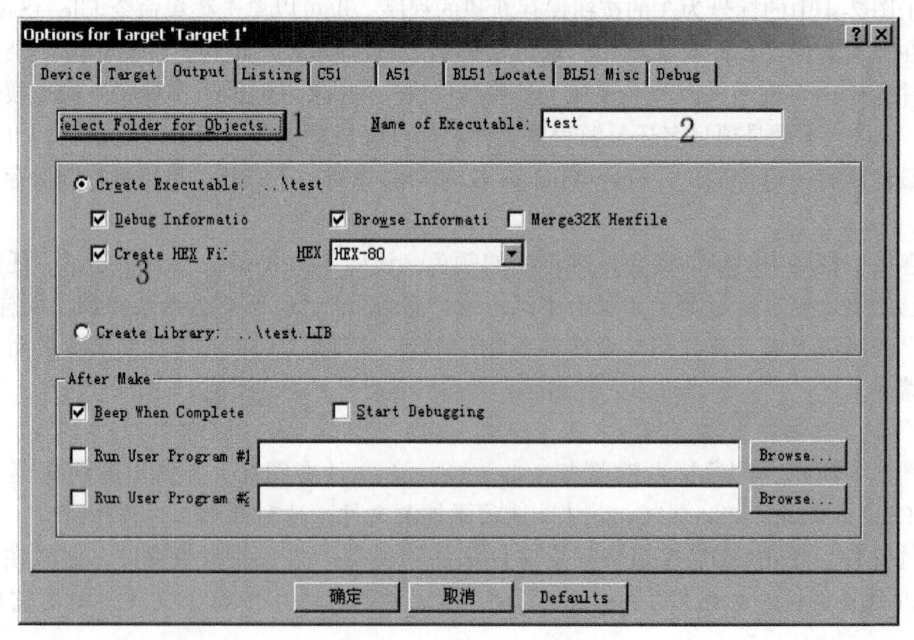

图2-6　工程设置对话框

设置完成后，单击“确定”按钮返回主界面，工程文件建立、设置完毕。

5. 编译

图2-7中1、2、3都是编译按钮，不同的是1是用于编译单个文件；2是编译当前项目，

如果先前编译过一次之后文件没有做编辑改动，这时再单击该按钮是不会重新编译的；3是重新编译，每单击一次均会再次编译链接一次，不管程序是否有改动。在3右边的是停止编译按钮，只有单击了前三个中的任一个，停止按钮才会生效。也可以利用菜单Project进行编译，见图中标号为5的地方。

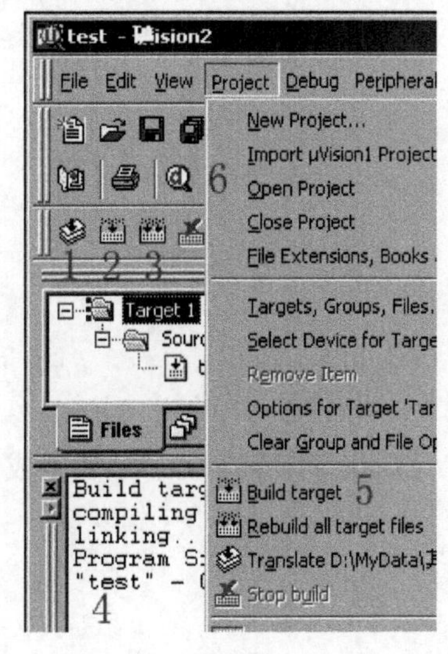

图2-7　编译窗口

由于这个项目中只有一个文件，因此单击1、2、3中的任意一个按钮都可以编译。编译完成后，在图2-7中标号为4的地方可以看到编译的信息和使用的系统资源情况等。如果是严格按照C51的语法要求录入源程序chengxu2_1_1.c的，则会成功编译。

通常首次录入程序时，可能会有错误。例如，若将上述源程序chengxu2_1_1.c中的“while”输入为“While”，则编译时将会捕获错误，并显示如下提示信息：

```
.\CHENGXU2_1_1.C(10): WARNING C206:'While': missing function-prototype
.\CHENGXU2_1_1.C(10): ERROR C267:'While': requires ANSI-style prototype
.\CHENGXU2_1_1.C(11): ERROR C141:syntax error near '{'
Target not creat
```

实际上这里只有一个错误语句，编译器却提供了多条信息。第二条消息指示程序的第10行存在错误，此时用鼠标左键双击该消息行，一般情况下便可以将光标定位到源程序中出错的位置，有时候会需要进行多次修改、编译。编译链接后产生目标代码test.hex，该文件即可被编程器读入并写到芯片中。

四、拓展训练

1. 建立一个µVision2设计项目lianxi.µV2。
2. 将下面的程序（chengxu2_1_2.c）添加到项目lianxi.µV2中。

```
#include "reg51.h"
void delay(unsigned int t)
{
  unsigned int i,j;
  for(i=t;i>0;i--)
    for(j=110;j>0;j--);
}
main()
{
  unsigned char w,i;
  while(1)
  {
    w=0xfe;
```

```
    for (i =0;i <8;i ++)
    {
        P1 = w;                        //循环点亮 LED
        w <<=1;                        //点亮灯的位置移动
        w = w|0x01;
        delay(500);                    //延时
    }
  }
}
```

3. 编译项目 lianxi. μV2 生成 lianxi. hex 文件。

任务二　下载程序

一、任务要求

下载程序

任务一利用 Keil 软件生成了可执行目标文件 test. hex，本任务将把它下载到单片机中，看一下程序的运行效果。通过本任务，读者将会焊接 STC 系列单片机程序下载电路，学会 STC 单片机 ISP 软件的使用及下载方法。

二、知识链接

程序下载，即将编译生成的目标代码传送到应用系统的程序存储器中（ROM）。只有单片机 ROM 中存储了程序，系统才可以运行，产品才能投放到市场。

目前常用的 51 单片机型号有 AT89C51、AT89S51 和 STC 系列等，前已述及，它们都是兼容的 51 单片机，即下载目标文件 test. hex 后均可以运行。使用 AT89C51 时，需要把单片机从电路板上取下来，然后放入专用的编程器进行程序下载，之后再放回电路板进行调试。如果程序调试时发现有错误，需要更换程序，必须重复上面拔插单片机的操作。可以看出，这样的开发步骤有以下缺点：频繁地拔插芯片，容易损坏芯片的引脚；大大降低了开发效率。

随着单片机技术的发展，越来越多的单片机具有在线下载功能（ISP）。ISP（在系统可编程）器件插接在应用系统电路板中，能实现程序的多次擦除和下载。AT89S51 和 STC 系列等单片机均具有 ISP 功能，下面介绍 STC 系列单片机的在线下载程序的方法。

三、STC 单片机 ISP 典型应用电路

使用 ISP 功能，必须搭建必要的硬件环境，不同厂家的单片机，需要的在线下载电路也会有所区别。STC 系列单片机在线下载电路如图 2-8 所示，此电路也能完成单片机和 PC（个人计算机）的通信，相关知识将在 LED 电子显示屏设计制作中详细介绍。

四、STC 单片机 ISP 软件的使用

STC 单片机 ISP 下载软件的界面如图 2-9 所示，该软件的安装程序可在相关网站下载，其使用方法比较简单。

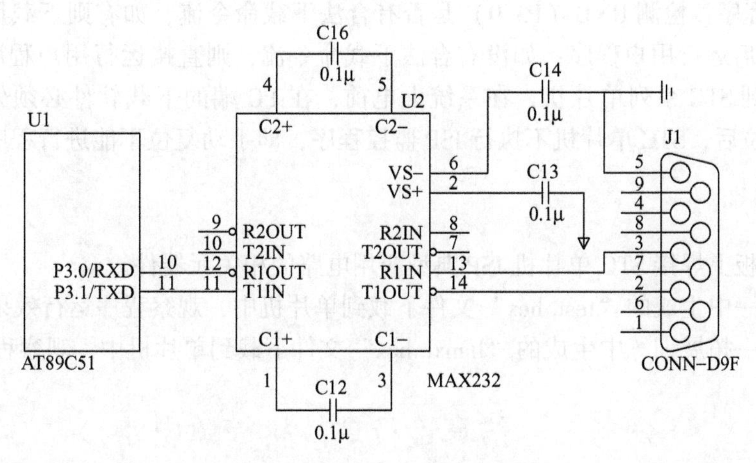

图 2-8　STC 单片机 ISP 典型应用电路

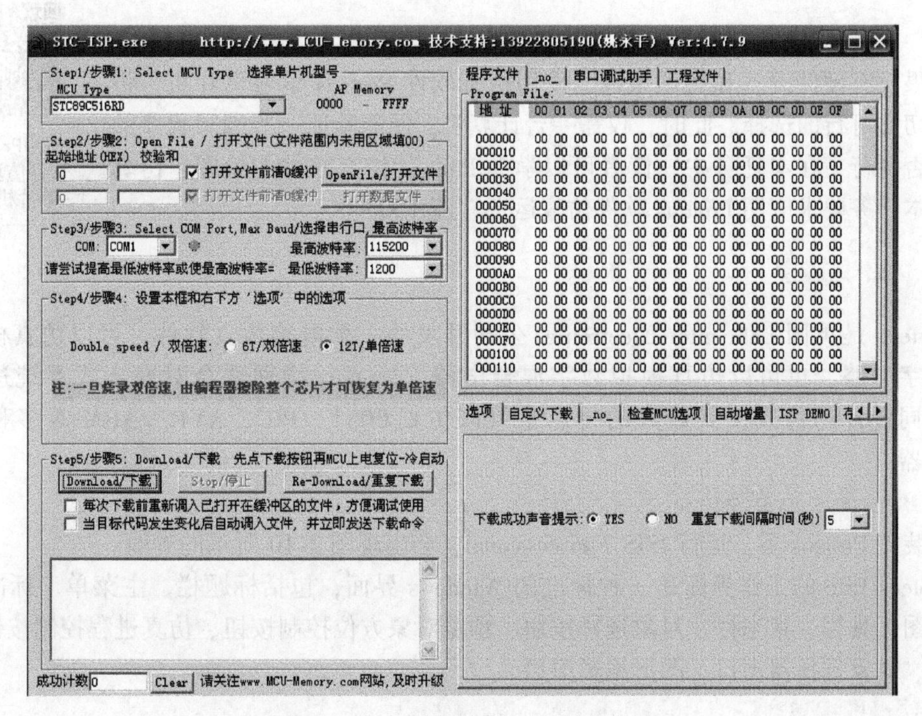

图 2-9　STC 单片机 ISP 下载软件界面

第一步：根据实际情况选择单片机的型号。

第二步：选择需要下载的目标程序文件“*.hex”。

第三步：选择通信端口。

第四步：单击“下载”按钮。

第五步：单片机系统上电，程序下载完毕。

以上步骤均是在已经搭建了上一小节给出的 ISP 硬件电路的前提下实现的。下载波特率和倍速设置一般不需修改。

STC 系列单片机上电复位的工作过程为：上电复位（冷启动）；冷启动后，单片机运行系统 ISP 监控程序；检测 RXD（P3.0）是否有合法下载命令流，如有则下载用户程序进内部 ROM，下载后运行用户程序；如没有合法下载命令流，则直接运行用户程序。所以，要想将程序下载到 STC 系列单片机，在系统上电前，在 PC 端的下载软件必须先发下载命令流。而手动复位后，STC 单片机不执行 ISP 监控程序，即手动复位不能进行程序下载。

五、拓展训练

1. 在电路板上焊接 STC 单片机 ISP 典型应用电路的相关元器件。
2. 将任务一中生成的“test. hex”文件下载到单片机中，观察程序运行效果。
3. 将任务一拓展训练中生成的“lianxi. hex”文件下载到单片机中，观察程序运行效果。

任务三 仿真运行单片机简单电路

一、任务要求

应用Proteus软件仿真运行单片机系统

如果没有硬件设备和实训条件，使用仿真软件 Proteus 学习单片机，将是一个切实可行的选择。此时，仅需一台计算机，便能验证一些编写程序的想法是否可行。在本任务中，读者可以学会 Proteus 仿真软件的绘图、仿真方法。本任务要求应用 Proteus 软件仿真运行“流水灯”。

二、知识链接

Proteus 是英国 Labcenter Electronics 公司开发的一款电路仿真软件，可以仿真模拟电路及数字电路，也可以仿真模拟数字混合电路。Proteus 特别适合对嵌入式系统进行软硬件协同设计与仿真，其最大的特点是可以仿真 8051、PIC、AVR、ARM 等多种系列的处理器。

1. Proteus 6 Professional 界面简介

安装完 Proteus 后，运行 ISIS 7 Professional，会出现图 2-10 所示的界面。

Proteus ISIS 的工作界面是一种标准的 Windows 界面，包括标题栏、主菜单、标准工具栏、绘图工具栏、状态栏、对象选择按钮、预览对象方位控制按钮、仿真进程控制按钮、预览窗口、对象选择器窗口、图形编辑窗口。

2. 原理图编辑窗口（The Editing Window）

原理图编辑窗口用来绘制原理图。蓝色框内为可编辑区，绘制原理图要在原理图编辑窗口中的蓝色框内完成。这个窗口没有滚动条，可用预览窗口来改变原理图的可视范围。原理图编辑窗口的操作是不同于常用的 Windows 应用程序的，正确的操作是：用左键放置元件；右键选择元件；双击右键删除元件；右键拖选多个元件；先右键后左键编辑元件属性；先右键后左键拖动元件；连线用左键，删除用右键；改连接线时先右击连线，再左键拖动；滚动鼠标中间滚轮可缩放原理图。

3. 预览窗口（The Overview Window）

预览窗口的显示内容有两种。当在元件列表中单击左键选择一个元件时，显示该元件的预览图；当鼠标焦点落在原理图编辑窗口时（即放置元件到原理图编辑窗口后或在原理图

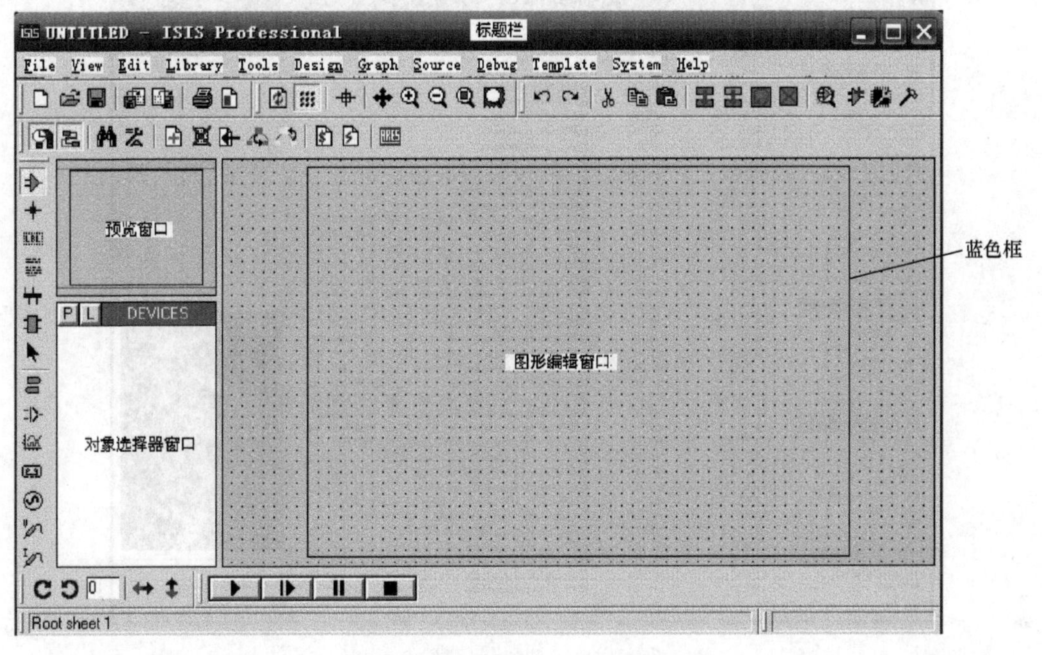

图 2-10　Proteus ISIS 的工作界面

编辑窗口中单击鼠标左键后)，显示整张原理图的缩略图，并会显示一个绿色的方框，绿色框里面的内容就是当前图形编辑窗口中显示的内容，因此，可用鼠标在它上面单击来改变绿色框的位置，从而改变原理图的可视范围。

4. 对象选择器窗口

通过对象选择按钮，从元件库中选择对象，并置入对象选择器窗口，供今后绘图时使用。显示对象的类型包括设备、终端、引脚、图形符号、标注和图形。

三、绘制仿真原理图

用 Proteus 软件仿真的基础是绘制准确的原理图，并进行合理的设置。下面将以前面介绍的简单的单片机系统为例，展示 ISIS 的仿真过程。

1. 添加元器件

选择菜单 library→pick device... 或单击按钮 P，弹出对象选择窗口，如图 2-11 所示。

在 Keywords 文本框中输入“89C51”，匹配结果将出现在 Results 列表中。双击选中的元器件，它就会出现在对象选择器窗口。如果不知道元器件的具体名称，可在 Category 窗口中找到元器件所属的类别，如 89C51 所属类别为“Microprocessor ICs”，单击进入该类别后也能在 Results 列表中找到器件 89C51。

按上述方法再依次添加 LED-RED、RES 等元器件。注意，在 Pick Devices 窗口的左上角标有 no model 的元器件是不具有仿真功能的。将所有元器件添加完毕后关闭 Pick Devices 窗口。

2. 放置元器件到图形编辑窗口

在对象选择器窗口中，用鼠标左键单击 AT89C51，选中该器件，移动鼠标至图形编辑窗口的合适位置，单击鼠标左键放置单片机 AT89C51，如图 2-12 所示。用同样的方法放置电

图2-11　选择元器件窗口

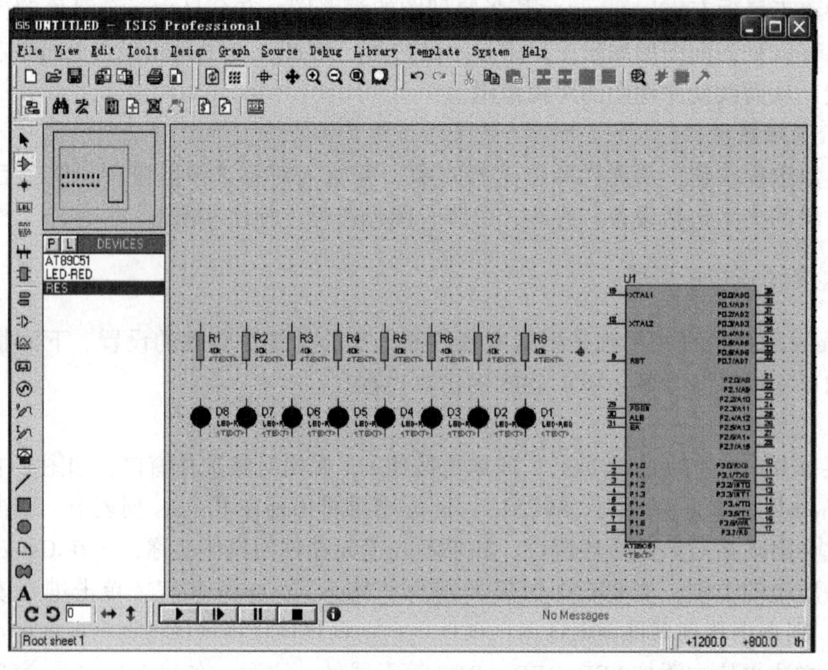

图2-12　放置元器件到图形编辑窗口

阻和发光二极管（在对象选择器窗口中选中元器件后，在图形编辑窗口通过鼠标左键可以连续放置该元器件）。图形编辑窗口中元器件的大小可通过滚动鼠标中间滚轮来放大或缩小；在元器件上单击鼠标右键，元器件变为红色，呈选中状态，此时可以对它进行移动、旋转和删除等操作。

3. 放置电源

在左侧的工具栏单击 按钮，在出现的列表框中选择 POWER（电源），将其放置到图形编辑窗口。

4. 绘制连接导线

将鼠标移动至元器件引脚，当出现“×”符号时，单击一次鼠标左键，然后移动鼠标，就会出现红色导线，将鼠标移至需连接的另一个引脚，当出现“×”符号时，再单击一次鼠标左键，连线颜色变为绿色，这样就完成了两个引脚的连线。用同样的方法绘制其他连线，完成原理图的绘制，如图 2-13 所示。

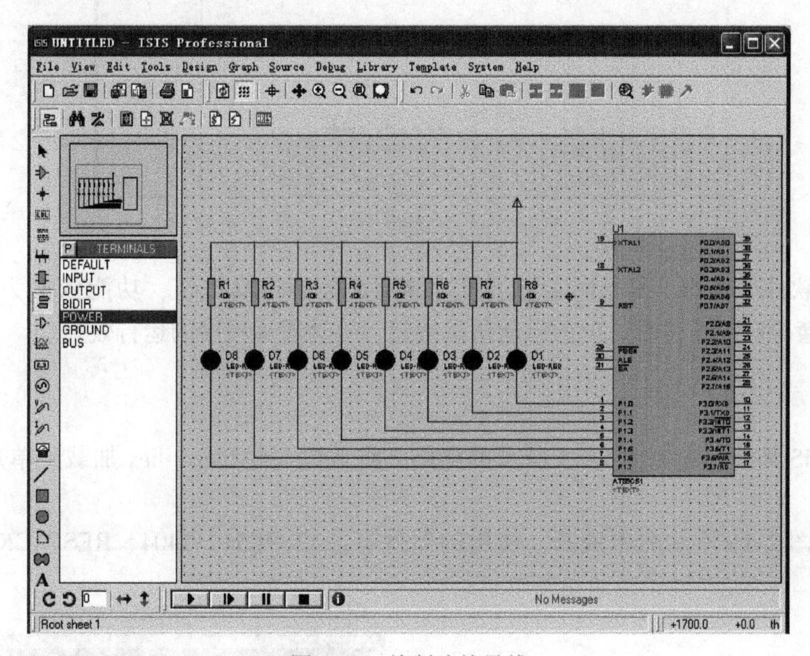

图 2-13　绘制连接导线

四、仿真运行

在仿真前需要对部分元器件进行设置，选中电阻 R1，再单击鼠标左键，出现编辑元器件对话框，如图 2-14 所示，将电阻阻值更改为“220”。按此方法，将 R2 ~ R8 的阻值全部设置为 220Ω。

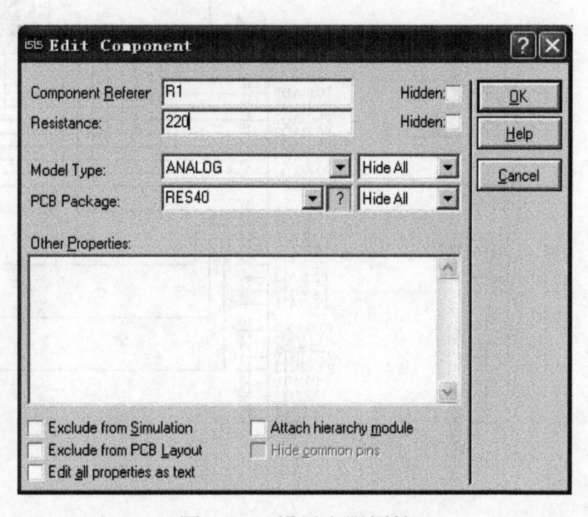

图 2-14　设置电阻属性

同样的，对单片机 AT89C51 进行设置，在编辑元器件窗口中单击 按钮，更改文件路径，选择任务一中由 Keil 软件生成的目标文件“test. hex”，操作后的效果如图 2-15 所示。此操作类似于硬件电路的程序下载，操作完成后单击 OK 按钮关闭该窗口。

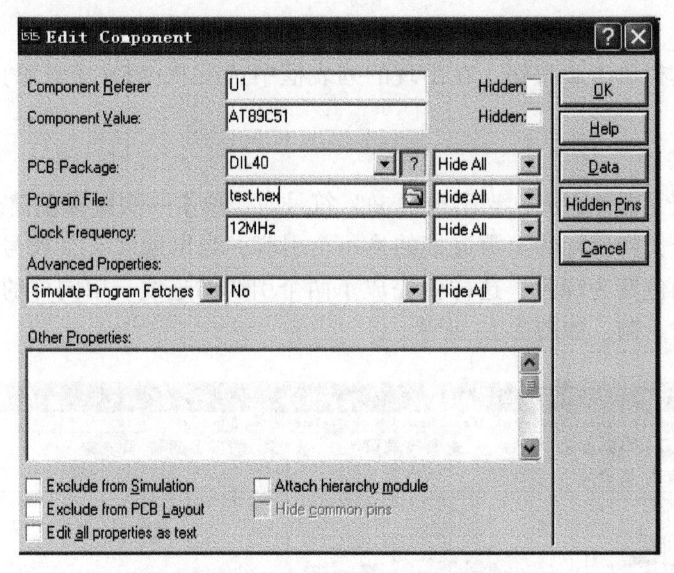

图2-15　设置单片机属性

Proteus软件下方的工具[▶ ▮▶ ▮▮ ■]为控制仿真按钮，功能依次为启动仿真、单步运行、暂停和停止仿真。单击启动仿真按钮，将会看到程序的运行效果。

五、拓展训练

1. 在ISIS环境中绘制图2-13所示的电路，将目标文件lianxi. hex加载到单片机中，仿真运行。

2. 绘制图2-16所示的原理图，使用的器件有：AT89C51、7404、RESPACK-8、7SEG-MPX4-CA。

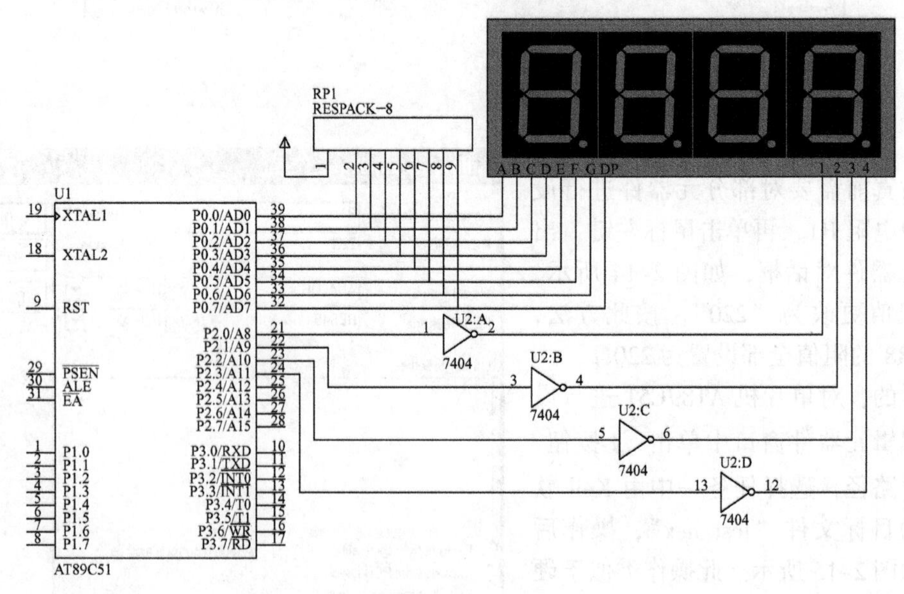

图2-16　作业原理图

项目三

设计制作LED流水灯

对于单片机系统，最简单的功能应该是控制输出电平的高低，这也是数字电路最基本的功能。本项目通过控制单片机 P1 口所接发光二极管（LED）的亮灭，介绍有关 C51 编程的基础知识，包括 C51 基本语法、数据类型、运算符、变量、函数、数组和指针等内容。通过本项目读者可学会编写简单的 C51 程序，从而控制 LED 的任意闪烁花样。

任务一　点亮 LED

一、任务要求

如图 3-1 所示的电路，编写程序，使 P1 口的高 4 位所接 LED 点亮，而低 4 位的 LED 熄灭。本任务将帮助读者学会 C51 程序的基本结构及一些语法规则。

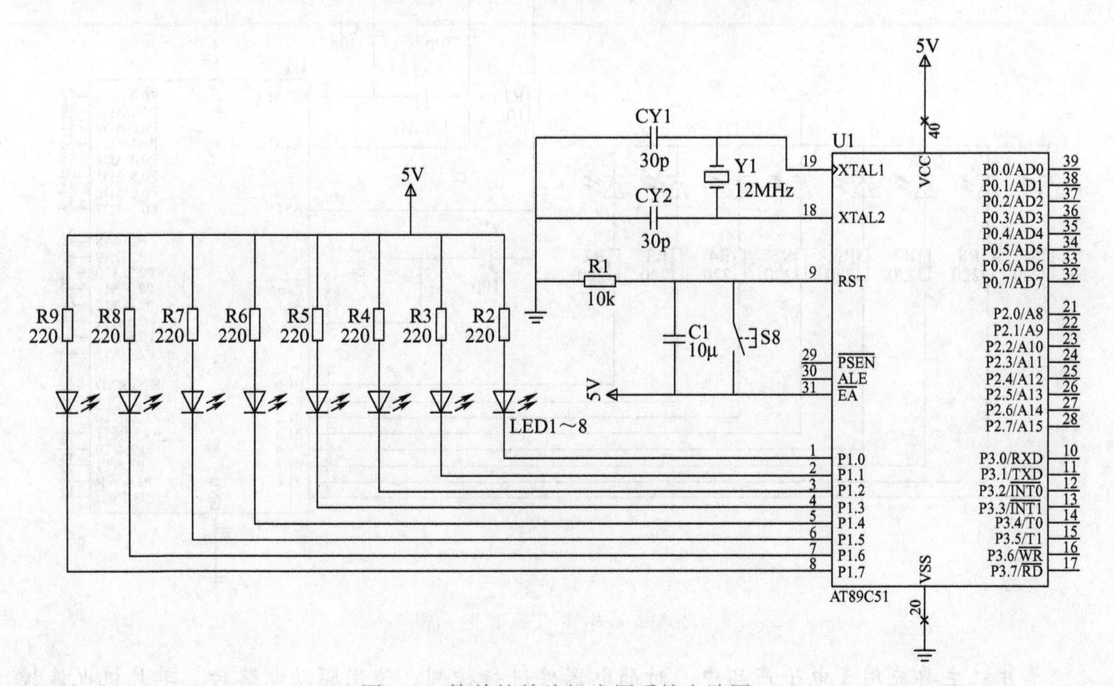

图 3-1　简单的单片机应用系统电路图

二、知识链接

所谓C51，就是利用C语言编写51单片机的应用程序。比较而言，C语言具有如下优势：

1）C语言具有结构性和模块化的特点，使其更容易阅读和维护。用C语言编写的程序有很好的可移植性，功能化的代码能够很方便地从一个工程移植到另一个工程，从而缩短了开发时间。

2）用C语言编写程序比汇编语言更符合人们的思考习惯，开发者可以更专心地考虑算法而不是考虑一些细节问题，这样就缩短了开发和调试的时间。

3）使用C语言，程序员不必十分熟悉处理器的运算过程，这意味着对新的处理器也能很快上手，很多处理器都支持C编译器。

延伸阅读：控制LED，也可以采用另外一种连接方式，如图3-2所示，此时单片机输出高电平，引脚对应的LED被点亮。多数人习惯采用图3-1所示的电路，原因有两个：一是单片机复位后，P0～P3口均输出高电平；而在图3-2所示的电路中，系统上电后，或没有执行对P1口操作的指令时，则LED将全部被点亮。二是如果采用图3-1所示的电路，二极管导通时，电流流入单片机，此时称灌电流；而如果采用图3-2所示的电路，二极管导通时，电流流出单片机，此时称拉电流。单片机灌电流的能力远远大于拉电流的能力，所以在图3-2的电路中必须加上驱动电路，才能保证LED的亮度。基于以上原因，书中后面所用电路，也是均以低电平驱动有效。

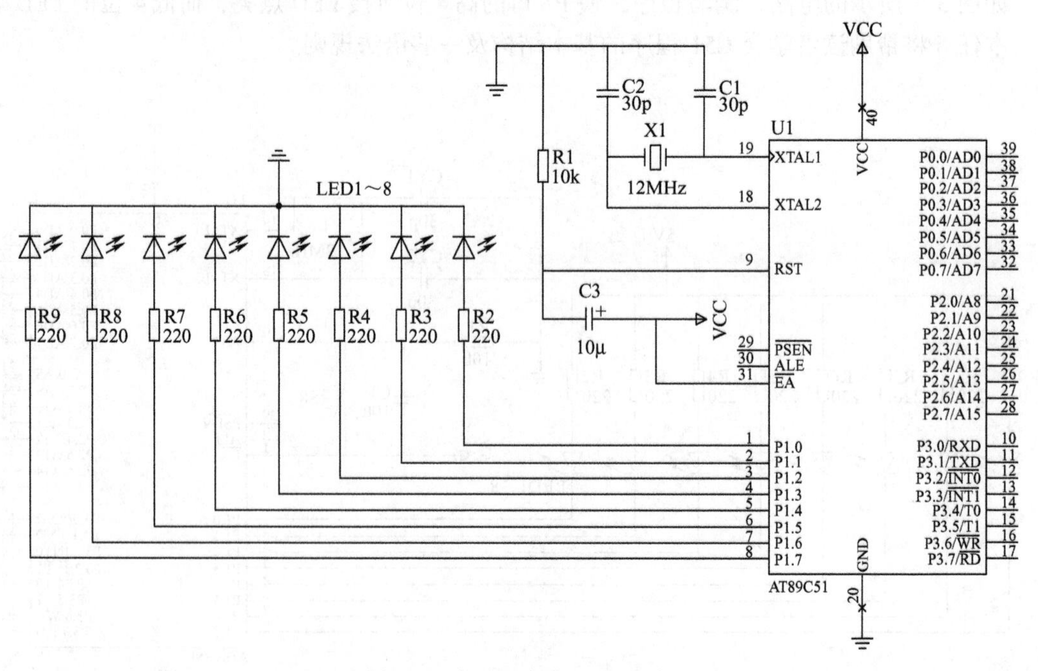

图3-2　高电平点亮LED电路

单片机主要应用于电子产品中，对弱电器件进行控制。使用驱动电路后，单片机也能控制强电设备，如图3-3所示。VT1为PNP型晶体管，当P1.0端输入低电平时，VT1导通，

有电流流过继电器线圈，常开触点K0、K1闭合；否则，当P1.0端输入高电平时，VT1截止，没有电流流过继电器线圈，触点K0、K1断开。继电器的输出触点可以直接与220V市电相连，控制电动机等设备的起停。由于继电器的控制线圈具有电感性质，在关断瞬间会产生较大的反电动势，因此在继电器的线圈上反向并联一个二极管VD，也称为续流二极管，用于电感反向放电，以保护驱动晶体管不被击穿。

学会LED的亮灭控制，也即学会了电动机的起停控制。

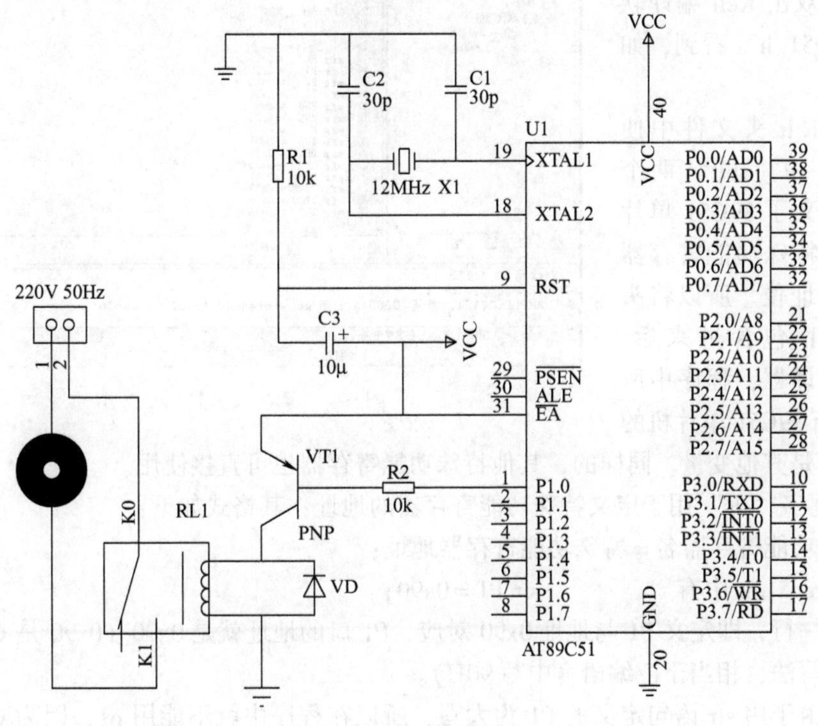

图3-3 继电器控制接口

三、程序设计及分析

要想点亮一个LED，只要将对应的引脚输出低电平，LED会因正偏而导通，而输出高电平对应引脚的LED，会因零偏而截止。根据任务要求，编写程序（chengxu3_1_1.c）如下：

```
1.   #include "reg51. h"      //包含头文件
2.   main()
3.   {
4.     P1 =0x0F;              //点亮高4位的LED
5.   }
```

这个程序是比较简单的，重点是熟悉C51程序的组成和特点。为了便于讨论，将每行语句前面均标以行号（如1.），真正的C51程序是没有行号的，所以，在录入程序时，千万不要录入行号。本书后面的程序中也有带行号的，都只是为了方便说明。

1. 文件包含

程序的第1行是一个“文件包含”处理。所谓“文件包含”是指一个文件将另外一个文件的内容全部包含进来，如同将被包含文件中的内容全部录入到当前文件中一样。程序中包含的 reg51. h 文件是一个独立的文件，Keil C51 编译器提供了多个这样的文件（也称为头文件），可在 Keil 软件的安装目录 C:\KEIL\C51\INC 中找到，头文件的扩展名总是“. h”。头文件 reg51. h 中的内容可通过双击 Keil 编译软件中的“reg51. h”看到，如图 3-4 所示。

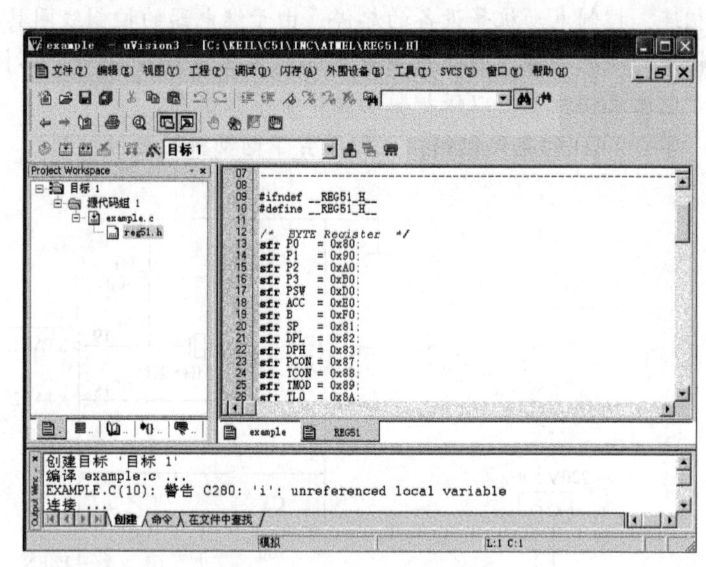

图 3-4　查看头文件 reg51. h

在 reg51. h 头文件中使用了“sfr”和“sbit”两个关键字，定义了 89C51 单片机中所有的特殊功能寄存器和一些可寻址位。所以将头文件 reg51. h 包含进来后，就能通知编译器，程序中所写的 P1 是指 89C51 单片机的 P1 端口而不是其他变量。同样的，其他特殊功能寄存器也可直接使用。

1）关键字“sfr”用于定义特殊功能寄存器的地址，其格式如下：

sfr 特殊功能寄存器名 = 特殊功能寄存器地址；

例如，reg51. h 中有　　　　sfr P1 = 0x90；

这样的一行，即定义 P1 与地址 0x90 对应，P1 口的地址就是 0x90（0x90 是 C 语言中十六进制数的写法，相当于汇编语言中写 90H）。

注意：由于用 sfr 语句定义的 P1 为大写，所以在程序中就不能用 p1，因为 C51 是区分大小写的。

2）关键字“sbit”定义一些特殊功能位，其格式如下：

sbit 位名称 = 位地址；

例如：

sbit CY = 0xD7；

sbit AC = 0xD6；

sbit F0 = 0xD5；

也可以写成：

sbit CY = 0xD0^7；

sbit AC = 0xD0^6；

sbit F0 = 0xD0^5；

如果前面已定义了特殊功能寄存器 PSW，那么上面的定义也可以写成：

sbit CY = PSW^7；

sbit AC = PSW^6；

sbit F0 = PSW^5；

在 C51 程序中，编程者可以直接在自己的程序中利用关键字 sfr 和 sbit 来定义这些特殊功能寄存器和特殊位名称。显然，当程序中用到的特殊功能寄存器较多时会很麻烦。所以，后面所写的 C51 程序，第一行都是将头文件 reg51. h 包含进来。包含头文件也可以写成 #include <reg51. h>的形式。

2. 函数简介

函数是 C51 程序的核心，它是一段独立的程序代码，可以完成特定的功能，并被指定了名称。C51 程序是由函数构成的，一个 C51 程序有且只有一个名为 main( ) 的函数，也可以包含其他函数。

程序的第 2 ~ 5 行是主函数，通过第 4 行的语句实现控制 P1 口高 4 位的 LED 点亮。主函数通过直接书写语句或调用其他函数来实现有关功能，一个 C 语言程序，总是从 main 函数开始执行的，而不管物理位置上这个 main 函数放在什么地方。

3. 常量

在程序运行过程中，其值不能被改变的量称为常量，如第 4 行语句“P1 = 0x0F;”中的 0x0F 即是一个常量。该语句的功能将 0x0F 这个数输出到单片机的 P1 口，0x0F 为十六进制书写方式，其对应的二进制为 0000 1111B，十六进制数据中的字母用大小写均可。观察二进制数 0000 1111B，共 8 位，其中最高位是 0，最低位为 1。单片机的 P1 口也有 8 位，P1. 7 为最高位，P1. 0 是最低位，当把二进制数 0000 1111B 输出到 P1 口时，则 P1 口的 8 个引脚值和 8 位二进制数一一对应。在 C51 程序中，不支持二进制数的书写方式，但可以采用十六进制格式。

除了上面提到的可以在代码中直接使用的数值常量外，还可以使用符号常量。语句“#define LIGHT0 0xfe”将定义一个符号常量，该语句创建一个名为 LIGHT0、值为 0xfe 的符号常量，以后程序中所有出现 LIGHT0 的地方均会用 0xfe 来替代。使用符号常量，程序（chengxu3_1_2. c）清单如下：

```
#include "reg51. h"      //包含头文件
#define LIGHT0 0xfe
main( )
{
  P1 = LIGHT0;           //点亮一个 LED
}
```

“define”为预处理命令，它本身不产生任何操作，是在编译之前进行的处理。使用关键字 define 可以将一个标志符替换为一个常量或其他字符，如：

#define PI 3. 14 //用符号 PI 代替 3. 14，则后面程序中所有 3. 14 的地方可书写为 PI

#define uchar unsigned char/ * 用字符 uchar 代替 unsigned char，则后面程序中所有 unsigned char 的地方可书写为 uchar * /

预处理命令以符号“#”开头，语句后面没有“;”号。同样的，“include”也是预处理命令。

4. 有关规则

1）C51 程序书写的格式自由，可以在一行写多个语句，也可以把一个语句写在多行。程序语句没有行号（但可以有标号），书写的缩进没有要求。但是建议按一定的规范来写，这样可以带来方便。

2）每个可执行语句均规定 CPU 进行某些操作，后面必须以分号结尾，分号是 C 语句的必要组成部分。以“#”打头的预处理命令不是可执行语句，后面没有“；”号。

3）使用花括号“{}”将每个函数（包括 main( ) 函数）的程序行括起。用花括号括起的一行或多行语句称为代码块，花括号必须成对出现。让每个花括号单独占一行是良好的程序书写习惯，这样语句块的开始和结束位置便清晰明了。

4）注释可以用“//”引导（第1、4 行），“//”后面的内容是注释，注意这种格式的注释只是对本行有效。

也可以用/＊……＊/的形式为 C51 程序的任何一部分进行注释，在“/＊”开始后，一直到“＊/”为止的中间的任何内容都被认为是注释。

注释是对程序或语句的简要说明，便于程序阅读和维护，不参与计算机的操作。许多初学者可能会觉得注释是多余的，随着学习的深入，代码会越来越长，或者几个月后需要对原来的程序进行后续开发和维护，此时注释便显得尤为重要。用些时间给程序加上必要的注释，无论什么时候总是值得的。

四、任务实现过程

在 Keil C 软件上录入 chengxu3_1_1. c，编译且下载到单片机中验证程序的运行结果。完成这些操作的方法和步骤已经在项目二里详细介绍过，下面简单做一下回顾。

1）打开 Keil C 软件，新建工程，选择单片机的型号。

2）新建并保存一个源程序文件，注意使用“. c”为扩展名。

3）将源文件添加到项目中。

4）单击按钮，对工程进行设置，主要是设置生成“. hex”目标程序。

5）按照清单在源程序编辑窗口录入 chengxu3_1_1. c，但不要录入行号（如 1. ）。

6）编译并链接，生成扩展名为“. hex”的目标程序。如果出现错误消息，不能成功编译和链接，请返回到第 5）步修改源程序。注意：当再次单击编译链接按钮后，编译器会先自动保存源程序文件，然后再编译链接。

7）将扩展名为“. hex”的目标程序下载到单片机的 ROM 中，当程序下载后，单片机会自动运行程序。第 6）步的编译链接只是对源程序的语法错误进行检查，如果源程序中存在逻辑错误或只是罗列了一些无关紧要的语句，便不能看到预期的运行效果，此时需要返回到第 5）步，再次修改源程序。

单片机和 C51 的学习需要反复验证和实践，所以后面的程序都需要在电路板或仿真原理图上运行。只有不断地思索和实践，找到程序中的错误并予以修改，使系统运行效果与预期的一致，单片机设计水平才能得到提高，产品才能真正投入市场。以后书中如无特殊情况，将不再对运行程序环节进行专门的说明。

延伸阅读： 如同前面介绍的，单片机的工作过程是一个自动执行程序的过程。系统上电后，CPU 总是开始执行 main 函数中的程序，本节的两个程序中主函数均只有一个语句，执行完该语句后便结束主函数的执行，此时 CPU 将没有设计者指定的语句可执行，即出现“跑飞”的现象，这是开发人员应该避免的事情。真实状况是：扩展名为“. hex”的目标程序下载到程序存储器中，只占据了其前面的一小部分空间，执行完目标代码后，CPU将后面ROM中的内容视为代码继续执行，直到执行完ROM空间的最后一个字节后再返回ROM的开始处继续执行。单片机的CPU是不知疲倦的，它会一直不停地执行程序，所以为了避免程序“跑飞”，C51程序的主体结构通常情况下是一个死循环，保证CPU总有代码去执行。另一方面，编译器一般会将ROM中的“空白”区域安放一些无关紧要的代码，防止程序跑飞时造成恶劣影响。

五、拓展训练

1. 为什么要包含头文件reg51. h？如果不包含头文件reg51. h，程序chengxu3_1_1. c将如何修改？
2. 注释是程序必要的组成部分吗？为何要使用注释？
3. 指出下面程序中的错误。

```
#define LIGHT0 0xfe;
main()
{
   P1 = LIGHT0;              //点亮一个 LED
}
```

任务二　实现LED的闪烁

一、任务要求

如图3-1所示的电路，要求编写一个程序，让P1. 0引脚处的LED亮灭变化，不断闪烁。通过本任务，读者可学会变量的声明、算术运算符的使用及循环语句while的编程方法。

二、程序设计及分析

问题看起来比较简单，首先让P1. 0输出低电平，点亮LED；之后让P1. 0输出高电平，熄灭LED；再返回到让P1. 0输出低电平，如此往复即可。编写程序（chengxu3_2_1. c）如下：

```
1.   #include "reg51. h"
2.   sbit   LED0 = P1^0;       //指定 P1.0 引脚
3.   main()
4.   {
5.      LOOP:LED0 = 0;         //点亮 LED
6.      LED0 = 1;              //熄灭 LED
7.      goto LOOP;             //返回点亮 LED
8.   }
```

程序的第2行使用关键字sbit定义了单片机的P1. 0引脚。在头文件reg51. h中，并没有将单片机的每位I/O口进行定义，所以，要想使用某一位I/O口时，必须用sbit进行定义。

第5行语句中“LOOP”为语句标号，语句标号是一个标志符。语句标号不是每个语句所必需的组成部分，只是在需要时才使用，如本例。所谓标志符就是用户编程时使用的名字，可以由用户任意指定，但必须符合一定的规则。C 语言规定标志符只能由字母、数字和下划线三种字符组成，且第一个字符必须为字母或下划线。需要注意的是 C 语言中大写字母与小写字母被认为是两个不同的字符，即 Sum 与 sum 是两个不同的标志符。C51 的关键字不能用作标志符，所谓关键字，就是已经被 C51 使用了的、具有特定意义的用语。C51 所用关键字见附录 B。

编写程序时经常要使用标志符，标志符必须要符合规定。合法的标志符举例：Count、name_agroup、x7。不合法的标志符举例：3num（以数字打头）、goto（此为关键字）、tax#125（包含非法字符#）。

第 7 行中的"goto"为无条件转移语句，通过该语句，程序的整体结构成为一个死循环，反复执行第 5、6、7 行语句。

编译程序 chengxu3_2_1. c，生成目标文件下载到单片机中，观察运行结果。除了有些暗外，LED 一直亮着。之所以这样，是由于不同闪烁频率的 LED，给人的感觉会有所区别。理论和实践证明，如果闪烁频率在 40Hz 以上，不会再有闪烁的感觉。所以，市电是 50Hz 交流电，虽然荧光灯一直在闪，但人们却不会感觉到。

前已述及，单片机的运行速度是相当快的，如果选择 12MHz 晶振，执行一条机器语言的指令时间将是微秒级。所以程序 chengxu3_2_1. c 虽然让 LED 亮灭变化，但其频率远远超过了 40Hz。为了使人有闪烁感，必须让 LED 无论亮灭都保持一段时间，放慢 LED 的闪烁速度，从而降低其闪烁频率。程序（chengxu3_2_2. c）编写如下：

```
1.   #include "reg51. h"        //包含头文件
2.   sbit  LED0 = P1^0;         //指定 P1. 0 引脚
3.   main( )
4.   {
5.     unsigned int i;          //声明无符号整型变量 i
6.     LOOP:LED0 = 0;           //点亮 LED
7.     i = 50000;               //为变量 i 赋值
8.     while(i - - );           //延时
9.     LED0 = 1;                //熄灭 LED
10.    i = 50000;               //为变量 i 赋值
11.    while(i - - );           //延时
12.    goto LOOP;               //返回 LOOP,点亮 LED
13.  }
```

刚接触 C51 程序时，感觉内容比较多，但坚持看完几个 C51 程序后，会发现看懂 C51 程序并不是很难的事情，甚至会产生编写程序的想法。下面将详细说明一下程序 chengxu3_2_2. c，这些都是 C51 程序的基础知识，希望读者能很好地掌握它们。

1. 使用变量存储数据

程序 chengxu3_2_2. c 的第 5 行定义了一个变量 i，在程序运行期间值可以改变的量称为变量。编写程序时，一般要处理一些数据，这些数据需要存放到存储器中。而存储器中有许多的存储单元，那么究竟将数据存储到哪些

变量

存储单元呢？此时便需要将这些存储单元用一个名字来标志，即变量。变量是给用于存储信息的存储器单元赋予名称，一个变量必须有一个名字，在存储器中占据一定的存储空间，在该存储空间中存放变量的值。在程序中使用变量名时，实际上引用的是存储在里面的数据。

要在程序中使用变量，必须知道如何给变量命名，所有的标志符均可以作为变量名。实际应用中，为方便其他人阅读，最好使名字具有一定含义，如将银行利率存储在一个名为 bank_rate 的变量中，就比使用变量名 k 更清晰。另外一种风格是不使用下划线，而是将每个单词的首字母大写，如 BankRate。虽然输入描述性变量名需要更多的时间，但却可以使程序更易于阅读和理解，这样做总是值得的。

要在程序中使用变量，除了必须用标志符作为变量名外，一般还要指出数据类型和存储类型。

2. 数据类型

数据是计算机处理的对象，计算机要处理的一切内容最终将要以数据的形式出现，这些数据在计算机内部进行处理、存储时往往有着很大的区别。

C51 中常用的数据类型有：位型、字符型、整型、实型等，见表 3-1。

表 3-1　C51 的基本数据类型

数据类型	关键字	长度/bit	长度/B	值域范围
位型	bit	1	—	0、1
无符号字符型	unsigned char	8	1	0 ~ 255
有符号字符型	signed char	8	1	-128 ~ 127
无符号整型	unsigned int	16	2	0 ~ 65535
有符号整型	signed int	16	2	-32768 ~ 32767
无符号长整型	unsigned long	32	4	0 ~ 4 294 967 295
有符号长整型	signed long	32	4	-2 147 483 648 ~ 2 147 483 647
浮点型	float	32	4	±1.176E-38 ~ ±3.40E38(6 位)
双精度型	double	64	8	±1.176E-38 ~ ±3.40E38(10 位)

（1）位类型（bit）　bit 类型是 C51 的一种扩展数据类型，用它可以定义一个位变量，但不能定义位指针，也不能定义位数组。这里的扩展是相对标准 C 语言而言，关于指针和数组的含义将在后面详细介绍。bit 类型数据的值是一位二进制数，不是 0 就是 1。例如：

```
bit flag;        //定义一个位变量 flag,其占用一位存储单元,取值为 0 或 1
```

（2）字符类型（char）

1）字符型数据在内存中的存放形式。字符型数据在内存中是以二进制形式存放的，例如定义了一个 char 型变量 c：

```
char c = 10;     /*定义 c 为字符型变量，并将 10 赋给该变量*/
```

十进制数 10 的二进制形式为 1010，在 Keil C 中规定使用一个字节表示 char 型数据，因此，变量 c 在内存中的实际占用情况如下：

0000 1010

2）字符型变量的分类。字符型变量只有一类修饰符 signed（有符号）和 unsigned（无符号)。用 signed 修饰的是有符号字符型变量，字节中的最高位表示数据的符号，“0”表示正数，“1”表示负数，表示的数值范围是 -128 ~ +127；而用 unsigned 修饰的是无符号字符型变量，表达的数值范围为 0 ~ 255。

延伸阅读：数学中的正负用符号“+”和“-”表示，在计算机中规定用最高位作为符号位，“0”表示“+”；“1”表示“-”。例如：

带符号的正数 +100 0101B（+45H），可表示成 0100 0101B（45H）；

带符号的负数 -101 0101B（-55H），可表示成 1101 0101B（D5H）。

经过这样处理后，带符号的数就可以由计算机识别了。把机器中以编码形式表示的数称为机器数，如 45H 和 D5H；而把原来一般书写形式表示的数称为真值，如 +45H 和 -55H。

若一个数的所有数位均为数值位，则该数为无符号数；若一个数的最高位为符号位而其他位为数值位，则该数为有符号数。对于同一个字节的存储单元，当它存放无符号数时，数的范围是 0 ~ 255；当它存放有符号数时，数的范围是 -128 ~ +127。

计算机中数的原码形式就是机器数形式，即最高位为符号位，0 表示正数，1 表示负数，其余为数值位。正数的反码和原码相同；负数反码的符号位为 1，数值位是它原码的数值位的按位取反。例如：

带符号正数 +101 1100B，原码为 0101 1100B，反码为 0101 1100B；

带符号负数 -100 0101B，原码为 1100 0101B，反码为 1011 1010B。

二进制数采用原码和反码表示时，运算复杂，符号位需要单独处理，所以对带符号数的运算均采用补码。正数的补码和原码相同；负数的补码为其反码加 1。例如：

带符号正数 +101 1100B，反码为 0101 1100B，补码为 0101 1100B；

带符号负数 -100 0101B，反码为 1011 1010B，补码为 1011 1011B。

参加运算的带符号数都表示成补码后，运算的结果也为补码，而符号位无需单独处理，且可以将减法运算转换为加法运算，这非常有利于计算机的实现。例如：

06H-26H = -20H，用补码运算时可以表示为 $[06H]_{补}+[-26H]_{补}=[-20H]_{补}$

$$
\begin{array}{r}
[06H]_{补}=0000\ 0110 \\
+[-26H]_{补}=1101\ 1010 \\
\hline
结果：1110\ 0000
\end{array}
$$

结果 1110 0000B 为 -20H 的补码，再对其求补后可得到原码为 1010 0000B，即真值为 -010 0000B（-20H）。

几个典型的 8 位二进制数的表示形式见表 3-2。

表 3-2　8 位二进制数的表示形式

二进制数码	看作无符号十进制数	看作带符号十进制数		
		原　码	反　码	补　码
0000 0000	0	+0	+0	+0
0000 0001	1	+1	+1	+1
0111 1111	127	+127	+127	+127
1000 0000	128	-0	-127	-128
1000 0001	129	-1	-126	-127

（续）

二进制数码	看作无符号十进制数	看作带符号十进制数		
		原　码	反　码	补　码
1111 1110	254	-126	-1	-2
1111 1111	255	-127	-0	-1

由表3-2可见，对于8位二进制数，看作无符号数时，表示数的范围是0～255；采用反码形式时，表示数的范围是-127～+127，“0”有两种表示方式，即“+0”和“-0”；采用补码形式时，“0”只有一种表示方式，数的范围是-128～+127。

3）字符的处理。在C51中，可以用字符型变量处理字符，例如：

char c = 'a';

即先定义一个字符型的变量c，然后将字符a（用单引号括起）赋给该变量。进行这一操作时，实际是将字符a的ASCII码值赋给变量c，因此，做完这一操作之后，c的值是0x61。

（3）整型（int）

1）整型数据在内存中的存放形式。例如定义了一个int型变量i：

int i=10; /*定义i为整型变量，并将10赋给该变量*/

在Keil C中规定使用2个字节表示int型数据，因此，变量i在内存中的实际占用情况如下：

0000 0000 0000 1010

也就是整型数据总是用2个字节存放，不足部分用0补齐。

2）整型变量的分类。整型变量的基本类型是int，可以加上有关数值范围的修饰符。这些修饰符分两类：一类是short和long，另一类是unsigned和signed，这两类可以同时使用。

在int前加上short或long是表示数的大小，对于C51来说，int和short是相同的，数据使用2个字节存放。在int前加上修饰符long，则为长整型数据，长整型数据要用4个字节来存放。长整型数据所能表达的范围比整数要大，一个长整型数据表达的范围可以达到$-2^{31}\sim(2^{31}-1)$，而int型数据的范围是-32768～32767，二者相差很远。

第二类修饰符是signed和unsigned。对于char和int类型数据，默认为signed。

浮点型和双精度型均为带小数点数据，在单片机编程中很少使用。除此之外，C语言中还有枚举、数组、结构体、共用体和指针等数据类型，读者可以查看相关资料。

3. 存储类型及存储区

C51编译器支持89C51及其扩展系列，并提供对89C51所有存储区的访问。存储区可分为内部数据存储区、外部数据存储区以及程序存储区。内部数据存储区又可分为3个不同的存储类型：data、idata和bdata。外部数据存储区也是可读写的，访问外部数据存储区比访问内部数据存储区慢，因为外部数据存储区是通过数据指针加载地址来间接访问的。C51编译器提供两种不同的存储类型xdata和pdata访问外部数据。程序存储区code是只读的，不能进行写操作。程序存储区可能在89C51 CPU内部、外部或者内外都有，这由89C51派生的硬件决定。每个变量可以明确地分配到指定的存储空间，对内部数据存储器的访问比对外部存储器的访问快许多，因此应当将频繁使用的变量放在内部数据存储器中，而把较少使用的变量放在外部数据存储器中。各存储区的简单描述见表3-3。

表3-3　存储区描述

存储类型	描　述	存储类型	描　述
data	内部RAM的低128B，访问速度最快	pdata	外部RAM的256B，通过P0口对其寻址，可用汇编指令MOVX @Ri访问
bdata	内部RAM区中可字节、位混合寻址的16个字节（地址为0x20~0x2f）	xdata	片外RAM（64KB），可用汇编指令MOVC @ DPTR访问
idata	内部RAM区，必须采用间接寻址	code	程序存储区使用DPTR寻址（64KB）

对于每个C51程序，Keil C软件在成功编译后都给出了该程序所占用各存储空间的大小，如图3-5所示。

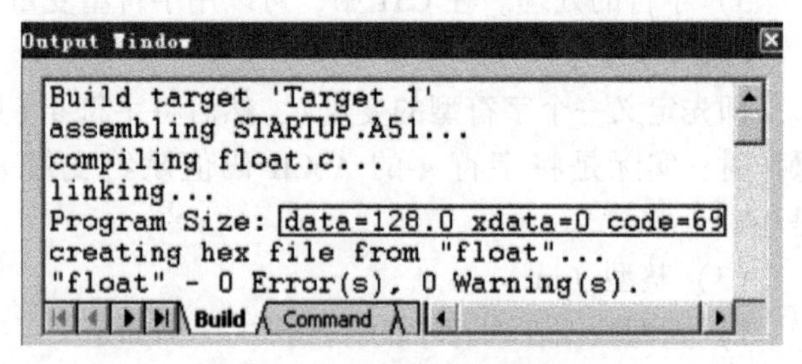

图3-5　正确的程序及编译效果

4. 变量声明

编写程序时，要求对所有用到的变量必须进行声明，也就是"先定义，后使用"，程序chengxu3_2_2.c的第5行便是声明变量i。如果程序试图使用一个未声明的变量，则编译器将会提示一条错误信息，程序将不能成功编译。声明变量的同时，可以为变量赋值，下面是一些变量声明举例。

```
unsigned char data id = 0;           //在data区定义unsigned char型变量id并赋值
int bdata status;                    //在可位寻址区定义整型变量status
char pdata inp_string,outp_value;    //在pdata区同时定义2个字符型变量
float xdata outp_value;              //在xdata区定义一个浮点型变量outp_value
```

注意：在C语言的函数体中，变量定义部分和执行语句部分是相对分离的，对函数内部变量的定义必须出现在函数体内所有执行语句之前。

每个变量在存储器中都占据一定的存储空间，由于单片机的资源有限，在基本型51单片机里留给设计人员使用的内部RAM容量为128B，如将它们全部用来定义变量，则可以声明unsigned char（占用1个字节存储单元）类型变量128个，声明long int（占用4个字节存储单元）类型变量32个。当程序复杂，需要变量较多时，如果声明的变量类型不合适，会遇到存储单元不够用的情况。所以如果一个变量里保存数据的值不超过255时，最好将其声明为unsigned char类型，而不是其他类型。

在C51中可以使用typedef关键字对给定的类型指定一个新名字，例如：

typedef unsigned char U8;

将unsigned char指定一个新的名字U8，然后就可以用U8定义unsigned char型变量，如U8 count;

使用类型定义可使代码的可读性加强，或节省录入时间。

延伸阅读： 定义变量时，还可以使用关键字const修饰，声明为const的变量在程序运行期间不能进行修改，类似于声明一个符号常量，且必须在声明的同时被初始化为一个值，例如：

```
const unsigned char LIGHT0 = 0xfe;    //声明一个 const 类型变量 LIHGT0 且值为 0xfe
```

对于下面的语句，编译器将会提示一条错误信息，因为 const 类型变量在程序中是不能被赋值的。

```
const unsigned char LIGHT0 = 0xfe;
...
LIGHT0 = 0xfd;
```

5. 存储器模式

定义变量时如果省略“存储器类型”选项，如“char count;”，则按编译模式 SMALL、COMPACT 或 LARGE 所规定的默认存储器类型确定变量的存储区域。编译模式的设置在 Keil 软件中使用 Project → Options for Target 命令完成，存储器模式设置界面如图 3-6 所示。

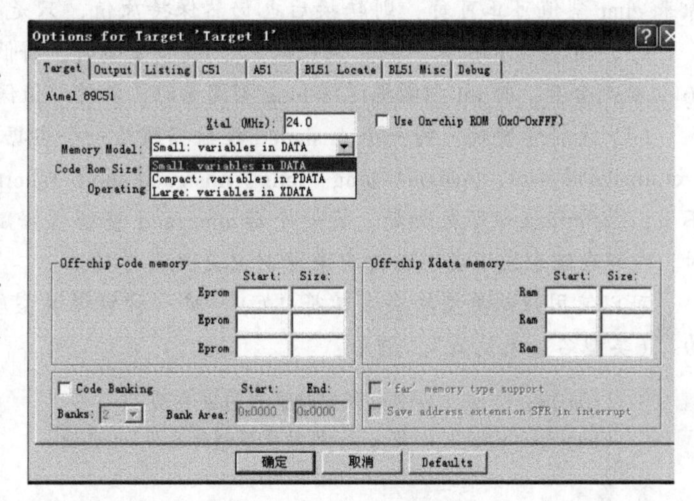

图 3-6　存储器模式设置

C51 编译器的三种存储器模式对变量的影响如下：

（1）SMALL 模式　所有默认变量参数均定义在内部数据存储器（data）中，因此对这种变量的访问速度最快，但空间有限。此模式下语句“char count;”等同于“char data count;”，该模式适用于较小的程序。

（2）COMPACT 模式　变量被定义在分页外部数据存储器（pdata）中，外部数据段的长度可达 256B，运行速度比 SMALL 模式慢。

（3）LARGE 模式　所有默认变量被定义在外部数据存储器（xdata）中，使用数据指针 DPTR 来间接访问变量。该模式的优点是空间大、可定义变量多，缺点是速度较慢，一般用于较大的程序。

6. 为变量赋值

程序 chengxu3_2_2. c 的第 7、10 行语句是给变量 i 赋值，使用了赋值运算符“=”，前面也曾多次用到赋值运算符“=”，其作用就是将数据赋给变量。赋值语句的格式如下：

变量 = 表达式；

以下为变量赋值示例：

```
a = 0xFF;        //将常数十六进制数 FF 赋给变量 a
b = c = 33;      //同时赋值给变量 b、c
d = e;           //将变量 e 的值赋给变量 d
f = a + b;       //将变量 a + b 的值赋给变量 f
```

由上面的例子可以知道，赋值运算符的左侧必须是变量，语句的意义就是先计算出“=”右边的表达式的值，然后将得到的值赋给左边的变量。

延伸阅读：当赋值运算符两边的运算对象类型不同时，将要发生类型转换，转换的规则是：把赋值运算符右侧表达式的类型转换为左侧变量的类型。具体的转换如下：

（1）浮点型与整型　将浮点型转换为整型时，将舍弃浮点型的小数部分，只保留整数部分。将整型值赋给浮点型变量时，数值不变，只将形式改为浮点形式，即小数点后带若干个0。注意：赋值时的类型转换实际上是强制的。

（2）char 型与 int 型　int 型数值赋给 char 型变量时，只保留其最低 8 位，高位部分舍弃。char 型数值赋给 int 型变量时，如果原来 char 型数据取正值，转换后仍为正值；如果原来 char 型值可正可负，则转换后也仍然保持原值，只是数据的内部表示形式有所不同。

（3）int 型与 long 型　long 型数据赋给 int 型变量时，将低 16 位值送给 int 型变量，而将高 16 位截断舍弃。将 int 型数据送给 long 型变量时，其外部值保持不变，而内部形式有所改变。

（4）无符号整数　将一个 unsigned 型数据赋给一个占据同样长度存储单元的整型变量时（如 unsigned→int、unsigned long→long、unsigned short→short），原值照赋，内部的存储方式不变，但外部值却可能改变。将一个非 unsigned 整型数据赋给长度相同的 unsigned 型变量时，内部存储形式不变，但外部表示时总是无符号的。

可以使用强制类型转换运算符“( )”将一种数据类型转换为需要的数据类型，其格式为“(类型名) 表达式”，例如：

```
(char)a;          //将 a 强制转换为 char 类型
(int) (x + y);    //将 x + y 的结果强制转换为 int 类型
```

7. 算术和自增减运算符

C51 程序是由语句组成的，而大多数语句又是由表达式和运算符组成的。要编写 C51 程序，必须理解语句、运算符与表达式这些术语。三者的关系可以描述为：语句是完整的“代码的句子”，命令 CPU 完成特定的任务，C51 语句总是以“;”结尾。而表达式更像是不完整的只言片语，可比作短语或词组，只能被用在语句中。表达式的运算结果为数值，如表达式“8 +2”的运算结果为“10”。运算符作为表达式的一部分，是用来完成某种操作的符号，如“+”“-”等。

C51 中有多种运算符及表达式，按功能可分为算术运算符、关系运算符、逻辑运算符等。简单的算术运算符见表 3-4，这些操作符不会改变它们的操作数。

表 3-4　基本算术运算符

运 算 符	范　例	说　明
+	a + b	a 变量和 b 变量值相加
-	a - b	a 变量和 b 变量值相减
*	a * b	a 变量值乘以 b 变量值
/	a/b	a 变量值除以 b 变量值
%	a% b	取 a 变量值除以 b 变量值的余数

除法运算符和一般的算术运算规则有所不同，如是两浮点数相除，其结果为浮点数，如 10. 0/20. 0 所得值为 0. 5；而两个整数相除时，所得值就是整数，如 7/3，值为 2。对于一个 int 型变量 number，可以利用 number/256 得到其对应二进制数的高 8 位。

取余（%）运算符在 C51 程序中也有非常广泛的应用，如判断变量 anyNumber 是否为

偶数，只需判断 anyNumber%2 是否为 0 即可。通常，利用 number%256 得到一个 int 型变量对应二进制数的低 8 位。

算术表达式的形式：表达式1　算术运算符　表达式2

复杂的算术表达式如：a+b*(10-a)、(x+9)/(y-a)。

C51 有两个很有用的运算符：自增“++”和自减“--”。程序 chengxu3_2_2.c 的第 8、11 行便使用了运算符“--”。运算符“++”是操作数加 1，而“--”是操作数减 1，换句话说“x++;”同“x=x+1;”，“x--;”同“x=x-1;”。

延伸阅读：自增和自减运算符可用在操作数之前，也可放在其后，例如“x=x + 1;”可写成“+ + x; 或 x + +;”，但在表达式中这两种用法是有区别的。自增或自减运算符在操作数之前，C 语言在引用操作数之前就先执行加 1 或减 1 操作；运算符在操作数之后，C 语言就先引用操作数的值，而后再进行加 1 或减 1 操作。请看下例：

```
x=10;
y= ++x;
```

此时，y=11。如果程序改为

```
x=10 ;
y=x++ ;
```

则 y=10。在这两种情况下，x 都被置为 11，但区别在于设置的时刻，这种对自增和自减发生时刻的控制是非常有用的。

按照表达式中运算符与操作数的关系，可以把运算符分为单目运算符、双目运算符和三目运算符。如操作符“++”的操作对象只有一个操作数，为单目运算符；操作符“/”的操作对象有两个操作数，为双目运算符。

8. while 语句

程序 chengxu3_2_2.c 的第 8、11 行使用了 whlie 语句，该语句用来实现循环结构，所谓循环，就是反复多次执行一段代码块。其一般形式如下：

while语句

while(表达式){语句}

while 语句的执行过程是：

1）求解表达式。

2）当表达式为非 0 值（真）时，执行 while 中的内嵌语句，即“{}”中的循环体，之后返回到第 1）步继续执行；当表达式为 0 值（假）时，执行 while 语句后面的语句，即“}”后面的语句。

whlie 语句的特点是：先判断表达式，后执行。注意：当表达式的值为非 0 值时结果即认为是真。前已述及，用花括号括起的部分为代码块，可以是一条或多条语句。

语句“while（i--）;”是“while（i--）{;}”的缩写，此时{}中为一个空语句，空语句在 C51 中是合法的，即什么也不执行。该语句的功能是判断 i-- 的值，直到 i-- 变为 0 为止。作用是让 CPU 反复判断 i-- 的值，来消耗 CPU 的执行时间，起到延时的目的。改变给变量 i 所赋初值的大小，就能调整延时时间。

既然 while 语句能实现循环结构，所以让一个 LED 闪烁的程序（chengxu3_2_3.c）可编写为下面的形式：

```
1. #include "reg51.h"
2. sbit   LED0 = P1^0;
3. main()
4. {
5.     unsigned int i;
6.     while(1)
7.         {
8.             LED0 = 0;              //点亮 LED
9.             i = 50000;
10.            while(i --);           //延时
11.            LED0 = 1;              //熄灭 LED
12.            i = 50000;
13.            while(i --);           //延时
14.        }
15. }
```

在程序 chengxu3_2_3.c 的第6行，while 语句的表达式使用了一个常数“1”，这是一个非零值，即“真”，条件总是满足，语句（8~13 行）总是会被反复执行，构成了无限循环。多数人认为，不节制地使用无条件 goto 语句，将使程序的流程混乱、可读性和可维护性降低。程序 chengxu3_2_3.c 中使用 while 语句实现循环符合多数人的习惯。

三、拓展训练

1. 为变量命名必须符合什么规则？在下列符号中，哪些可以选用作变量名？哪些不可以？为什么？

a3B、3aB、∏、+a、-b、*x、$、_b5_、if、next_、day、e_2、OK?、Integer。

2. C51 中使用的数据都有哪些类型？请说出每种类型数据所占存储器空间的大小及表示数值的范围。

3. C51 中的变量可以采用哪些存储类型，即存储到单片机存储器的什么区域？分别使用什么关键字来声明？

4. 存储模式对存储类型有何影响？如何设置存储模式？

5. 选择题：在 C 语言中，要求运算数必须是整型的运算符是（　　）。

A. /　　B. ++　　C. *　　D. %

6. 说明 while 语句的格式及功能。

7. 如图 3-1 所示的电路，编写程序，让 8 个 LED 同时闪烁。

任务三　调整及测定延时时间

一、任务要求

循环程序用于重复执行某种动作，C51 中用于循环的语句主要有 while 和 for 语句。任务二学习了 while 语句的使用，本任务要求利用 for 语句来编写延时程序，应用 Keil 软件测定

延时时间，同时学习关系运算符、逻辑运算符和 for 语句的使用。

二、知识链接

因为执行一条指令是需要时间的，执行的指令越多，需要的时间越长。因此可以用控制执行指令的次数，来得到所需要的延时时间，这种延时方法称为软件延时。软件延时程序在单片机程序设计中应用十分广泛，其主要设计思想是利用循环体为空操作的循环程序，只占用 CPU 的时间，而不进行任何实质性操作，来实现延时功能。

两个循环语句都是要对给定的表达式进行判断，根据判断的结果决定循环是否结束，常用的表达式有关系表达式和逻辑表达式等。

1. 关系运算符和关系表达式

关系运算符和关系表达式

所谓“关系运算”实际上是两个值做一个比较，判断其比较的结果是否符合给定的条件。关系运算的结果只有两种可能，即“真”和“假”。例如：3 >2 的结果为真，而 3 <2 的结果为假。C 语言一共提供了 6 种关系运算符，见表 3-5。

表 3-5　关系表达式

运　算　符	范　例	说　明
>	a > b	测试 a 是否大于 b
<	a < b	测试 a 是否小于 b
==	a == b	测试 a 是否等于 b
>=	a >= b	测试 a 是否大于或等于 b
<=	a <= b	测试 a 是否小于或等于 b
! =	a! = b	测试 a 是否不等于 b

用关系运算符将两个表达式连接起来的式子，称为关系表达式。例如：a > b、a + b > b + c、(a = 3) >= (b = 5) 等都是合法的关系表达式。关系表达式的值只有两种可能，即“真”和“假”。在 C 语言中，如果运算的结果是“真”，用数值“1”表示；而如果运算的结果是“假”，则用数值“0”表示。

如语句“x1 = (3 >2)；”的结果是 x1 等于 1，原因是 3 >2 的结果是“真”，即其结果为 1，该结果被“ = ”号赋给了 x1，这里需注意，“ = ”不是等于之意（C 语言中等于用“ == ”表示），而是赋值号，即将该号后面的值赋给该号前面的变量，所以最终结果是 x1 等于 1。

2. 逻辑运算符及逻辑表达式

逻辑运算符和逻辑表达式

用逻辑运算符将关系表达式或逻辑量连接起来的式子就是逻辑表达式。C51 提供了三种逻辑运算符：“&&”（逻辑与）、“||”（逻辑或）和“!”（逻辑非）。设 x 为变量 1，y 为变量 2，则逻辑运算及结果见表 3-6。

表 3-6　逻辑运算真值表

x	y	! x	! y	x&&y	x || y
0	0	1	1	0	0
0	1	1	0	0	1

（续）

x	y	！x	！y	x&&y	x‖y
1	0	0	1	0	1
1	1	0	0	1	1

C51 编译系统在给出逻辑运算的结果时，用“1”表示真，用“0”表示假。但是在判断一个量是否是“真”时，以0代表“假”，而以非0代表“真”，这一点务必要注意。以下是一些例子：

1）若 a=10，则！a 的值为0，因为10被作为真处理，取反之后为假，系统给出的假的值为0。

2）如果 a=-2，则！a 的结果与上完全相同，原因也同上，初学时常会误以为负值为假，所以这里特别提醒注意。

3）若 a=10，b=20，则 a&&b 的值为1，a‖b 的结果也为1，原因为参与逻辑运算时不论 a 与 b 的值究竟是多少，只要是非零，就被当作是“真”，“真”与“真”相与或者相或，结果都为真。

3. for 语句

for语句

C 语言中的 for 语句使用非常灵活，它将一个代码块用｛｝括起来，执行特定的次数，也被称为 for 循环。for 语句的一般形式为：

```
for(表达式1;表达式2;表达式3)
{
  语句
}
```

它的执行过程是：

① 先求解表达式1。

② 求解表达式2，如果其值为真，则执行 for 语句中指定的内嵌语句（循环体），然后执行第③步；如果表达式2为假，则结束循环，执行“｝”后面的语句。

③ 求解表达式3。

④ 转回上面的第②步继续执行。

注意：如果首次计算时，表达式2就为假，则循环体一次也不会执行。

for 语句典型的应用是这样一种形式：

for(循环变量初值;循环条件;循环变量增值){语句}

例如“for(i=0;i<8;i++){…}”，执行程序时，首先执行 i=0，然后判断 i 是否小于8，如果小于8则去执行循环体（循环体为｛｝中的内容），然后执行 i++，执行完后再去判断 i 是否小于8……如此不断循环，直到条件不满足（i≥8）为止。此例中的循环体执行8次。

如果变量初值在 for 语句前面赋值，则 for 语句中的表达式1可以省略，但其后的分号不能省略，例如：

```
unsigned char i=10;
for(;i>0;i--){语句}
```

表达式 2 也可以省略，但是同样不能省略其后的分号，如果省略该式，将不判断循环条件，循环无终止地进行下去，也就是认为表达式始终为真。

表达式 3 也可以省略，但此时编程者应该另外设法保证循环能正常结束，例如：

```
for(i=0;i<8;)
    {
     …;
     i++;
    }
```

表达式 1、2 和 3 都可以省略，即形成如 for(;;) 的形式，它的作用相当于 while(1)，即构成一个无限循环的过程。

循环可以嵌套，循环里面还包括循环，例如：

```
unsigned int i,j;
for(i=200;i>0;i--)
    {
      for(j=500;j>0;j--)
          {;}
    }
```

在 while 和 for 语句中，当 {} 中的内容只有一个语句时，{} 可以省略，所以上面的程序可以简写为如下形式：

```
unsigned int i,j;
for(i=200;i>0;i--)
    for(j=500;j>0;j--);
```

程序中使用了两个 for 语句构成二重循环，相当于执行了 200×500 次 for 语句，达到较长时间延时的目的。改变变量的初值，可以进行延时时间的调节。

三、程序设计及分析

用 for 语句实现延时的程序（chengxu3_3_1. c）如下：

```
#include "reg51.h"
sbit  LED0 = P1^0;
main()
{
    unsigned int i,j;
    while(1)
    {
      LED0 = 0;                          //点亮 LED
        for(i=200;i>0;i--)
          for(j=500;j>0;j--);
      LED0 = 1;                          //熄灭 LED
        for(i=200;i>0;i--)
```

```
        for(j=500;j>0;j--);
    }
}
```

四、Keil 软件的调试功能

对于初学者，理解双重循环的执行过程是比较困难的，但却非常重要，下面使用 Keil C 软件的调试功能帮助大家理解双重循环的执行过程及进行延时程序延时时间的精确测定。

编写程序总是离不开调试程序的，无论对自己编写的程序多么有把握，但只有通过调试，才会令人更放心。调试是软件开发中重要的一个环节，程序中存在的许多错误，必须通过调试才能被发现并解决。

1. 进入调试状态

双击桌面上的 μVision2 图标启动 Keil 软件，新建工程、选择 CPU 型号后，录入的源程序（chengxu3_3_2. c）如下：

```
main()
{
    unsigned int i,j,k;
    k=0;
    for(i=3;i>0;i--)
    {
        for(j=5;j>0;j--)
          {k++;}
    }
    while(1);
}
```

该程序只是为了帮助读者理解双重循环的执行过程和练习 Keil 软件调试功能的使用而设置的，所以变量的参数进行了调整，同时增加了变量 k，用来记录总的循环次数。

继续操作：保存并添加源文件，编译。使用菜单命令 Debug→Start/Stop Debug Session 或单击按钮即可进入调试状态，调试工具栏如图 3-7 所示，包括调试当前项目的各种操作按钮，从左到右的功能依次为：复位 CPU、全速运行、停止运行、单步跟踪运行、过程单步、退出跟踪、运行到光标所在位置、显示状态、禁止/使能跟踪记录、观察跟踪记录、反汇编窗口、观察窗口、代码覆盖窗口、串行窗口#1、存储器窗口、性能分析窗口和工具箱。

图 3-7　Keil 软件调试工具栏

2. 单步运行程序

程序调试可以单步运行与全速运行。全速运行是指一行程序执行完以后紧接着执行下一

行程序，中间不停止，这样程序执行的速度很快，并且可以看到该段程序执行的总体效果。单步运行是每次执行一行程序，执行完该行程序以后即停止，等待命令执行下一行程序，此时可以观察该行程序执行完以后得到的结果。单击按钮，选择单步运行，源程序窗口的左边会出现一个黄色箭头，指向下一步即将执行的语句行。

每单击一次按钮，即执行该行语句，同时箭头指向下一行。为了理解双重循环的执行过程，单击按钮，打开观察窗口，如图3-8所示。该窗口可清楚地查看到程序中所使用的变量及执行到当前行时各变量的值。连续单击按钮，注意变量值的变化情况，细细体会双重循环的执行过程。当外循环i值为3时，内循环j值由5到0变化5次，“k++;”语句执行了5次，k值为5；当外循环i值为2时，内循环j值再由5到0变化5次，“k++;”语句又执行了5次，k值为10，以此类推，最终内循环执行3×5=15次，k值为15。

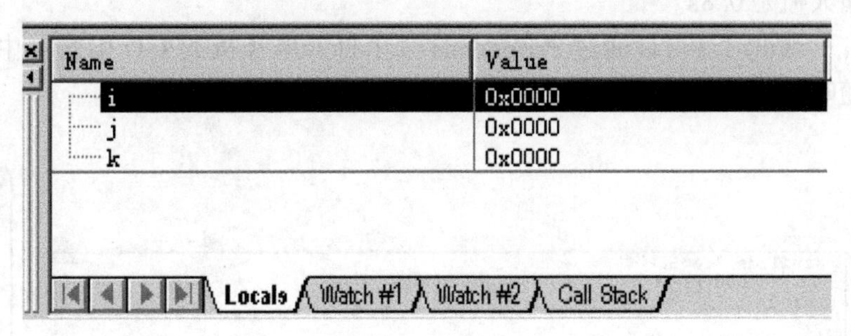

图3-8 观察窗口

在进入调试环境以后，如果发现程序有错，可以直接对源程序进行修改，但是要使修改后的代码起作用，必须先退出调试环境，重新进行编译、链接后再次进入调试。

3. 测定延时时间

再次单击按钮，返回编辑状态，将源程序的内容替换为程序（chengxu3_3_1.c）。

为保证测试时间的准确性，还应设置系统晶振频率使其与实际一致。方法是使用菜单命令 Project→Options for Target 打开目标设置对话框，如图3-9所示，这里将晶振频率设置为12MHz。

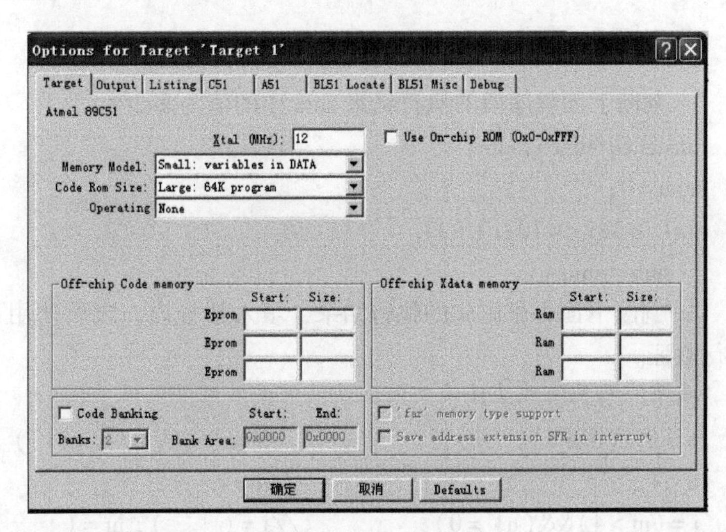

图3-9 设置晶振频率

断点设置是程序调试中的另一种非常重要的方法。使用菜单命令 Debug→Insert/Remove BreakPoint 设置或移除断点（也可以用鼠标在该行双击实现同样的功能）；Debug→Enable/D isable Breakpoint 开启或暂停光标所在行的断点功能；Debug→Disable All Breakpoint 暂停所有断点；Debug→Kill All BreakPoint 清除所有的断点设置。这些功能均可以在工具条上找到对应的按钮。

编译后进入调试状态，设置两处断点，如图 3-10 所示，分别对应延时程序的起点和终点，设置断点的程序行前面有红色的标志。

设置好断点后全速运行程序，当执行到第一个断点处 CPU 停止运行，可观察用时 0.000390s，如图 3-11 所示。再次全速运行，当执行到第二个断点处 CPU 又停止运行，观察用时 0.802592s。两次运行时间之差即为延时程序准确的延时时间，忽略微秒不计，延时时间大概是 0.8s。

调试时还可以通过 Peripherals 菜单打开单片机的 I/O 引脚、中断、定时器等多个窗口，随时观察它们的状态变化，方便设计人员编写、修改程序。

```
#include "reg51.h"
sbit  LED0=P1^0;
main()
  {
    unsigned int i,j;
    while(1)
      {

        LED0=0;      //点亮LED
        for(i=200;i>0;i--)
          for(j=500;j>0;j--);
        LED0=1;          //熄灭LED
        for(i=200;i>0;i--)
          for(j=500;j>0;j--);
      }
  }
```

图 3-10　设置程序断点

Register	Value
Regs	
r0	0x00
r1	0x00
r2	0x00
r3	0x00
r4	0x00
r5	0x00
r6	0x00
r7	0x00
Sys	
a	0x00
b	0x00
sp	0x07
sp_max	0x07
dptr	0x0000
PC $	C:0x0005
states	390
sec	0.00039000
psw	0x00

图 3-11　程序运行状态

五、拓展训练

1. 判断下面程序段的执行结果 sum 中的值为多少？

```
unsigned char i,sum;
sum = 0;
for(i = 1;i <= 10;i ++)
   sum = sum + i;
```

2. 判断下面每条语句的执行结果，填入括号内，之后使用 Keil C 软件的单步调试功能进行验证。

```
char i,j,m = 4,n = 10;
n = n%(m + 1);                  //m = (      ), n = (   )
n ++;                           //n = (   )
i = (m > 4)&&(n! = 0);          //i = (      ), m = (      ), n = (   )
j = (m > 4)||(n! = 0);          //j = (      ), m = (      ), n = (   )
```

3. 设 x、y 均为 int 型变量，描述“x、y 中有一个为负数”的表达式是什么？

4. 如图 3-1 所示电路，编写程序，将 10 ~ 50 所对应的二进制数送 P1 口显示。

任务四　设计 LED 流水灯程序

一、任务要求

在图 3-1 所示的电路中，编写程序，要求控制 8 个 LED 按顺序依次点亮，不断循环往复，即实现流水灯的效果。本任务将学习函数的概念及调用、位操作运算符与表达式、库函数的相关内容。

二、程序设计及分析

当单片机的 P1 口输出 0xfe(1111 1110B) 时，点亮 P1.0 引脚的 LED，由此可以想到，让 P1 口再依次输出 0xfd(1111 1101B)、0xfb(1111 1011B)……，直到 0x7f(0111 1111B)，便能实现流水灯功能。编写程序（chengxu3_4_1.c）如下：

```
#include "reg51.h"
main()
{
    unsigned int i,j;
    while(1)
    {
        P1 = 0xfe;                              //点亮第一个 LED
        for(i = 200;i > 0;i --)
            for(j = 500;j > 0;j --);
        P1 = 0xfd;                              //点亮第二个 LED
        for(i = 200;i > 0;i --)
            for(j = 500;j > 0;j --);
        P1 = 0xfb;                              //点亮第三个 LED
        for(i = 200;i > 0;i --)
            for(j = 500;j > 0;j --);
        P1 = 0xf7;                              //点亮第四个 LED
        for(i = 200;i > 0;i --)
            for(j = 500;j > 0;j --);
        P1 = 0xef;                              //点亮第五个 LED
        for(i = 200;i > 0;i --)
            for(j = 500;j > 0;j --);
        P1 = 0xdf;                              //点亮第六个 LED
        for(i = 200;i > 0;i --)
            for(j = 500;j > 0;j --);
        P1 = 0xbf;                              //点亮第七个 LED
        for(i = 200;i > 0;i --)
            for(j = 500;j > 0;j --);
        P1 = 0x7f;                              //点亮第八个 LED
```

```
        for(i = 200;i > 0;i -- )
            for(j = 500;j > 0;j -- );
    }
}
```

此程序毫无疑问能实现流水灯功能，却感觉有些冗长，可以采取以下两个措施改变这种状况：一是将延时程序放入函数中，需要时调用；二是利用位操作指令实现输出值的变化。

1. 无参数传递的延时函数

C51 中经常将反复被执行的或具有特定功能的程序段编写为函数，无参数传递的延时函数可以这样书写：

```
void delay( )
{
    unsigned int i,j;                    //在 delay 函数体内所有语句前声明变量
    for(i = 200;i > 0;i -- )
      for(j = 500;j > 0;j -- );
}
```

使用函数前首先要声明函数，然后定义函数。声明函数就是告诉编译器函数的名称、类型和形式参数。定义函数的语法形式：

无参数传递的子函数

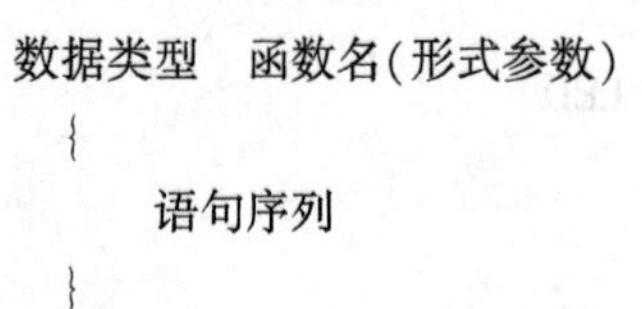

```
数据类型　函数名(形式参数)
  {
      语句序列
  }
```

上述格式第一行称为函数头，说明一个函数的名字及其返回值类型，同时也标志了该函数的参数名和参数类型。

函数可以返回一个值，也可以什么值也不返回，如果明确地知道一个函数没有返回值，可以将其定义为 void 型，如上面的 delay 函数。关于带返回值函数的应用，将在后面予以介绍。

每个函数都必须有一个函数名，除了 main 专门用来指定主函数外，其他函数的名字可以任意指定，但必须符合标志符的命名规则。

形式参数是一个标志符，用来实现主函数与被调用函数之间的数据关系。函数也可以没有形式参数，称为无参函数，此时（）内可以为空或使用关键字 void。

由花括号括起来的语句序列称为函数体，表明该函数要实现的功能。函数体内可以是任何一条或多条语句，唯一不能做的是定义另一个函数。

无参数传递函数的调用过程

使用延时函数让一个 LED 闪烁的程序（chengxu3_4_2. c）可编写为如下形式：

```
#include "reg51. h"
sbit LED0 = P1^0;
void delay( )
```

```
{
    unsigned int i,j;
    for(i = 200;i > 0;i -- )
      for(j = 500;j > 0;j -- );
}
main( )
{
    while(1)
    {
      LED0 = 0;                          //点亮 LED
      delay( );                          //调用延时函数延时
      LED0 = 1;                          //熄灭 LED
      delay( );                          //调用延时函数延时
    }
}
```

C51 程序是由一个个函数构成的。每一个 C 语言程序有且只有一个主函数 main( )，当程序开始运行时系统自动调用主函数，主函数程序是执行的起点。主函数可以调用其他函数，这些函数还可以再调用其他函数或被其他函数调用，但主函数不能被任何其他函数调用。上面的程序里，main( ) 中使用语句“delay( );”调用 delay( ) 函数，此时，CPU 将暂停 main 函数的执行，而转去执行 delay 函数。只有函数被调用后，函数中的语句体才能被执行，且从函数体的第一条语句开始执行，对于无返回值的函数，执行到最外面的花括号结束。被调用函数执行完后，返回主函数继续执行。

程序执行过程是：首先执行 main 函数，由于 while 语句的表达式为 1，条件永远成立，所以反复执行 while 内的循环体。

```
LED0 = 0;              //点亮 LED
delay( );              //调用延时函数延时
LED0 = 1;              //熄灭 LED
delay( );              //调用延时函数延时
```

带参数传递的子函数

2. 带参数传递的延时函数

C 语言在调用函数的同时，可以进行参数的传递，这使得一个函数能对不同的变量进行功能相同的处理，使函数具有了通用性。

定义及调用带参数传递的延时函数程序（chengxu3_4_3. c）举例如下：

```
1.   #include "reg51. h"
2.   sbit   LED0 = P1^0;
3.   void delay( unsigned int t)
4.   {
5.     unsigned int i,j;
6.     for( i = t;i > 0;i -- )
7.       for(j = 110;j > 0;j -- );
```

```
8.  }
9.  main()
10. {
11.     while(1)
12.     {
13.         LED0 = 0;                          //点亮 LED
14.         delay(500);                        //调用延时函数延时
15.         LED0 = 1;                          //熄灭 LED
16.         delay(500);                        //调用延时函数延时
17.     }
18. }
```

定义函数时，写在函数名括号中的称之为形式参数，如程序中的第 3 行的“unsigned int t”；而在实际调用函数时写在函数括号中的称之为实际参数，如第 14 和 16 行中“delay (500);”的 500。使用“delay (500);”语句调用前面已经定义过的延时函数，同时将实际参数“500”传递给形式参数“unsigned int t”，如同给 t 赋值 500。显然，改变实际参数值，就能调节延时时间。下面的程序（chengxu3_4_4.c）演示调用函数时传递两个参数的情况，且使用变量为实际参数。

带参数传递的子函数的调用过程

```
1.  #include "reg51.h"
2.  sbit  LED0 = P1^0;
3.  void delay(unsigned int m,unsigned int n);
4.  main()
5.  {
6.      unsigned int x,y;
7.      while(1)
8.      {
9.          LED0 = 0;                          //点亮 LED
10.         x = 500; y = 110;
11.         delay(x,y);                        //调用延时函数延时
12.         LED0 = 1;                          //熄灭 LED
13.         x = 500; y = 110;
14.         delay(x,y);                        //调用延时函数延时
15.     }
16. }
17. void delay(unsigned int m,unsigned int n)
18. {
19.     unsigned int i,j;
20.     for(i = m;i > 0;i --)
21.         for(j = n;j > 0;j --);
22. }
```

程序中包含了两个函数，每个函数内均要用到一些变量，所以在每个函数的开始，在所有执行语句之前，对变量进行声明，见第 6 和第 19 行。

被调用函数可以放在 main 函数之前，也可以放在 main 函数的后面。但每一个函数被调用前必须声明，否则就会出现语法错误。程序中的第 17～22 行为 delay 函数的定义部分，放在了 main 函数后面，而 main 函数要调用 delay 函数，所以在 main 函数前的第 3 行声明了一个无返回值且带两个形参的 delay 函数。声明一个函数的方法非常简单，将函数头照搬即可，但后面必须加“;”。一般要求在程序的开头对程序中用到的函数进行统一的说明，然后再分别定义有关函数。

在被定义的函数中，必须指定形参的类型和个数，同时要确认所定义的形参与调用函数的实际参数匹配，即保证实参与形参的类型和个数完全一致，否则将产生编译错误。实参可以是常量、变量或表达式，但要求它们有确切的值。主函数中的第 11、14 两行调用 delay 函数，调用时将第一个实际参数 x 的值传递给第一个形式参数 m；将第二个实际参数 y 的值传递给第二个形式参数 n。

3. 位操作运算符与表达式

位操作运算符与表达式

实现流水灯控制时，P1 口输出的数据有一定的规律，都是只有一位输出是 0，其他各位均为 1，且 0 的位置每次与上一次比较只移动一位，这可以利用位运算来实现。

位运算符的作用是按位对变量进行运算，但是并不改变参与运算的变量的值。如果要求按位改变变量的值，则要利用相应的赋值运算。另外，位运算符是不能用来对浮点型数据进行操作的。C51 中共有 6 种位运算符，见表 3-7。

表 3-7　位操作运算符

运 算 符	范　例	说　明
>>	a >> b	a 将按位右移 b 个位，高位补 0
<<	a << b	a 将按位左移 b 个位，低位补 0
|	a | b	a 和 b 按位进行或运算
&	a&b	a 和 b 按位进行与运算
^	a^b	a 和 b 按位进行异或运算
~	~a	将 a 的每一位取反

通常利用按位与操作来让某些位清 0，而其他位保持不变。例如“a =(a&0xf0);”，假设原来 a 中内容为 1010 1010B，则指令执行后，a 中内容变为 1010 0000B，即高 4 位保持不变，低 4 位清 0。

通常利用按位或操作来让某些位置 1，而其他位保持不变。例如“a =(a | 0xf0);”，假设原来 a 中内容为 1010 1010B，则指令执行后，a 中内容变为 1111 1010B，即高 4 位置 1，低 4 位保持不变。

左移位操作指令

通常利用按位异或操作来让某些位取反，而其他位保持不变。例如“a =(a^0xf0);”，假设原来 a 中内容为 1010 1010B，则指令执行后，a 中内容变为 0101 1010B，即高 4 位按位取反，低 4 位保持不变。

注意：关系操作和逻辑操作的运算结果不是 0 就是 1，位操作可以有 0 或 1 及以外的其他值。

移位操作符“>>”和“<<”将变量的各位按要求向右或向左移动。当某位从一端移出时，另一端移入0。注意：移位不同于循环，从一端移出的位并不送回到另一端去，移出的位永远丢失了，同时在另一端补0。

右移位操作指令

移位操作可对外部设备的输入和状态信息进行译码，移位操作还可用于整数的快速乘除运算。左移一位等效于乘以2，而右移一位等效于除以2，见表3-8。

表3-8　移位操作结果

unsigned char 型变量 x	每个语句执行后的 x 值	
	二进制	十进制
x = 7	00000111	7
x << 1	00001110	14
x << 3	01110000	112
x << 2	11000000	192
x >> 1	01100000	96
x >> 2	00011000	24

通过前面的学习，可编写LED流水灯程序（chengxu3_4_5. c）如下；

```
#include "reg51. h"
void delay(unsigned int t)
{
    unsigned int i,j;
    for(i = t;i > 0;i -- )
      for(j = 110;j > 0;j -- );
}
main()
{
  unsigned char w,i;
while(1)
  {
    w = 0xfe;
    for (i = 0;i < 8;i ++ )
    {
      P1 = w;                         //循环点亮 LED
      w <<= 1;                        //点亮灯的位置移动,最低位补 0
      w = w | 0x01;                   //将最低位置 1
      delay(500);                     //延时
    }
  }
}
```

主程序中首先给变量w赋初值0xfe，只有最低位为0。while循环中使用移位运算符<<

将0的位置左移，由于移位后最低位补0，显示过程需要每次只有一个LED被点亮，所以需要使用“w = w | 0x01;”语句将最低位置1。

4. 复合赋值运算符

复合赋值运算符

C语言提供了某些赋值语句的简写形式。例如语句“w = w << 1;”可简写为“w <<= 1;”。“<<=”称为复合赋值，即在赋值运算符“=”的前面加上其他运算符。以下是C语言中的复合赋值运算符：+ =(加法赋值)、-=(减法赋值)、* =(乘法赋值)、/=(除法赋值)、% =(取模赋值)、<<=(左移位赋值)、>>=(右移位赋值)、& =(按位与赋值)、|=(按位或赋值)、^=(按位异或赋值)、~ =(按位取反赋值)。例如：

“a + =56;”等价于“a = a + 56;”

“y/ = x + 9;”等价于“y = y/(x + 9);”

很明显采用复合赋值运算符会降低程序的可读性，但这样却可以使程序代码简单化，并能提高编译的效率。

延伸阅读：

条件运算符“?:”是C语言中唯一的一个三目运算符，有三个运算对象，用它可以将三个表达式连接构成一个条件表达式。条件表达式的一般形式如下：

逻辑表达式? 表达式1：表达式2

其功能是首先计算逻辑表达式，当其值为真（非0值）时，将表达式1的值作为整个条件表达式的值；当逻辑表达式的值为假（0值）时，将表达式2的值作为整个条件表达式的值。例如条件表达式“max = (a > b)? a: b;”，这条语句首先计算（a > b）这个逻辑表达式的值是否为真，即是否成立，如果成立，则把a的值赋给max；如果（a > b）这个逻辑表达式的值为假，即a > b这件事不成立，就把b的值赋给max。

C语言中的圆括号“()”也可以作为一种运算符使用，这就是强制类型转换运算符，它的作用是将表达式或变量的类型强制转换成所指定的类型。强制类型转换运算符的一般使用形式如下：

(类型)（表达式）

例如：

```
(float)a        把a强制转换为实型数据
(int)(x+y)      把x+y这个结果强制转换为整型数据
(int) x+y       把x强制转换为整型数据再和y相加
```

每个操作符拥有某一级别的优先级，优先级决定一个不含括号的表达式中操作数之间的“紧密”程度。例如，在表达式a * b + c中，乘法运算符的优先级高于加法运算符的优先级，所以先执行乘法a * b，而不是加法b + c。

在表达式中如果有几个优先级相同的操作符，结合性就起仲裁的作用，由它决定哪个操作符先执行。像下面这个表达式：

```
int a,b =1,c =2;
a = b = c;
```

表达式只有赋值运算符，此时只通过优先级就无法决定哪个操作先执行，是先执行b=c呢？还是先执行a=b？如果按前者，a的结果为2；如果按后者，a的结果为1。

由于赋值符（包括复合赋值）具有右结合性，就是说在表达式中最右边的操作最先执行，然后从右到左依次执行。这样，c先赋值给b，然后b再赋值给a，最终a的值是2。类似地，具有左结合性的操作符（如位操作符“&”和“|”）则是从左至右依次执行。

表3-9列出了C51运算符的优先级和结合性，部分运算符本书中没有提到，以供参考，其中1的优先级别最高。

表3-9 C51运算符的优先级和结合性

<table>
<tr><th>级别</th><th>类别</th><th>名称</th><th>运算符</th><th>结合性</th></tr>
<tr><td rowspan="3">1</td><td rowspan="3">强制转换、数组、结构、联合</td><td>强制类型转换</td><td>( )</td><td rowspan="3">自左至右参与运算</td></tr>
<tr><td>下标</td><td>[ ]</td></tr>
<tr><td>存取结构或联合成员</td><td>->或.</td></tr>
<tr><td rowspan="8">2</td><td>逻辑</td><td>逻辑非</td><td>!</td><td rowspan="8">自右至左参与运算</td></tr>
<tr><td>字位</td><td>按位取反</td><td>~</td></tr>
<tr><td>增量</td><td>加一</td><td>++</td></tr>
<tr><td>减量</td><td>减一</td><td>--</td></tr>
<tr><td rowspan="2">指针</td><td>取地址</td><td>&</td></tr>
<tr><td>取内容</td><td>*</td></tr>
<tr><td>算术</td><td>单目减</td><td>-</td></tr>
<tr><td>长度计算</td><td>长度计算</td><td>sizeof</td></tr>
<tr><td rowspan="3">3</td><td rowspan="3">算术</td><td>乘</td><td>*</td><td rowspan="18">自左至右参与运算</td></tr>
<tr><td>除</td><td>/</td></tr>
<tr><td>取模</td><td>%</td></tr>
<tr><td rowspan="2">4</td><td rowspan="2">算术和指针运算</td><td>加</td><td>+</td></tr>
<tr><td>减</td><td>-</td></tr>
<tr><td rowspan="2">5</td><td rowspan="2">字位</td><td>左移</td><td><<</td></tr>
<tr><td>右移</td><td>>></td></tr>
<tr><td rowspan="4">6</td><td rowspan="6">关系</td><td>大于或等于</td><td>>=</td></tr>
<tr><td>大于</td><td>></td></tr>
<tr><td>小于或等于</td><td><=</td></tr>
<tr><td>小于</td><td><</td></tr>
<tr><td rowspan="2">7</td><td>等于</td><td>==</td></tr>
<tr><td>不等于</td><td>!=</td></tr>
<tr><td>8</td><td rowspan="3">字位</td><td>按位与</td><td>&</td></tr>
<tr><td>9</td><td>按位异或</td><td>^</td></tr>
<tr><td>10</td><td>按位或</td><td>|</td></tr>
<tr><td>11</td><td rowspan="2">逻辑</td><td>逻辑与</td><td>&&</td></tr>
<tr><td>12</td><td>逻辑或</td><td>||</td></tr>
<tr><td>13</td><td>条件</td><td>条件运算</td><td>?:</td><td rowspan="3">自右至左参与运算</td></tr>
<tr><td rowspan="2">14</td><td rowspan="2">赋值</td><td>赋值</td><td>=</td></tr>
<tr><td>复合赋值</td><td>Op=</td></tr>
<tr><td>15</td><td>逗号</td><td>逗号运算</td><td>,</td><td>自左至右</td></tr>
</table>

注：Op为某一种操作符。

5. 使用库函数实现流水灯

C51 程序是由一个个函数组成的，前面程序中的主函数和延时函数都是开发人员根据实际情况自己编写的，这样的函数称为自定义函数。为方便用户使用，同时补充 C51 本身的不足，C51 编译器提供了一些已经编写好了的函数，这样的函数称为库函数。使用库函数，可以提高程序的运行效率和编程的质量。在使用某一库函数时，都要在程序中包含（用#include）该函数对应的头文件。

库函数

随着学习的深入，将会使用越来越多的库函数，这里先简单介绍几个。

函数原型：unsigned char _crol_(unsigned char val,unsigned char n);

说明："_crol_" 为函数名，前面的 "unsigned char" 是返回值的类型，即该函数返回一个 unsigned char 类型数值。可以这样理解返回值，一个函数运算之后得到一个结果，这个结果需要让调用它的代码知道，就用返回值返回给调用处。( ) 里的 "unsigned char val, unsigned char n" 是两个形式参数。库函数_crol_()的功能是将指定的 unsigned char 类型变量 val 循环左移 n 位后返回，带返回值。举例：

```
unsigned char z;                //定义变量
z = 0x43;                       //给变量赋值0x43,即二进制的0100 0011B
x = _crol_(z,1);                //执行语句后,x 的值为0x86,即二进制的1000 0110B
y = _crol_(z,4);                //执行语句后,y 的值为0x34,即二进制的0011 0100B
```

注意该函数和运算符 "<<" 的区别，"<<" 运算符左移后，高位移出后自然丢失，空出的低位补 0；而 "_crol_" 函数是将移出的最高位补到空出的最低位。

类似的函数还有：

```
/*将指定的 unsigned char 类型变量 val 循环右移 n 位后返回*/
unsigned char _cror_(unsigned char val,unsigned char n);
/*将指定的 unsigned int 类型变量 val 循环左移 n 位后返回*/
unsigned int _irol_(unsigned int val,unsigned char n);
/*将指定的 unsigned int 类型变量 val 循环右移 n 位后返回*/
unsigned int _iror_(unsigned int val,unsigned char n);
```

这几个循环移位函数都是对无符号类型数值操作，函数名的中间均为 "ro" 表示循环移位；后面字母 "l"（left）代表左移，字母 "r"（right）代表右移；前面字母 "c" 代表操作对象为字符型数据，字母 "i" 代表操作对象为整型数据。

还有一个空操作函数 "void _nop_(void);"，此函数不带任何参数，也没返回值。该函数不产生任何操作，但执行该函数需要一个机器周期的时间，常用来短延时。注意和 "{;}" 的区别，"{;}" 为空语句，除不产生任何操作外，也不耗费 CPU 时间。

以上介绍的函数都在头文件 intrins. h 中，流水灯程序（chengxu3_4_6. c）可编写为如下形式：

```
#include "reg51. h"
//程序中使用_crol_函数,所以要包含头文件"intrins. h"
#include "intrins. h"
void delay(unsigned int t)
{
```

```
        unsigned int i,j;
        for(i=t;i>0;i--)
            for(j=110;j>0;j--);
    }
main()
    {
        unsigned char temp;
        temp=0xfe;
        while(1)
        {
            P1=temp;
            delay(500);                        //延时
            temp=_crol_(temp,1);               //点亮 LED 的位置循环左移一位
        }
    }
```

程序中使用“temp=_crol_(temp,1);”语句调用库函数_crol_()，第一次执行该语句后，由于_crol_()的返回值为0xfd，所以变量temp中的值变为0xfd；第二次执行该语句后，变量temp中的值为0xfb，以此类推，实现流水灯效果。

三、拓展训练

1. 选择题：以下正确的函数头定义形式是（　　）。

A. int fun（int x，int y）　　B. int fun（int x；int y）

C. int fun（int x，int y）；　　D. double fun（int x；y）；

2. 选择题：若有以下定义，则能使值为3的表达式是（　　）。

int k=7，x=12；

A. x%=(k%=5)　　B. x%=(k-k%5)

C. x%=k-k%5　　D. (x%=k)-(k%=5)

3. 调用带参数函数必须遵循哪些规则?

4. 选择题：下列函数调用中，不正确的是（　　）。

A. max(a，b)；　　B. max(3，a+b)；

C. max(3，5)；　　D. int max(a，b)；

5. 什么是库函数？在使用库函数前必须做什么？

6. 在图3-1所示的电路中，编写程序实现流水灯的左移、右移再左移的不断循环，要求分别使用位操作和库函数两种方法实现。

7. 在图3-1所示的电路中，编写程序使8个LED亮灭交替，且亮的时间是灭的时间的2倍。

任务五　实现任意花样 LED

一、任务要求

图3-1所示电路中，无论闪烁的LED，还是流水灯，P1口输出的数据都有一定的规律。

在广告彩灯控制和舞台灯光控制等领域，需要小灯具有间隔点亮、轮流点亮、逐点点亮等花样。此时控制数据没有任何规律，本任务利用数组解决问题，实现任意花样流水灯。通过本任务，读者可学会数组和指针的使用方法。

二、知识链接

数组是 C51 的一种构造数据类型，数组必须由具有相同数据类型的元素构成，这些数据的类型就是数组的基本类型，如数组中的所有元素都是整型，则该数组称为整型数组，如所有元素都是字符型，则该数组称为字符型数组。例如“int a[5];”便声明了一个整型数组，该数组名为 a，包含 5 个元素，依次为 a[0]、a[1]、a[2]、a[3]、a[4]，其中每个元素都相当于一个整型变量。注意：数组元素的位置编号即索引是从 0 开始的。

数组必须要先定义，后使用，这里仅介绍一维数组的定义，其方式为：

类型说明符 数组名[整型表达式]

给数组命名的规则和给变量命名规则相同，为了与变量不同，数组名后面使用 [ ] 进行标志。在定义数组时，可以对数组进行初始化，即给其赋予初值，这可用以下的一些方法实现：

数组

1）在定义数组时对数组的全部元素赋予初值，例如：

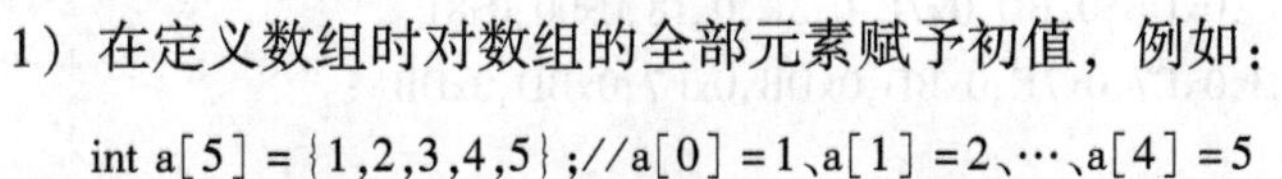

```
int a[5] = {1,2,3,4,5};//a[0] = 1、a[1] = 2、…、a[4] = 5
```

2）只对数组的部分元素初始化，例如：

```
int a[5] = {1,2};
```

上面定义的 a 数组共有 5 个元素，但只对前两个赋初值，因此 a[0] 和 a[1] 的值是 1、2，而后面 3 个元素的值全是默认的 0。

3）在定义数组时对数组元素的全部元素都不赋初值，则数组元素值均被初始化为 0。

4）可以在定义时不指明数组元素的个数，而根据赋值部分由编译器自动确定，例如：

```
unsigned char BitTab[ ] = {0x7F,0xBF,0xDF,0xEF,0xF7,0xFB};
```

则相当于定义了 BitTab[6] 这样一个数组。

5）可以为数组指定存储空间，如果未指定空间时，则将数组定义在内部 RAM 中。可以用 code 关键字将数组元素定义在 ROM 空间中，用于程序运行过程中元素数值不改变的场合，例如：

```
char code ledsegcode[10] = {0xc0,0xf9,0xa4,0xb0,0x99,
                            0x92,0x82,0xf8,0x80,0x90};
```

6）C 语言并不对越界使用数组进行检测，例如数组的长度是 6，其元素应该是 BitTab[0]~ BitTab[5]，但是如果在程序中写上 BitTab[6]，编译器并不会认为这有语法错误，也不会给出警告，这一点应引起编程者的注意。

只有在初始化时，可以为数组的各元素同时赋值，否则在程序的其他地方一次只能为数组的某一个元素赋值。定义好数组后，可以通过“数组名 [整型表达式]”来使用数组元素。整型表达式可以是 C 语言中任意合法的表达式，假设以下变量和数组均有定义，则有：

```
i = a[2];          //将数组元素 a[2]的值赋给变量 i
a[j] = 8;          //将 8 赋值给数组元素 a[j],如 j 为 4,则 a[4]的值是 8
```

由于数组中的每一个元素是由顺序的编号来标志的，所以可以利用循环来访问和处理数组的每一个元素。假设以下变量和数组均有定义，则下面的程序段将完成为数组的 10 个元素分别赋值 1～10。

```
for(i = 0;i < 10;i ++ )
    a[i] = i + 1;
```

三、程序设计及分析

利用数组编写任意花样 LED 程序（chengxu3_5_1. c）如下：

```
#include "reg51. h"
unsigned char code Tab[ ] = {0xFF,0xFE,0xFD,0xFB,0xF7,0xEF,0xDF,0xBF,
                             0x7F,0xBF,0xDF,0xEF,0xF7,0xFB,0xFD,0xFE,
                             0xFE,0xFC,0xF8,0xF0,0xE0,0xC0,0x80,0x00,
                             0xE7,0xDB,0xBD,0x7E,0x3C,0x18,0x00,0x81,
                             0xC3,0xE7,0x7E,0xBD,0xDB,0xE7,0xBD,0xDB};
void delay(unsigned int t)
{
    unsigned int i,j;
    for(i = t;i > 0;i -- )
        for(j = 110;j > 0;j -- );
}
void main(void)
{
    unsigned char i;
    while(1)
    {
        for(i = 0;i < 40;i ++ )          //共 40 个 LED 控制码
        {
            P1 = Tab[i];                 //依次引用数组元素,并将其送 P1 口显示
            delay(500);                  //延时
        }
    }
}
```

上面的程序应用的查表法，是 C51 程序中广泛应用的一种方法。此程序利用查表法将数组 Tab（也叫 Tab 表）中的元素依次从 P1 口输出，查表变量为 i，记住 C 语言里面数组是从 0 开始的，如上面数组 { } 中的第一个数 0xFF 就是 Tab[0]，第二个数 0xFE 是 Tab[1]，以此类推。可通过改变数组 Tab 中数据的个数和内容，来实现任意花样 LED。注意：利用查表法时，一般是将表格常数放在 ROM 存储区，即用 code 声明，否则表格数据将放在 RAM 存储区。如果使用 small 模式，表格数据较多时，内部 RAM 资源将不够用。

程序中 main 函数和 delay 函数体内均声明了变量 i。在函数体内部声明的变量称为局部变量，在不同的函数体内，即使声明的局部变量名相同，程序运行期间也不会造成冲突，不会影响程序的运行效果。有关局部变量的内容将在后面详细介绍。

指针是 C 语言中广泛使用的一种数据类型，运用指针是 C 语言最主要的风格之一。利用指针变量可以表示各种数据结构；能很方便地使用数组和字符串；并允许开发者直接处理内存地址，从而编写出精练而高效的程序。

1. 指针及指针变量

指针

在计算机中，所有的数据都是存放在存储器中的。一般把存储器中的一个字节称为一个内存单元，不同的数据类型所占用的内存单元数不等，如整型量占 2 个单元，字符量占 1 个单元等。为了正确地访问这些内存单元，必须为每个内存单元编上号，内存单元的编号也叫作地址。既然根据内存单元的编号或地址就可以找到所需的内存单元，所以通常也把这个地址称为指针。

内存单元的指针（即地址）和内存单元的内容是两个不同的概念。对于一个内存单元来说，单元的地址即为指针，其中存放的数据才是该单元的内容。在 C 语言中，允许用一个变量来存放指针，这种变量称为指针变量。因此，一个指针变量的值就是某个内存单元的地址，或称为某内存单元的指针。

2. 指针运算符

一个变量占据一定的存储器空间，即每个变量都有相应的存储单元地址，如 char 型变量 i 在存储器中占用一个存储单元，此存储单元有对应的地址，但这个地址究竟是多少，由编译器决定。可以利用符号“&”获取一个变量的地址，如“&i”即可获得变量 i 的地址，假定 i 的地址为 0x20，则 &i 等于 0x20，显然可以将此地址赋给一个指针变量。

对指针变量的类型说明包括以下三个内容：

1）指针类型说明，即定义变量为一个指针变量。

2）指针变量名。

3）变量值（指针）所指向的变量的数据类型。

其一般形式为：类型说明符 ＊变量名；

其中，＊表示这是一个指针变量，变量名即为定义的指针变量名，类型说明符表示本指针变量所指向的变量的数据类型。

例如“char ＊pa;”表示 pa 是一个指针变量，它的值是某个字符型变量的地址，或者说 pa 指向一个字符型变量。至于 pa 究竟指向哪一个字符型变量，应由向 pa 赋予的地址来决定。请看下例：

```
char a, * pa;          //声明字符型变量 a 和指针变量 pa
a = 10;                //给变量 a 赋值
pa = &a;               //变量 a 的地址赋给指针变量 pa,此时 * pa 等于 10
 * pa = 20;            //将 20 赋给以 pa 中的内容作为地址的变量,即 a
```

请认真思考上面的程序段，并且能够做到真正理解。如果变量 a 的地址赋给指针变量 pa，则＊pa 和 a 指的是 a 中的内容，即存储在 a 中的值；pa 和 &a 指的是 a 的地址。

注意：在声明了一个指针变量之后，使用该指针变量之前，必须要进行初始化，即使用一个确切的地址为其赋值。如果使用一个未被初始化的指针变量，其结果将是不可预测的，甚至是灾难性的。

3. 指针与数组、函数

既然指针变量的值是一个地址，那么这个地址不仅可以是变量的地址，也可以是其他数据结构的地址，如可以在一个指针变量中存放一个数组或一个函数的首地址。因为数组或函数都是连续存放的，如果通过访问指针变量取得了数组或函数的首地址，也就找到了该数组或函数。这样一来，凡是出现数组、函数的地方都可以用一个指针变量来表示，只要该指针变量中赋予数组或函数的首地址即可。这样做将会使程序的概念十分清楚，程序本身也会变得精练、高效。

程序中定义了一个数组 a[ ]，那么数组名 a 既可以代表数组本身，又可以看作是一个指针，即数组第一个元素 a[0] 的地址，即 a 和 &a[0] 等价，*(a+i) 和 a[i] 等价。chengxu3_5_1. c 可改写为以下程序（chengxu3_5_2. c）：

```
#include "reg51. h"
unsigned char code Tab[ ] = {0xFF,0xFE,0xFD,0xFB,0xF7,0xEF,0xDF,0xBF,
                             0x7F,0xBF,0xDF,0xEF,0xF7,0xFB,0xFD,0xFE,
                             0xFE,0xFC,0xF8,0xF0,0xE0,0xC0,0x80,0x00,
                             0xE7,0xDB,0xBD,0x7E,0x3C,0x18,0x00,0x81,
                             0xC3,0xE7,0x7E,0xBD,0xDB,0xE7,0xBD,0xDB};
void delay( unsigned int t)
  {
    unsigned int i,j;
    for(i = t;i > 0;i -- )
      for(j = 110;j > 0;j -- );
  }
void main( void)
  {
    unsigned char i;
    while(1)
    {
      for(i = 0;i < 40;i ++ )              //共 40 个 LED 控制码
      {
        P1 = *(Tab + i);                   //依次引用数组元素,并将其送 P1 口显示
        delay(500);                        //延时
      }
    }
  }
```

还可以写为以下程序（chengxu3_5_3. c）：

```
#include "reg51. h"
        unsigned char code Tab[ ] = {0xFF,0xFE,0xFD,0xFB,0xF7,0xEF,0xDF,0xBF,
                                     0x7F,0xBF,0xDF,0xEF,0xF7,0xFB,0xFD,0xFE,
```

```
                                0xFE,0xFC,0xFB,0xF0,0xE0,0xC0,0x80,0x00,
                                0xE7,0xDB,0xBD,0x7E,0x3C,0x18,0x00,0x81,
                                0xC3,0xE7,0x7E,0xBD,0xDB,0xE7,0xBD,0xDB};
void delay(unsigned int t)
{
    unsigned int i,j;
    for(i=t;i>0;i--)
      for(j=110;j>0;j--);
}
void main(void)
{
    unsigned char i, *ptab;
    ptab=Tab;                    //将数组首地址存入指针变量ptab
    while(1)
    {
      for(i=0;i<40;i++)          //共40个LED控制码
      {
          P1 = *(ptab+i);        //依次引用数组元素,并将其送P1口显示
          delay(500);            //延时
      }
    }
}
```

延伸阅读：同数组一样，函数的首地址也可以存储在某个函数指针变量里。这样，就可以通过这个函数指针变量来调用所指向的函数了。在C语言中，任何一个变量，总是要先声明，之后才能使用。声明一个可以指向某个函数的函数指针变量pdelay的方法如下：

```
void (*pdelay)(unsigned int t);
```

函数指针变量的声明格式如同函数的声明一样，只不过把函数名改成（*pdelay）而已，这样就有了一个能指向某个函数的函数指针变量pdelay了。有了pdelay后，就可以对它赋值指向某个函数，然后通过pdelay来调用该函数。任意花样LED又可以写为程序chengxu3_5_4. c：

```
#include "reg51.h"
unsigned char code Tab[ ]={0xFF,0xFE,0xFD,0xFB,0xF7,0xEF,0xDF,0xBF,
                           0x7F,0xBF,0xDF,0xEF,0xF7,0xFB,0xFD,0xFE,
                           0xFE,0xFC,0xFB,0xF0,0xE0,0xC0,0x80,0x00,
                           0xE7,0xDB,0xBD,0x7E,0x3C,0x18,0x00,0x81,
                           0xC3,0xE7,0x7E,0xBD,0xDB,0xE7,0xBD,0xDB};
void delay(unsigned int t)
{
    unsigned int i,j;
    for(i=t;i>0;i--)
```

```
        for(j=110;j>0;j--);
    }
    void main(void)
    {
        unsigned char i, * ptab;
        void ( * pdelay)(unsigned int);          //定义函数指针变量 pdelay
        pdelay = &delay;                         //将 delay 函数的首地址赋给 pdelay 变量
        while(1)
          {
              ptab = Tab;                        //将数组首地址存入指针变量 ptab
              for(i=0;i<40;i++)                  //共 40 个 LED 控制码
                {
                    P1 = * ptab;                 //依次引用数组元素,并将其送 P1 口显示
                    ptab++;
                    ( * pdelay)(500);            //通过函数指针变量 pdelay 调用 delay 函数
                }
          }
    }
```

尽管有些程序可以不用指针就能解决问题，但学习指针是学习C语言中最重要的一环，同时，指针也是C语言中最为困难的一部分。能否正确理解和使用指针是程序设计人员是否掌握C语言的一个标志，指针是C语言的灵魂。注意，许多参考资料将指针变量简称为指针。

四、拓展训练

1. 指出下面程序段完成的功能。

```
for(i=10;i>0;i--)
    a[i]=i;
```

2. 以下描述中正确的是（　　）。

A. 数组名后面的常量表达式用一对圆括弧括起来

B. 数组下标从1开始

C. 数组下标的数据类型可以是整型或实型

D. 数组名的规定与变量名相同

3. 若定义数组并初始化 int a[10] = {1,2,3,4}，以下语句哪一个不成立？（　　）

A. a[8] 的值为0　　　　B. a[1] 的值为1

C. a[3] 的值为4　　　　D. a[9] 的值为0

4. 若定义数组 int a[10]，以下语句哪一个不成立？（　　）

A. a 数组在内存中占有一连续的存储区

B. a 代表 a 数组在内存中占有的存储区的首地址

C. *(a+1)与 a[1] 代表的数组元素相同

D. a 是一个变量

5. 判断题

(　　) 数组中的所有元素必须属于同一种数据类型。

(　　) 数组名表示的是该数组元素在内存中的首地址。

(　　) C 语言只能单个引用数组元素而不能一次引用整个数组。

(　　) 定义数组“int a[10];”，则数组 a 的最后一个元素是 a[9]，数组 a 共有 9 个元素。

(　　) C 语言中数组元素用数组名后带圆括弧的下标表示。

(　　) C 语言中数组所占存储单元的多少仅由数组的长度决定。

6. 若有定义“int x，*pb;”，则正确的赋值表达式是（　　）。

A. pb = &x　　　B. pb = x　　　C. *pb = &x　　　D. *pb = *x

7. 执行下面程序段后，ab 的值为（　　）。

```
int *var,ab;
ab = 100;var = &ab; ab = *var + 10;
```

8. 若有“int a[10] = {1,2,3,4,5,6,7,8,9,10};p = a;”，则数值为 9 的表达式是(　　)。

A. *p + 9　　　B. *(p + 8)　　　C. *p + = 9　　　D. p + 8

9. 使用查表法，编写 LED 流水灯的程序，要求分别使用数组和指针两种方法。

项目四

设计制作简易计算器

在仪器仪表中，数码管是反映系统输出和人机交互的有效器件，主要用于显示输出数据、状态等，是典型的显示器件。键盘是由若干个按键组成的，是单片机应用系统最简单也是最常用的输入设备。操作人员通过键盘输入数据或命令，实现简单的人机对话。本项目将介绍数码管和按键在单片机系统中的应用，同时继续讲述有关 C51 编程的基础知识。

任务一　设计 1 位数码显示电路

一、任务要求

在单片机系统中，如果需要显示的只有数字和某些英文字母时，就可以选择 8 段数码管作为显示器件。数码管显示清晰，亮度高，成本低，配置灵活，与单片机接口简单。本任务要求设计 1 位数码管静态显示电路，编写程序，使数码管循环显示 0～9。

二、知识链接

数码管的结构和显示原理

1. 数码管的结构

数码管由 8 个发光二极管（以下简称字段）构成，其中有 7 个是长条形，7 段排列构成字形“日”，7 段分别称为 a、b、c、d、e、f、g，如图 4-1a 所示，第 8 个发光二极管是小圆点形，用来显示小数点，称为 dp，点亮各段发光二极管需要有驱动电路。在数码管内部，通常将 8 个发光二极管的阴极或阳极连在一起作为公共端。将各段发光二极管阳极连在一起的是共阳极数码管，如图 4-1c 所示，点亮各段用低电平驱动；将各段发光二极管阴极连在一起的是共阴极数码管，如图 4-1b 所示，点亮各段用高电平驱动。

2. 数码管的显示原理

应用共阳极数码管时，应将公共阳极端接高电平（一般接电源），其他管脚接段驱动输入。当某段驱动输入为低电平时，则该段所对应的发光二极管导通并点亮，根据发光各段的不同组合可显示出各种数字或字符，主要有数字 0～9、字符 A～F、H、L、P、U、Y 及小数点“.”等。如 a、b、d、e、g 段导通，c、f、dp 段截止，则显示“2”。此时，要求段驱动电路能吸收额定的段导通电流，额定段导通电流一般为 5～20mA，需根据外接电源及额定段导通电流来确定相应的限流电阻。

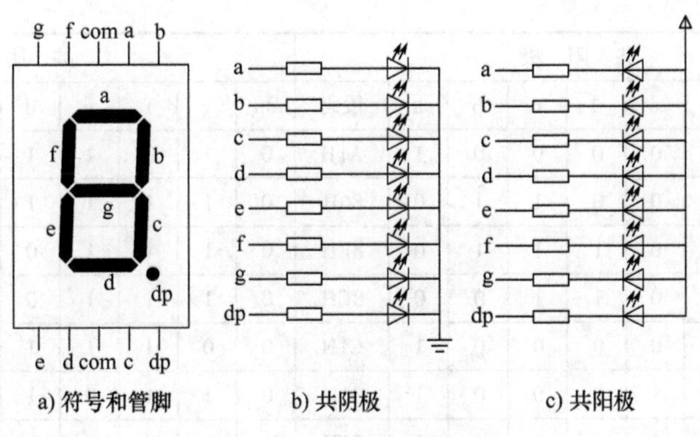

图 4-1　数码管结构图

应用共阴极数码管时，应将公共阴极端接低电平（一般接地），其他管脚接段驱动输入。当某段驱动输入为高电平时，则该段所连接的发光二极管导通并点亮，根据发光各段的不同组合可显示出各种数字或字符。此时，要求段驱动电路能提供额定的段导通电流，同样需根据外接电源及额定段导通电流来确定相应的限流电阻。

3. 数码管的字形编码

要使数码管显示出相应的数字或字符，必须使 dp、g、f、e、d、c、b、a 8 段驱动输入合适的电平信号，这组驱动输入信号称为字形码，也称段码。使用共阳极数码管，输入低电平 0 使对应字段亮，高电平 1 使对应字段暗；使用共阴极数码管，输入高电平 1 使对应字段亮，低电平 0 使对应字段暗。如要显示“0”，共阳极数码管的段码应为 11000000B（即 C0H），共阴极数码管的段码应为 00111111B（即 3FH）。依次类推，可求得不同字形的数码管段码，见表 4-1。

表 4-1　数码管字形编码表

显示字形	共阳极									共阴极								
	dp	g	f	e	d	c	b	a	段码	dp	g	f	e	d	c	b	a	段码
0	1	1	0	0	0	0	0	0	C0H	0	0	1	1	1	1	1	1	3FH
1	1	1	1	1	1	0	0	1	F9H	0	0	0	0	0	1	1	0	06H
2	1	0	1	0	0	1	0	0	A4H	0	1	0	1	1	0	1	1	5BH
3	1	0	1	1	0	0	0	0	B0H	0	1	0	0	1	1	1	1	4FH
4	1	0	0	1	1	0	0	1	99H	0	1	1	0	0	1	1	0	66H
5	1	0	0	1	0	0	1	0	92H	0	1	1	0	1	1	0	1	6DH
6	1	0	0	0	0	0	1	0	82H	0	1	1	1	1	1	0	1	7DH
7	1	1	1	1	1	0	0	0	F8H	0	0	0	0	0	1	1	1	07H
8	1	0	0	0	0	0	0	0	80H	0	1	1	1	1	1	1	1	7FH
9	1	0	0	1	0	0	0	0	90H	0	1	1	0	1	1	1	1	6FH
A	1	0	0	0	1	0	0	0	88H	0	1	1	1	0	1	1	1	77H
B	1	0	0	0	0	0	1	1	83H	0	1	1	1	1	1	0	0	7CH
C	1	1	0	0	0	1	1	0	C6H	0	0	1	1	1	0	0	1	39H

（续）

显示字形	共阳极									共阴极								
	dp	g	f	e	d	c	b	a	段码	dp	g	f	e	d	c	b	a	段码
D	1	0	1	0	0	0	0	1	A1H	0	1	0	1	1	1	1	0	5EH
E	1	0	0	0	0	1	1	0	86H	0	1	1	1	1	0	0	1	79H
F	1	0	0	0	1	1	1	0	8EH	0	1	1	1	0	0	0	1	71H
P	1	0	0	0	1	1	0	0	8CH	0	1	1	1	0	0	1	1	73H
U	1	1	0	0	0	0	0	1	C1H	0	0	1	1	1	1	1	0	3EH
Y	1	0	0	1	0	0	0	1	91H	0	1	1	0	1	1	1	0	6EH
.	0	1	1	1	1	1	1	1	7FH	1	0	0	0	0	0	0	0	80H
灭	1	1	1	1	1	1	1	1	FFH	0	0	0	0	0	0	0	0	00H

三、数码管静态显示电路

共阳极数码管显示电路

数码管静态显示电路如图 4-2 所示，共阳极数码管的公共端固定地接高电平，其 8 个字段与一个并行 P2 口的 8 位分别对应相连，根据字形编码规律，将 a 段与端口的最低位相连，小数点 dp 段与端口的最高位相连，其他各段按顺序依次连接。这样 I/O 口只要有字形码输出，相应字符即显示出来，并保持点亮不变，直到 I/O 口输出新的字形码，改变显示字符。

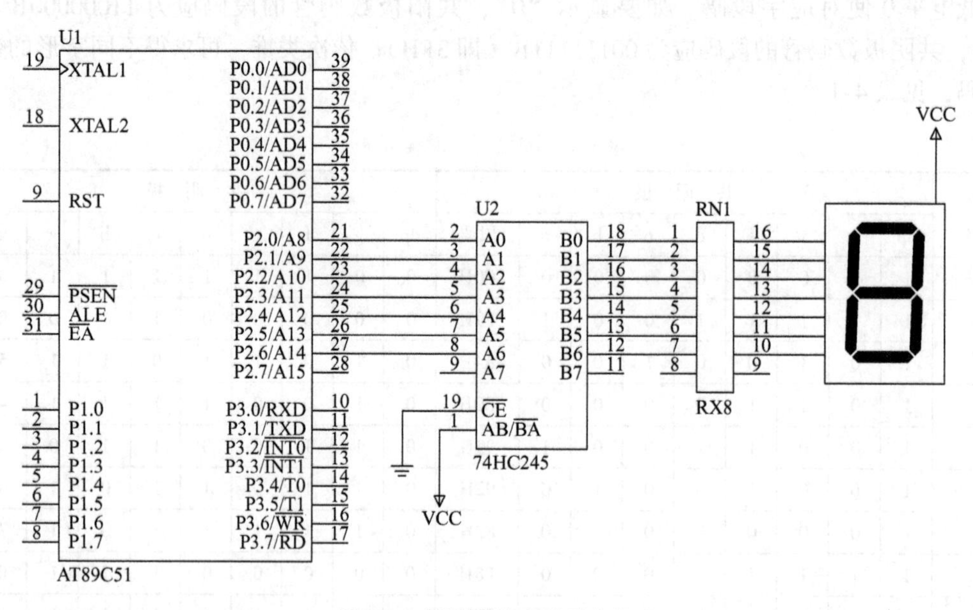

图 4-2　数码管静态显示电路

单片机端口的负载能力有限，如果超过其负载能力，应加驱动器。静态显示时，为了保证足够的显示亮度，一般在 I/O 口和数码管之间增加总线驱动电路。74HC245 是一种总线驱动器，是典型的 TTL 型双向三态缓冲门电路，共 20 个引脚。引脚$\overline{CE}$是使能控制端，低电平有效。当$\overline{CE}$引脚为高电平时，74HC245 的输入/输出均为高阻状态；当$\overline{CE}$引脚为低电平

时，允许输入/输出。引脚 AB/$\overline{BA}$控制数据传输方向，该引脚为低电平时数据传输方向是 B→A，为高电平时数据传输方向是 A→B。

图 4-2 中，74HC245 的 19 脚为片选端，接地使其有效，1 脚接高电平时，数据从 A 传输至 B；RN1 为 8 个并排的限流电阻。

采用静态显示方式时，由于驱动电流持续供应，不间断，因此较小的电流即可获得较高的亮度。同时字形码输出后，只有改变显示字形时才需要改变端口输出，一般情况端口输出固定不变，所以占用 CPU 时间少，编程简单，便于监测和控制。但由于每位数码管的字形码驱动都需单独占用一个端口，所以当需多位数码显示时，要占用多个端口，成本高，所以静态显示方式适合显示位数较少的场合。

本书中的电路原理图由 Proteus 软件绘制，该软件将每个集成芯片的电源和地引脚隐藏，默认为已连接好。本书中沿用 Proteus 软件的习惯，忽略所有集成芯片的电源和地引脚。晶振和复位电路是单片机的重要工作部分，在系统中必不可少，为了简化原理图，从本电路开始将它们省略不画。AT89C51 内部包含 4KB 的 ROM，在不需要扩展外部 ROM 的场合，$\overline{EA}$引脚应接高电平，从本电路原理图开始，也将此引脚接高电平省略不画。

四、程序设计及分析

控制数码管静态显示的程序比较简单，因为公共端已接为固定的高电平（共阳极数码管），所以只要根据需要显示字形，确定相应的段码，将段码通过对应的端口输出，并保持不变即可。让数码管显示 1 的程序（chengxu4_1_1. c）如下：

```
1. #include <reg51. h>
2. void main()
3. {
4.     P2 = 0xf9;
5.     while(1);
6. }
```

程序的第 4 行将 1 的字形码 0xf9 输出给 P2 口，数码管显示 1。到此任务执行完毕，程序便可以结束了，但此时单片机的 CPU 将没有指令执行，即不可控，俗称程序跑飞，这种情况一般是不允许出现的。为此第 5 行使用一条“while（1）；”语句，CPU 将一直执行该语句，也称等待或原地踏步，目的便是使 CPU 可控，有指令可执行，防止程序跑飞。

在图 4-2 所示电路中，编写程序让数码管循环显示 0～9。分析：由于采用静态显示，所以每隔一段时间，让 P2 口输出相应的段码即可，这里采用查表法，程序（chengxu4_1_2. c）如下：

```
#include <reg51. h>
#define uchar unsigned char
#define uint unsigned int
//以下为共阳极数码管 0~9 的段码表
uchar code DSY_CODE[] = {0xc0,0xf9,0xa4,0xb0,0x99,
                         0x92,0x82,0xf8,0x80,0x90};
```

```
void delay(uint t)
{
   uint i,j;
   for(i = t;i > 0;i --)
      for(j = 110;j > 0;j --);
}
void main()
{
   uchar i = 0;
   while(1)
   {
      for(i = 0;i < 10;i ++)                  //共 10 个数码
      {
         P2 = DSY_CODE[i];                    //依次引用数组元素,并将其送 P2 口显示
         delay(500);                          //延时
      }
   }
}
```

程序中使用预处理命令#define，用“uchar”代替“unsigned char”，用“uint”代替“unsigned int”，作用与使用 typedef 语句一样，以后便可以使用 uchar 声明无符号字符型变量，用 uint 声明无符号整型变量。

五、拓展训练

1. 画出数码管内部结构电路图，说明其显示原理。

2. 根据数码管的内部结构图，说明使用万用表判别共阴极和共阳极数码管的方法，及其各段管脚的判定方法。

3. 数码管静态显示有何特点？

4. 自行设计电路和编写程序，使用两位数码管，循环显示 00~99。提示：可使用双重循环。

任务二　实现 4 位数码动态显示

一、任务要求

当显示位数较多时，如果采用静态显示，会发现单片机的 I/O 口不够用了，此时可利用扩展 I/O 口或数码管动态显示解决问题。扩展 I/O 口需要增加外围器件，无形中提高了成本。所以在实际应用中，普遍采用动态显示方式。本任务要求设计一个 4 位数码管显示电路，编写程序，显示“1234”。

二、数码管动态显示电路

每个数码管都有 8 个段管脚和公共端，四位共阳极数码管动态显示电路如图 4-3 所示，

将各位数码管的段选取线相应并联在一起，接单片机的 P0 口，而每位数码管的公共端由 P2 口控制。

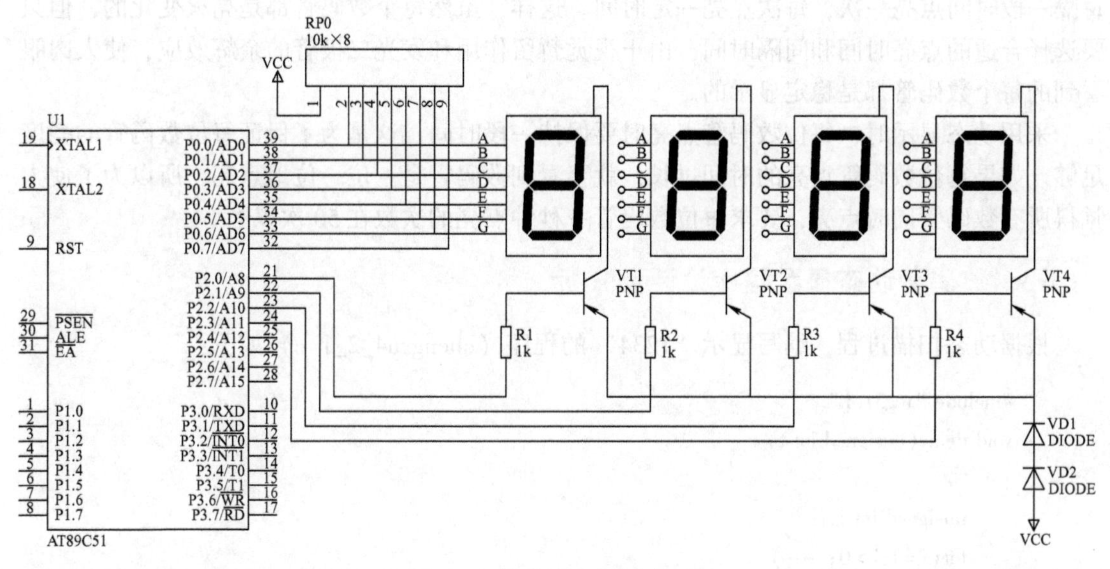

图 4-3　数码管动态显示电路

前面设计的电路，无论流水灯电路还是数码管静态显示电路，外围器件都没有接在 P0 口，主要是因为 P0 端口比较特殊。当它作为普通 I/O 口使用时，必须外接上拉电阻，如图 4-3 中的 RP0，这是由单片机的内部结构决定的，使用时必须要注意。所谓上拉电阻，就是将此点和电源之间接一个电阻。RP0 为排阻，内部由 8 个电阻构成，如图 4-4 所示。

前面已经提到，单片机的端口驱动能力有限。在数码管动态显示电路中，如果将数码管的公共端直接接到单片机的 I/O 引脚，则由于 I/O 引脚提供的驱动电流有限，数码管的亮度不够，因此电路中使用具有电流放大能力的晶体管来驱动。图 4-3 中所用晶体管为 PNP 型，当基极为低电平 0 时导通，导通后使数码管的公共端和电源相连。如果控制引脚输出高电平 1，则晶体管截止，数码管不亮。当电路使用器件较多，连线复杂时，可使用标号让电路原理图整洁，图 4-3 中，数码管的各段管脚均有标号，此时标号相同的线认为是连在一起的。

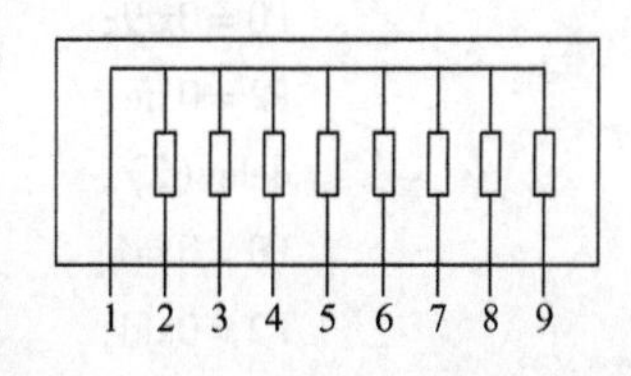

图 4-4　排阻内部结构图

若显示的位数不大于 8 位，则控制显示器公共端的电平只需一个并行 I/O 口（称为扫描口或字位口），扫描口输出的数据控制哪一位点亮，这个数据称为位码；各位数码管对应连接在一起的段选取线，也需一个并行 8 位接口（称为段数据口或字形口），字形口输出的数据决定显示的字形，这个称为段码或字形码。采用动态显示方式比较节省 I/O 口，硬件电路也较静态显示方式简单，所以实际中应用广泛。

三、动态显示过程

由于动态显示电路中所有数码管的段码都相应并联在一起，如果各位码和静态显示时一样接固定的高电平或低电平，则所有数码管将或显示相同的内容，或全不亮。如果让各数码管显示不同的内容，只能采用动态扫描的方式。所谓动态扫描，就是让数码管逐位轮流点亮（也称逐位扫描），首先显示一位，熄灭，然后显示第二位，再熄灭。对每一位数码管而言，每隔一段时间点亮一次，每次点亮一定时间。这样，虽然每个数码管都是亮灭变化的，但只要选择合适的点亮时间和间隔时间，由于视觉暂留作用和发光二极管的余辉效应，使人肉眼看到的每个数码管都是稳定显示的。

采用动态显示时，每位数码管点亮时要保持一段时间，这是为了保证每位数码管的亮度足够。如果每位数码管点亮的时间过长，就会看到数码管是一位一位地点亮，所以为了使人觉得所有数码管同时点亮，要求每位数码管一秒钟点亮的次数在 50 次以上。

四、数码管动态显示程序设计及分析

根据动态扫描过程，编写显示“1234”的程序（chengxu4_2_1. c）如下：

```
#include "reg51. h"
void delay( unsigned int t)
{
    unsigned int i,j;
    for( i = t;i > 0;i -- )
       for( j = 110;j > 0;j -- ) ;
}
    main( )
    {
    while(1)
    {
        P0 = 0xf9;                    //P0 口送 1 的字形码
        P2 = 0xfe;                    //只让第 1 位数码管点亮,显示 1
        delay(2) ;                    //调用延时函数短延时
        P0 = 0xa4;                    //P0 口送 2 的字形码
        P2 = 0xfd;                    //只让第 2 位数码管点亮,显示 2
        delay(2) ;                    //调用延时函数短延时
        P0 = 0xb0;                    //P0 口送 3 的字形码
        P2 = 0xfb;                    //只让第 3 位数码管点亮,显示 3
        delay(2) ;                    //调用延时函数短延时
        P0 = 0x99;                    //P0 口送 4 的字形码
        P2 = 0xf7;                    //只让第 4 位数码管点亮,显示 4
        delay(2) ;                    //调用延时函数短延时
    }
}
```

观察上面的程序，当 P0 口送 2 的字形码 0xa4 时，P2 口还保持 0xfe 不变，此时第 1 位将显示 2，其他位也存在此问题。虽然过程很短，但有时也会造成显示内容的混乱，甚至不能正常显示。这需要关显示，就是让所有的数码管都熄灭一段时间。关显示可以采用关段码，也可以采用关位码，视情况而定。如上面的程序中，在语句“ P0 = 0xa4;”前加上语句

“P2 = 0xff;”将使所有的数码管均不显示，即使执行“ P0 = 0xa4;”后第 2 位数码管也不会点亮，直到接下来的“P2 = 0xfd;”语句执行后，第 2 位数码管才显示 2，同样的，其他各位也都需要关显示。

还有就是上面的程序缺乏通用性，对于动态显示，一般将所有需要显示字形的段码按顺序存放在程序存储器的固定区域中，构成显示段码表，再利用查表法得到段码值。动态显示“1234”的程序（chengxu4_2_2. c）可编写为如下形式：

```
#include < reg51. h >
#define uchar unsigned char
#define uint unsigned int
uchar code DSY_CODE[ ] = {0xc0,0xf9,0xa4,0xb0,0x99,
                          0x92,0x82,0xf8,0x80,0x90};
void delay( uint t);                    //声明 delay 函数
void display( uint number);             //声明 display 函数
void main( )
{
    while(1)
    display(1234);
}
void delay( uint t)
{
    uint i,j;
    for( i = t;i > 0;i - - )
        for( j = 110;j > 0;j - - );
}
void display( uint number)
{
    P0 = DSY_CODE[ number/1000];            //取 number 的千位数值的字形码送 P0 口
    P2 = 0xfe;                              //点亮第 1 位
    delay(2);                               //短延时
    P2 = 0xff;                              //关显示
    P0 = DSY_CODE[ (number% 1000)/100];     //取百位数值的字形码送 P0 口
    P2 = 0xfd;                              //点亮第 2 位
    delay(2);                               //短延时
    P2 = 0xff;                              //关显示
    P0 = DSY_CODE[ (number% 100)/10];       //取十位数值的字形码送 P0 口
    P2 = 0xfb;                              //点亮第 3 位
    delay(2);                               //短延时
    P2 = 0xff;                              //关显示
    P0 = DSY_CODE[ number% 10];             //取个位数值的字形码送 P0 口
    P2 = 0xf7;                              //点亮第 4 位
    delay(2);                               //短延时
```

```
    P2 = 0xff;                          //关显示
}
```

前已述及，无论主函数 main( ) 的位置在哪里，CPU 总是从主函数 main( ) 开始执行程序。其他函数可以写在主函数之前，也可以写在主函数之后。如果被调用的函数写在调用函数的后面，必须要先进行声明。主函数调用了 display 函数，而 display 函数又调用了 delay 函数，这种情况称为函数的嵌套调用。无论十进制数还是十六进制数，在单片机内部都是以二进制形式存在的，可以利用除法和求余运算获得一个数的每位的具体数字值，如 68/10 的值为 6，128%100/10 的值为 2。

BCD 码（十进制数的二进制编码）是一种具有十进制权的二进制编码。BCD 码种类较多，常用的是 8421 码。8421 码是一种采用 4 位二进制数来代表一位十进制数的代码系统。在这个代码系统中，10 组 4 位二进制数分别代表了 0~9 中的 10 个数字符号，见表 4-2。

表 4-2　8421 BCD 码编码表

十进制数	8421 码	十进制数	8421 码
0	0000B	5	0101B
1	0001B	6	0110B
2	0010B	7	0111B
3	0011B	8	1000B
4	0100B	9	1001B

大家知道，4 位二进制数字共有 16 种组合，其中 0000B ~ 1001B 为 8421 的基本代码系统，1010B ~ 1111B 未用，称为非法码或冗余码。10 以上的所有十进制数至少需要 2 位 8421 码字（即 8 位二进制数字）来表示，而且不应出现非法码，否则就不是真正的 BCD 数。因此，BCD 数是由 BCD 码构成的，以二进制形式出现，逢十进位，但它又不是一个真正的二进制数，因为二进制数是逢二进位的。例如：十进制数 45 的 BCD 形式为 0100 0101B (45H)，而它的等值二进制数为 00101101B(2DH)。

使用 BCD 码的数码管动态显示程序（chengxu4_2_3. c）清单如下：

```
#include <reg51. h>
#define uchar unsigned char
#define uint unsigned int
uchar code DSY_CODE[ ] = {0xc0,0xf9,0xa4,0xb0,0x99,
                          0x92,0x82,0xf8,0x80,0x90};
uchar code DSY_IDX[ ] = {0xfe,0xfd,0xfb,0xf7};
void delay(uint t);                     //声明 delay 函数
void display(uint number);              //声明 display 函数
void main( )
{
    while(1)
      display(1234);
}
```

```
void delay(uint t)
{
    uint i,j;
    for(i = t;i > 0;i -- )
      for(j = 110;j > 0;j -- );
}
void display(uint number)
{
    uchar i,buffer[4];
    buffer[0] = number/1000;
    buffer[1] = (number% 1000)/100;
    buffer[2] = (number% 100)/10;
    buffer[3] = number% 10;
    for(i = 0;i < 4;i ++ )
    {
        P0 = DSY_CODE[buffer[i]];        //取字形码送 P0 口
        P2 = DSY_IDX[i];                 //取位码送 P2 口
        delay(2);                        //短延时
        P2 = 0xff;                       //关显示
    }
}
```

结构化编程是一种软件设计方法，其思想是将复杂的编程分解成若干个简单的函数，每个函数实现一个特定的功能，如延时、显示等，然后通过调用（包括嵌套）将这些功能组织在一起。使用结构化编程方法，由于每个函数实现的是相对简单的功能，所以更容易编写，且有利于程序的调试，同时还能节省程序设计时间。如程序中的延时和显示函数，在以后的程序中还会多次用到，基本上不需要修改或只进行少量的修改即可。

五、拓展训练

1. 什么是段码、位码？画出数码管动态显示电路，注意段码和位码的连接。
2. 数码管动态显示的过程是怎样的？
3. 数码管动态显示时，为什么要关显示？如何关显示？
4. 什么是 BCD 码？数码管动态显示时，为什么要使用 BCD 码？
5. 在图 4-3 给出的电路中，使用库函数_crol_编写数码管显示 5678 的程序。

任务三　识别独立按键

一、任务要求

单片机系统运行时，通常需要应用输入设备进行人工参与，从而实现控制。键盘是由若干个按键组成的，是单片机最简单也是最常用的输入设备。操作人员通过键盘输入数据或命令，实现简单的人机对话。本任务要求设计 4 个独立按键，编号为“1～4”，当按下某键时，数码管显示该键所对应的编号。

二、知识链接

根据结构的不同，按键可分为两类：一类是触点式开关按键；另一类是无触点式开关按键。前者造价低，后者寿命长。目前，计算机系统中最常见的是触点式开关按键。

根据接口原理的不同，按键可分为编码键盘与非编码键盘两类，这两类键盘的主要区别是识别键符及给出相应键码的方法不同。编码键盘主要是用硬件来实现对键的识别，非编码键盘主要是由软件来实现键盘的定义与识别。非编码键盘由于硬件接口电路简单，主要工作均由软件完成，因此广泛应用于单片机系统中。

三、独立按键识别电路

独立按键识别1

在单片机控制系统中，常常只需要几个功能键，此时可采用独立式按键结构。独立式按键是直接用I/O口线构成的单个按键电路，其特点是每个按键单独占用一根I/O口线，每个按键的工作不会影响其他I/O口线的状态。独立式按键与单片机接口电路如图 4-5 所示。按键电路设计必须合理，要求按键按下与否必须有所区别，图 4-5 所示电路中，当某个按键未被按下时，其输入给单片机引脚的电平为高；按下该键时，输入给单片机引脚的电平为低。

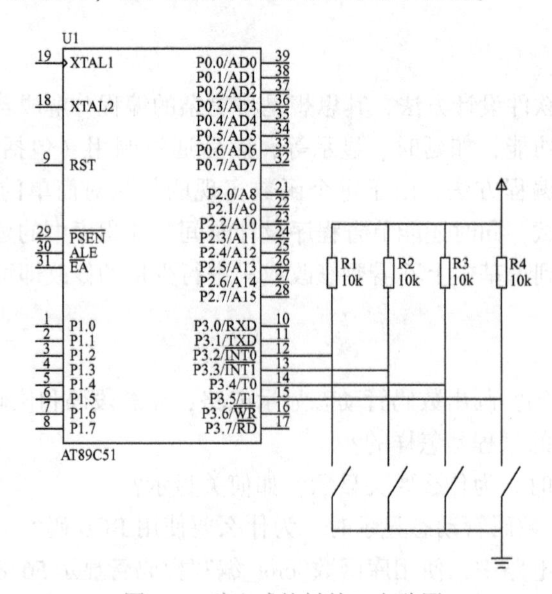

图 4-5　独立式按键接口电路图

由于 P3 口内部具有上拉电阻，通常将独立按键的上拉电阻省略，如图 4-6所示。图中，用数码管显示按键的编号。

独立按键识别2

四、程序设计及分析

编程时，经常使用 if 语句判断按键是否被按下，而 if 语句能实现分支结构，下面先简单介绍程序的结构。

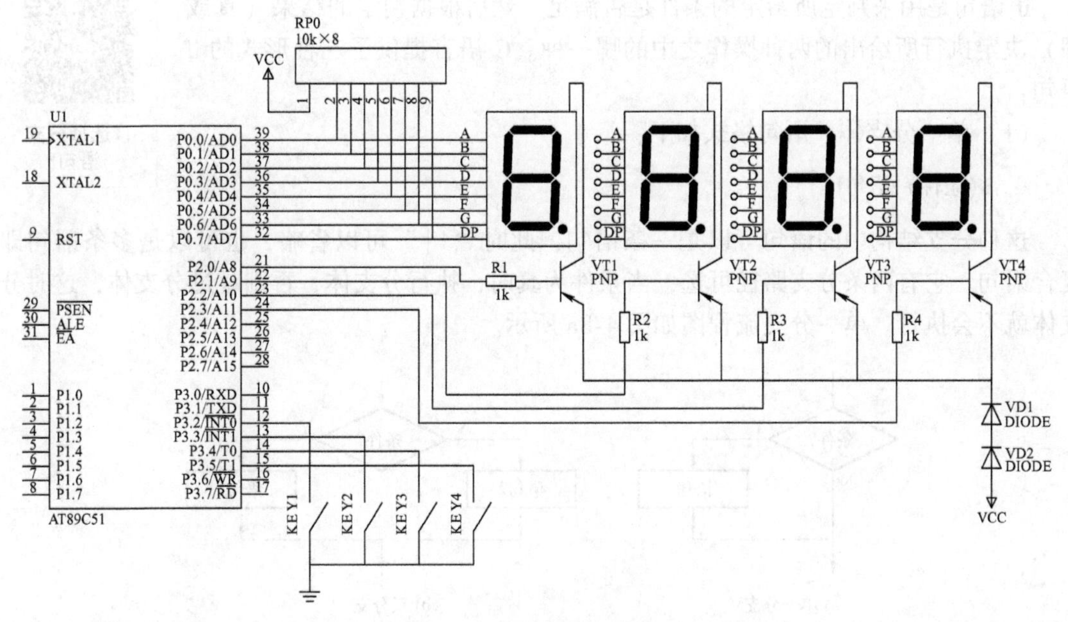

图 4-6　独立式按键识别电路图

1. 分支结构及程序流程图

任何复杂的程序都可由顺序结构、分支结构和循环结构等构成。前面程序中已经使用了顺序结构和循环结构。顺序程序是一种最简单、最基本的程序，CPU 按照语句的书写顺序依次执行。循环程序用于重复执行某种动作。在编写循环程序时，控制循环次数极为重要，具体方法依实际情况而定。循环次数已知的，可以简单地用计数器来控制；循环次数未知的，可以用某个位或某个变量的状态作为条件并结合跳转语句来控制。

分支结构的执行是依据一定的条件选择执行路径，而不是严格按照语句出现的物理顺序。分支结构的程序设计方法的关键在于构造合适的分支条件和分析程序流程，并根据不同的程序流程选择适当的分支语句。分支结构适合于带有比较或条件判断的情况，设计这类程序时往往都要先绘制其程序流程图，然后根据程序流程写出源程序，这样做能把程序设计分析用直观的方式展示出来，使得问题简单化，易于理解。

所谓流程图就是用各种符号、图形、箭头把程序的流向及过程用图形表示出来。绘制流程图是单片机程序编写前最重要的工作。通常所编写的程序就是根据流程图的指向，采用适当的语句来编写的。

对于简单的应用程序，可以不画出流程图，但绘制清晰正确的流程图是一个良好的编程习惯。常用的流程图符号如图 4-7 所示。

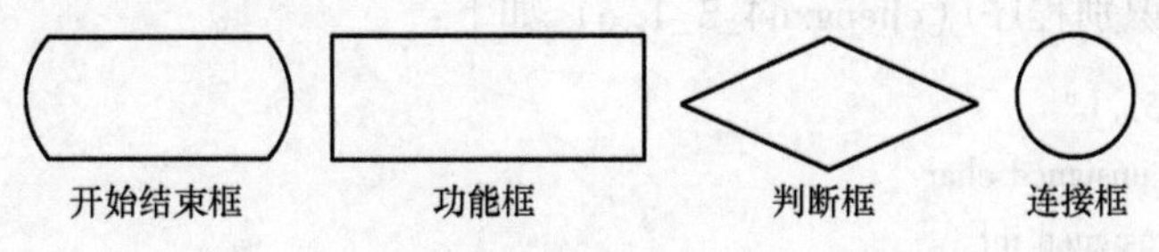

图 4-7　常用流程图符号

2. if 语句

if 语句是用来判定所给定的条件是否满足，然后根据判定的结果（真或假）决定执行所给出的两种操作之中的哪一种。C 语言提供了三种形式的 if 语句：

if选择分支语句

（1）单一分支体　语句格式如下：

```
if(条件){语句}
```

这种分支结构中的语句可以是一条语句，此时“{}”可以省略，也可以是多条语句即复合语句。它有两条分支路径可选，当条件为真时，执行分支体，否则跳过分支体，这时分支体就不会执行。单一分支流程图如图 4-8a 所示。

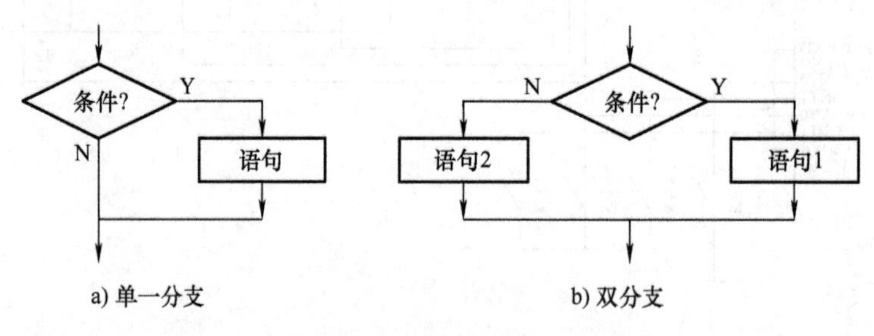

图 4-8　分支流程图

（2）双分支体　语句格式如下：

```
if(条件){语句 1}
else{语句 2}
```

这是典型的分支结构，如果条件成立，执行语句 1，否则执行语句 2，语句 1 和语句 2 都可以由一条或若干条语句构成。双分支流程图如图 4-8b 所示。

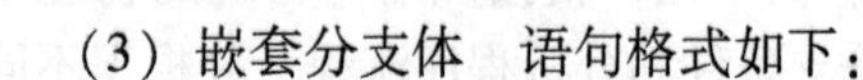

（3）嵌套分支体　语句格式如下：

```
if(条件 1){语句 1}
else if(条件 2){语句 2}
else if(条件 3){语句 3}
…
else if(条件 m){语句 m}
else{语句 n}
```

嵌套分支流程图如图 4-9 所示，从流程图分析，这种格式语句实现了多分支，因此又称多分支结构。

编写独立按键识别程序（chengxu4_3_1. c）如下：

```
#include "reg51. h"
#define uchar unsigned char
#define uint unsigned int
sbit   KEY1 = P3^2;                                  //指定按键
sbit   KEY2 = P3^3;                                  //指定按键
```

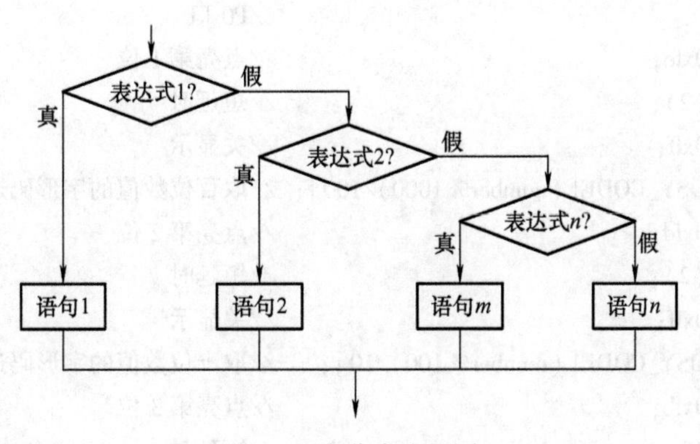

图 4-9 多分支流程图

```
sbit    KEY3 = P3^4;                                  //指定按键
sbit    KEY4 = P3^5;                                  //指定按键
uchar code DSY_CODE[ ] = {0xc0,0xf9,0xa4,0xb0,0x99,
                          0x92,0x82,0xf8,0x80,0x90};
void delay(uint t);                                   //声明 delay 函数
void display(uint number);                            //声明 display 函数
main()
{
    uint keynum = 0;
    while(1)
    {
        display(keynum);
        if(KEY1 ==0)                                  //判断 KEY1 是否按下
            keynum = 1;
        if(KEY2 ==0)                                  //判断 KEY2 是否按下
            keynum = 2;
        if(KEY3 ==0)                                  //判断 KEY3 是否按下
            keynum = 3;
        if(KEY4 ==0)                                  //判断 KEY4 是否按下
            keynum = 4;
    }
}
void delay(uint t)
{
        uint i,j;
        for(i = t;i >0;i --)
          for(j = 110;j >0;j --);
}
void display(uint number)
{
        P0 = DSY_CODE[number/1000];                   //取 number 的千位数值的字形码送
```

```
                                          //P0 口
        P2 = 0xfe;                        //点亮第 1 位
        delay(2);                         //短延时
        P2 = 0xff;                        //关显示
        P0 = DSY_CODE[(number%1000)/100]; //取百位数值的字形码送 P0 口
        P2 = 0xfd;                        //点亮第 2 位
        delay(2);                         //短延时
        P2 = 0xff;                        //关显示
        P0 = DSY_CODE[(number%100)/10];   //取十位数值的字形码送 P0 口
        P2 = 0xfb;                        //点亮第 3 位
        delay(2);                         //短延时
        P2 = 0xff;                        //关显示
        P0 = DSY_CODE[number%10];         //取个位数值的字形码送 P0 口
        P2 = 0xf7;                        //点亮第 4 位
        delay(2);                         //短延时
        P2 = 0xff;                        //关显示
}
```

注意：由于 CPU 不知道外部何时有按键按下，为保证每次按键都被检测到，所以必须不停地进行检测，此为查询方式。

3. switch 语句

C 语言提供了 switch 语句直接处理多分支选择。switch 语句的一般形式如下：

switch分支结构语句

```
switch(表达式)
{
case 常量表达式 1:语句 1
case 常量表达式 2:语句 2
…
case 常量表达式 n:语句 n
default:语句 n+1
}
```

switch语句执行过程

说明：switch 后面括号内的“表达式”，可以为任何类型；当表达式的值与某一个 case 后面的常量表达式相等时，就执行此 case 后面的语句，若所有 case 中的常量表达式的值都没有与表达式的值匹配的，就执行 default 后面的语句；每一个 case 的常量表达式的值必须不相同；各个 case 和 default 的出现次序不影响执行结果。

另外特别需要说明的是，执行完一个 case 后面的语句后，并不会自动跳出 switch，转而去执行其后面的语句。因此，通常在每一段 case 的结束加入“break;”语句，使程序退出 switch 结构，即终止 switch 语句的执行。在 for 和 while 循环语句中，遇到 break 语句便退出循环体，执行后面的程序。

使用 switch 语句编写程序（chengxu4_3_2. c）如下：

```
#include "reg51.h"
unsigned char code DSY_CODE[] = {0xc0,0xf9,0xa4,0xb0,0x99,
                                 0x92,0x82,0xf8,0x80,0x90};
main()
{
  P2 = 0xfe;
  while(1)
  {
     switch(P3)
     {
        case 0xfb:P0 = DSY_CODE[1];break;
        case 0xf7:P0 = DSY_CODE[2];break;
        case 0xef:P0 = DSY_CODE[3];break;
        case 0xdf:P0 = DSY_CODE[4];break;
     }
  }
}
```

按键消抖方法

4. 按键消抖

举例：在图 4-10 所示的电路中，每按下 KEY1 一次，8 个 LED 状态便翻转一次。此时初学者可能会想出程序（chengxu4_3_3.c）如下：

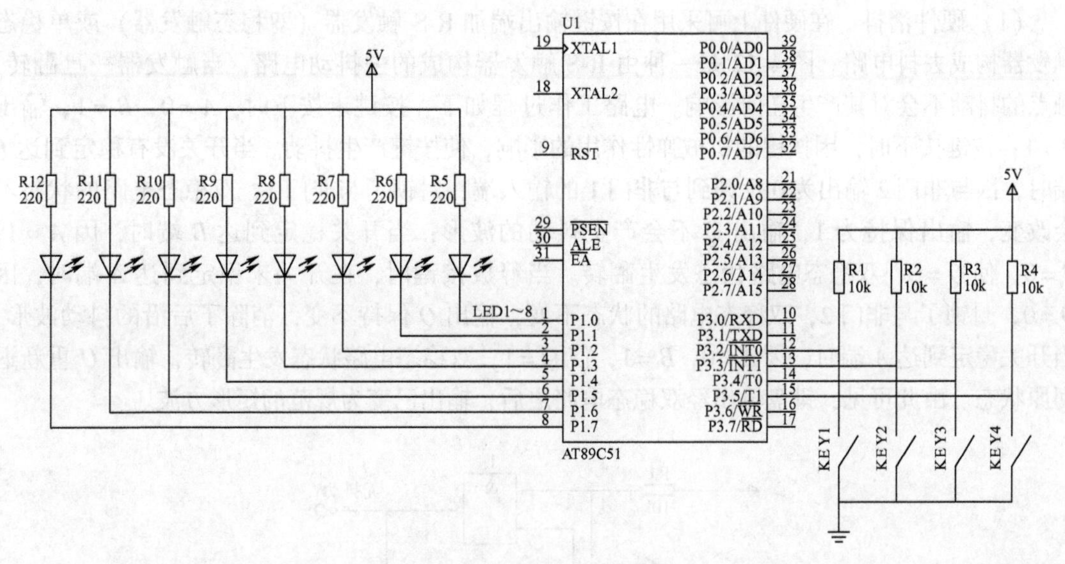

图 4-10　按键消抖应用电路

```
#include "reg51.h"
sbit KEY1 = P3^2;                    //指定按键
main()
{
  P1 = 0xff;                         //熄灭 LED
```

```
    while(1)
    {
      if(KEY1 ==0)                    //判断 KEY1 是否按下
          P1 =~ P1;                   //按下则 LED 状态翻转
    }
}
```

将此程序下载到单片机中，测试一下实际效果，会发现当断开按键后 LED 的状态是不确定的，即不是每次都翻转。出现这种情况的原因是没有考虑按键的抖动及等待键释放。

每个键相当于一个机械开关触点，当键按下时，触点闭合；当键松开时，触点断开。由于机械触点的弹性作用，触点在闭合和断开瞬间的电接触情况不稳定，造成了电压信号的抖动现象。键的抖动时间一般为 1 ~ 10ms，如图 4-11 所示。这种现象会引起单片机对于一次按键操作进行多次处理，因此必须设法消除抖动现象。消除抖动的方法有硬件和软件两种。

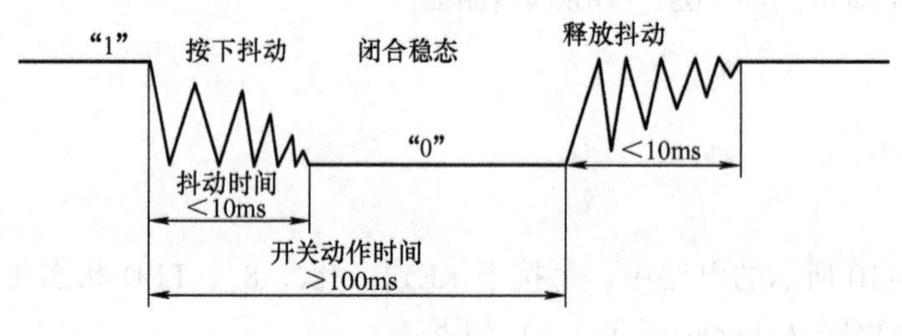

图 4-11　按键抖动波形

（1）硬件消抖　在硬件上可采用在按键输出端加 R-S 触发器（双稳态触发器）或单稳态触发器构成去抖电路。图 4-12 是一种由 R-S 触发器构成的去抖动电路，当触发器一旦翻转，触点的抖动不会对其产生任何影响。电路工作过程如下：按键未按下时，$A=0$，$B=1$，输出 $Q=1$；按键按下时，因按键的机械弹性作用的影响，使按键产生抖动。当开关没有稳定到达 B 端时，因与非门 2 输出为 0 反馈到与非门 1 的输入端，封锁了与非门 1，双稳态电路的状态不会改变，输出保持为 1，输出 Q 不会产生抖动的波形；当开关稳定到达 B 端时，因 $A=1$，$B=0$，使 $Q=0$，双稳态电路状态发生翻转。当释放按键时，在开关未稳定到达 A 端时，因 $Q=0$，封锁了与非门 2，双稳态电路的状态不变，输出 Q 保持不变，消除了后沿的抖动波形；当开关稳定到达 A 端时，因 $A=0$，$B=1$，使 $Q=1$，双稳态电路状态发生翻转，输出 Q 重新返回原状态。由此可见，键盘输出经双稳态电路之后，输出已变为规范的矩形方波。

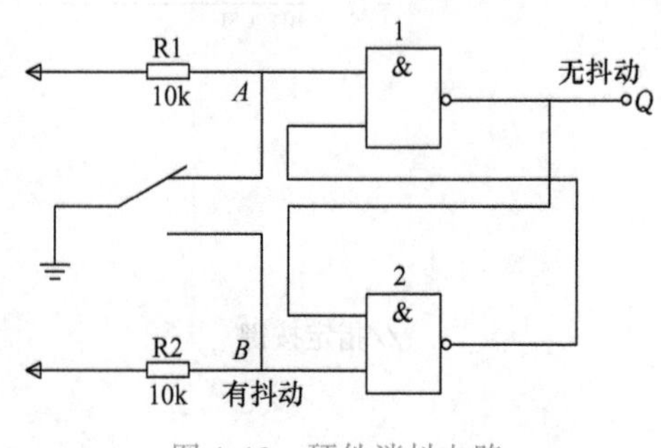

图 4-12　硬件消抖电路

（2）软件消抖　软件上采取的措施是在检测到有按键按下时，执行一个10ms左右（具体时间应视所使用的按键进行调整）的延时程序后，再确认该键是否仍保持闭合状态，若仍保持闭合状态，则确认该键处于闭合状态。同理，在检测到该键释放后，也应采用相同的步骤进行确认，从而可消除抖动的影响。

硬件消抖需要使用外围电路，增加了成本，因此一般情况下均采用软件消抖。除了考虑按键抖动外，还要考虑如果一直按住按键不放，在程序（chengxu4_3_3.c）中也会出现按一次按键却被多次检测的情况，这时需要等待键释放。带消抖的程序（chengxu4_3_4.c）如下：

```
#include "reg51.h"
#define uint unsigned int
void delay(uint t);                          //声明 delay 函数
sbit  KEY1 = P3^2;                           //指定按键
main()
{
    P1 = 0xff;                               //熄灭 LED
    while(1)
    {
        if(KEY1 ==0)                         //判断 KEY1 是否按下
        {
            delay(5);                        //延时消抖
            if(KEY1 ==0)                     //键确实被按下
            {
                while(! KEY1);               //等待键释放
                P1 =~ P1;                    //LED 状态翻转
            }
        }
    }
}
void delay(uint t)
{
    uint i,j;
    for(i = t;i >0;i -- )
      for(j =110;j >0;j -- );
}
```

五、拓展训练

1. 画出典型的独立按键电路图。
2. 使用按键时，为什么要消抖？如何消抖？
3. 分析以下程序段的执行结果。

（1）i =（　　）；j =（　　）；a =（　　）。

```
int i=0, j=0, a=6;
if((++i>0)&&(++j>0)) a++;
```

（2）a=(　　)；b=(　　)。

```
int x=1, y=0, a=0, b=0;
switch(x)
{  case 1:  switch(y)
     {  case 0: a++;
        case 1: b++;}
   case 2: a++; b++;
}
```

（3）x=(　　)。

```
int i,j,x=0;
for(i=0;i<3;i++)
{  if(i%3==2) break;
   x++;
   for(j=0;j<4;j++)
   {  if(j%2) break;
      x++;
   }
   x++;
}
```

4. 在图4-10所示的电路中，开始时只有第1个LED亮，每按下一次KEY1后，LED亮的位置左移一位，试编写程序实现。

5. 在图4-6所示的电路中，4位数码管动态显示，开始时显示0000，按键KEY1按下一次，显示数值加一；按键KEY2按下一次，显示数值减一；按键KEY3按下，显示清零；按键KEY4按下，显示9999，试编写程序实现。

任务四　识别矩阵按键

一、任务要求

独立式按键是直接用I/O口线构成的单个按键电路，当需要按键个数较多时可采用矩阵按键。本任务要求设计一个4×4的矩阵按键，编号为“0~F”，当按下某键时，数码管显示该键所对应的编号。

矩阵键盘电路

二、知识链接

1. 矩阵式键盘的结构及原理

矩阵式键盘由行线和列线组成，按键位于行、列的交叉点上，其结构如图4-13所示。由图可知，一个4×4的行、列结构的矩阵式键盘按键，可以配置16个按键，

与单片机连接时，只需要8根I/O口线。在按键数量较多时，矩阵式键盘较独立式按键键盘要节省很多I/O口。

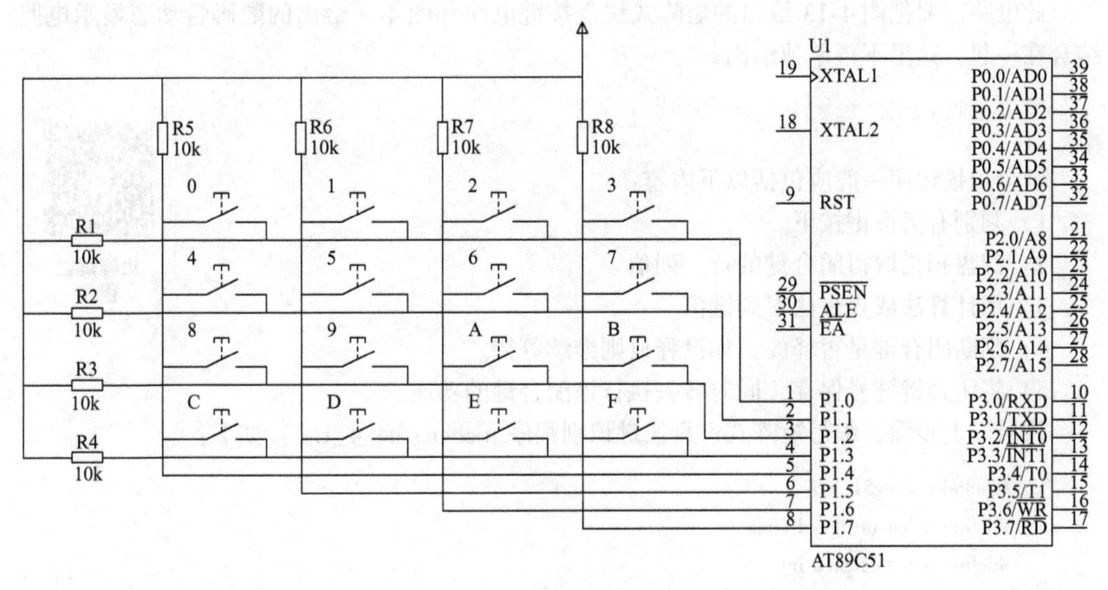

图4-13 矩阵式键盘按键结构图

2. 矩阵式键盘按键的识别

矩阵键盘行列扫描的工作过程

识别按键的方法很多，最常见的方法是扫描法。下面以图4-13所示电路中8号键的识别为例来说明扫描法识别按键的过程。

按键按下时，与此按键相连的行线与列线短路导通，列线在无按键按下时处于高电平。显然，如果让所有的行线也处在高电平，那么，按键按下与否不会引起列线电平的变化。只有让所有行线处在低电平，当有按键按下时，该按键所在的列电平才会由高电平变为低电平。CPU根据行电平的变化，就能判定相应的行有键按下。

8号键按下时，第1列一定为低电平。然而第1列为低电平时，能否肯定是8号键按下呢？回答是否定的，因为0、4、12(C) 号键按下，同样会使第1列为低电平。为进一步确定具体键，不能使所有行线在同一时刻处于低电平，可在某一时刻只让一条行线处于低电平，其余行线均处于高电平，另一时刻，让下一行处在低电平，依次循环，这种依次轮流每次选通一行的工作方式称为键盘扫描。

采用键盘扫描后，再来观察8号键按下时的工作过程，当第3行处于低电平时，第1列处于低电平，而第1、2、4行处于低电平时，第1列却处在高电平，由此可判定按下的键应是第3行与第1列的交叉点，即8号键。

3. 键盘的编码

对于独立式按键键盘，因按键数量少，可根据实际需要灵活编码。对于矩阵式键盘，按键的位置由行号和列号唯一确定，因此可分别对行号和列号进行二进制编码。一般情况下，采用依次排列键号的方式对按键进行编码，以图4-13中的4×4键盘为例，可将键号编码为00H、01H、02H、…、0EH、0FH共16个。编码的相互转换可通过计算或查表的方法实现。

三、矩阵式键盘按键识别电路

此电路需要把图4-13给出的矩阵式键盘按键电路和图4-3给出的数码管动态显示电路结合在一起，这里不再单独给出。

四、键盘扫描程序设计

键盘扫描程序一般应包括以下内容：

1）判别有无按键按下。

2）键盘扫描取得闭合键的行、列值。

3）用计算法或查表法得到键值。

4）判断闭合键是否释放，如没释放则继续等待。

5）将闭合键键号保存，同时转去执行该闭合键的功能。

按照以上步骤，编写矩阵式键盘按键识别程序（chengxu4_4_1. c）如下：

```
#include <reg51.h>
#define uchar unsigned char
#define uint unsigned int
#define Key_Port P1
uchar keynumber;
uchar code ledsegcode[] = {0xC0,0xF9,0xA4,0xB0,0x99,0x92,0x82,0xF8,
                           0x80,0x90,0x88,0x83,0xC6,0xA1,0x86,0x8E};
void delay(uint t);                            //声明 delay 函数
void display(uint number);                     //声明 display 函数
unsigned char keyscan(void)
{
uchar sccode, recode, a;
Key_Port = 0xf0;
if((Key_Port & 0xf0) != 0xf0)                  //如果有键按下
{
    delay(5);                                  //延时消抖
    if((Key_Port & 0xf0) != 0xf0)              //确实有键按下
    {
        sccode = 0xfe;                         //扫描第一行初始码
        while((sccode & 0x10) != 0)            //未扫描完,继续
        {
            Key_Port = sccode;                 //扫描本行
            if((Key_Port & 0xf0) != 0xf0)      //该行有键按下
            {
                recode = Key_Port & 0xf0;      //取列值
                a = sccode&0x0f + recode;      //取键编码
                while((Key_Port & 0xf0) != 0xf0)
                    display(keynumber);        //等待键释放
```

```
                    switch (a)                                  //取键值
                    {
                        case  0xEE : return 0;
                        case  0xDE : return 1;
                        case  0xBE : return 2;
                        case  0x7E : return 3;
                        case  0xED : return 4;
                        case  0xDD : return 5;
                        case  0xBD : return 6;
                        case  0x7D : return 7;
                        case  0xEB : return 8;
                        case  0xDB : return 9;
                        case  0xBB : return 10;
                        case  0x7B : return 11;
                        case  0xE7 : return 12;
                        case  0xD7 : return 13;
                        case  0xB7 : return 14;
                        case  0x77 : return 15;
                        default    : break;
                    }
                }
                else                                            //本行无键按下
                sccode = (sccode << 1) | 0x01;                  //为扫描下一行做准备
            }
        }
    }
    return 0xff;
}
void main(void)
{
    uchar keyID;
    while(1)
    {
        keyID = keyscan();
        if(keyID! =0xff)
            keynumber = keyID;
        display(keynumber);
    }
}
void delay(uint t)
{
    uint i,j;
    for(i = t;i > 0;i --)
```

```
        for(j = 110;j > 0;j --);
}
                                                    //4 位数码管扫描一遍
void display(uint number)
{
    P0 = ledsegcode[number/1000];                   //取千位数值的字形码送 P0 口
    P2 = 0xfe;                                      //点亮第 1 位
    delay(2);                                       //短延时
    P2 = 0xff;                                      //关显示
    P0 = ledsegcode[(number% 1000)/100];            //取百位数值的字形码送 P0 口
    P2 = 0xfd;                                      //点亮第 2 位
    delay(2);                                       //短延时
    P2 = 0xff;                                      //关显示
    P0 = ledsegcode[(number% 100)/10];              //取十位数值的字形码送 P0 口
    P2 = 0xfb;                                      //点亮第 3 位
    delay(2);                                       //短延时
    P2 = 0xff;                                      //关显示
    P0 = ledsegcode[number% 10];                    //取个位数值的字形码送 P0 口
    P2 = 0xf7;                                      //点亮第 4 位
    delay(2);                                       //短延时
    P2 = 0xff;                                      //关显示
}
```

声明不带返回值函数时，函数名前面使用 void 标志；声明带返回值函数时，函数名前面必须指出返回值类型，如“unsigned char keyscan (void);”，函数返回数值为不带符号字符型，类似的，还可以声明其他类型的返回数值。注意：函数实际返回数值必须和所声明的返回类型一致；如果没有声明返回值类型，编译器默认返回值类型为 int 型。

如果声明一个函数时指定返回值类型，则函数体内必须包含至少一条 return 语句。使用 return 语句从被调函数返回到主调函数继续执行，同时附带一个返回值，由 return 后面的参数指定。由于带返回值函数的执行结果为一个数值，所以其他函数中任何使用数值的地方都可以调用该函数，如程序中的“keyID = keyscan();”语句。

变量作用域是指程序中所声明的变量在程序的哪一部分是可用的，变量只有在自己的作用域中才可用。chengxu4_4_1. c 中变量 keynumber 定义在所有函数的外部，称为外部变量，即全局变量。变量 i、j 是定义在函数 delay 的内部，称为内部变量，即局部变量。全局变量和局部变量的区别是：前者可以在本文件的所有函数中使用，其有效范围是从定义变量的位置开始到本源文件结束，例如 keynumber，不仅在 keyscan 函数中使用，也在 main 函数中使用；后者只在定义本函数的范围内有效，即只能在本函数内使用，例如 i 和 j 只在 delay 函数中使用。全局变量和局部变量的使用注意事项如下：

（1）局部变量

1）在一个函数内部定义的变量是局部变量，只能在函数内部使用。

2）在主函数内部定义的变量也是局部变量，其他函数也不能使用主函数中的变量。

3）形式参数是局部变量。

4）不同函数中可以使用同名局部变量。在不同的作用域（函数）内，可以对变量重新进行定义。

变量作用域

（2）全局变量

1）在函数外部定义的变量是全局变量，其作用域是变量定义位置至整个程序文件结束。

2）使用全局变量可增加函数间数据联系的渠道，可以将数据带入到作用域范围内的所有函数。全局变量在程序中任何地方都可以更新，从这方面看，使用全局变量会降低程序的安全性。

3）局部变量如与全局变量同名，则在局部变量的作用域内，全局变量存在，但不可见，即全局变量不起作用。

4）全局变量在程序运行过程中均占用存储单元。

在前面曾提到过结构化程序设计方法，即程序划分为彼此独立的函数，其中每个函数完成特定的任务。这里的重点是独立，要真正独立，每个函数的变量就不能受其他函数的语句影响。这就使理解变量的作用域显得十分重要，使用全局变量违背了模块独立的原则，所以，如果不是特别需要，尽量不使用全局变量。

五、拓展训练

1. 独立式键盘和矩阵式键盘有何区别？分别说明它们的优缺点。
2. 说明矩阵式键盘的按键识别过程。
3. 说明全局变量和局部变量的区别。

任务五　设计简易计算器

一、任务要求

计算器电路

本任务所需的电路和任务四一样，需要将图4-13给出的矩阵式键盘按键电路和图4-3给出的数码管动态显示电路结合在一起，即使用4位数码管显示计算结果。键值“0～F”分别对应计算器的“0～9”“=”“C（清零)”和“+”“-”“×”“÷”。编写程序，实现简易计算器的功能，为降低难度，假设所有操作数及运算结果均为小于10000的正整数。

二、简易计算器程序设计及分析

计算器程序

根据简易计算器的功能，编写程序（chengxu4_5_1.c）如下：

```
#include  <reg51.h>
#define uchar unsigned char
#define uint unsigned int
#define Key_Port P1
uchar code DSY_CODE[] = {0xc0,0xf9,0xa4,0xb0,0x99,0x92,0x82,0xf8,0x80,0x90};
```

```
uint num[2] = {0,0};                            //参与运算的两个数
uchar keyID,keytemp,numID = 0;                  //键值、功能键值、数序号
void delay(unsigned int t)
{
    uint m,n;
    for(m = 0;m < t;m ++ )
    for(n = 0;n < 110;n ++ );
}
void display(uint number)
{
    P0 = DSY_CODE[number/1000];                 //取 number 的千位数值的字形码送 P0 口
    P2 = 0xfe;                                  //点亮第 1 位
    delay(2);                                   //短延时
    P2 = 0xff;                                  //关显示
    P0 = DSY_CODE[(number%1000)/100];           //取百位数值的字形码送 P0 口
    P2 = 0xfd;                                  //点亮第 2 位
    delay(2);                                   //短延时
    P2 = 0xff;                                  //关显示
    P0 = DSY_CODE[(number%100)/10];             //取十位数值的字形码送 P0 口
    P2 = 0xfb;                                  //点亮第 3 位
    delay(2);                                   //短延时
    P2 = 0xff;                                  //关显示
    P0 = DSY_CODE[number%10];                   //取个位数值的字形码送 P0 口
    P2 = 0xf7;                                  //点亮第 4 位
    delay(2);                                   //短延时
    P2 = 0xff;                                  //关显示
}
uchar keyscan(void)
{
    uchar sccode, recode, a;
    Key_Port = 0xf0;
                                                //如果有键按下
    if((Key_Port & 0xf0)! = 0xf0)
    {
        delay(5);                               //延时消抖
        if((Key_Port & 0xf0)! = 0xf0)           //确实有键按下
        {
            sccode = 0xfe;                      //扫描第一行初始码
            while((sccode & 0x10)! = 0)         //未扫描完,继续
            {
                Key_Port = sccode;              //扫描本行
                if((Key_Port & 0xf0)! = 0xf0)   //该行有键按下
                {
```

```
                recode = Key_Port & 0xf0;                      //取列值
                a = sccode&0x0f + recode;                      //取键编码
                while((Key_Port & 0xf0)!=0xf0)
                display(num[numID]);                           //等待键释放时有显示
                switch (a)                                     //取键值
                {
                    case 0xEE : return 0;
                    case 0xDE : return 1;
                    case 0xBE : return 2;
                    case 0x7E : return 3;
                    case 0xED : return 4;
                    case 0xDD : return 5;
                    case 0xBD : return 6;
                    case 0x7D : return 7;
                    case 0xEB : return 8;
                    case 0xDB : return 9;
                    case 0xBB : return 10;
                    case 0x7B : return 11;
                    case 0xE7 : return 12;
                    case 0xD7 : return 13;
                    case 0xB7 : return 14;
                    case 0x77 : return 15;
                    default   : break;
                }
            }
            else                                               //第一行无键按下
                sccode = (sccode<<1)|0x01;                     //为扫描下一行做准备
        }
    }
    }
    return (255);
}
void shujuchuli(void)
{
    if(keyID<10)                                               //数字键
    {
        if((numID==0)&&(num[0]<1000))
        {
            num[0] = num[0] * 10 + keyID;
        }
        else if((numID==1)&&(num[1]<1000))
        {
            num[1] = num[1] * 10 + keyID;
```

```
        }
    }
    else if(keyID == 10)                                  //等号
    {
        numID = 0;
        switch(keytemp)
        {
            case  12:num[0] = num[0] + num[1];num[1] = 0;break;
            case  13:num[0] = num[0] - num[1];num[1] = 0;break;
            case  14:num[0] = num[0] * num[1];num[1] = 0;break;
            case  15:num[0] = num[0]/num[1];num[1] = 0;break;
        }
    }
    else if(keyID == 11)                                  //清零
    {
        numID = 0;num[1] = 0;num[0] = 0;
    }
    else if(keyID == 12)                                  //加法
    {
        numID = 1;keytemp = 12;
    }
    else if(keyID == 13)                                  //减法
    {
        numID = 1;keytemp = 13;
    }
    else if(keyID == 14)                                  //乘法
    {
        numID = 1;keytemp = 14;
    }
    else if(keyID == 15)                                  //除法
    {
        numID = 1;keytemp = 15;
    }
}
void main(void)
{
    while(1)
    {
        keyID = keyscan();
        if(keyID < 16){shujuchuli();}
        display(num[numID]);
    }
}
```

延伸阅读：break 语句与 continue 语句

（1）break 语句　break 语句通常用在循环语句和开关语句中。当 break 用于开关语句 switch 中时，可使程序跳出 switch 而执行 switch 以后的语句。break 在 switch 中的用法已在前面介绍开关语句时的例子中介绍过了。当 break 语句用于 do-while、for、while 循环语句中时，可使程序终止循环而执行循环后面的语句，break 语句通常与 if 语句在一起使用，当满足条件时便跳出循环，例如：

```
while(表达式 1)
{ …
if(表达式 2) break;
…
}
…
…
```

当遇到“break”时，程序就跳出了循环体，继续执行“{　}”外的语句。break 语句对 if-else 的条件语句不起作用；在多层循环中，一个 break 语句只向外跳一层。

（2）continue 语句　continue 语句的作用是跳过循环体中剩余的语句而强行执行下一次循环。continue 语句只用在 for、while、do-while 等循环体中，常与 if 条件语句一起使用，用来加速循环，例如：

```
while(表达式 1)
{ …
if(表达式 2) continue;
…
}
```

当遇到“continue”时，程序只是本次循环不继续执行省略号部分的语句，但是还没有跳出 while 循环体，还要判断表达式 1，如果成立还要继续执行循环体内的内容。

三、拓展训练

1. 如图 4-6 所示的电路，编写程序实现如下功能：初始时数码管显示 0000；按下 KEY1 键后，数码管显示 1234；按下 KEY2 键后，数码管显示 5678；按下 KEY3 键后，数码管显示 0000。

2. 如图 4-6 所示的电路，编写程序实现如下功能：数码管显示由 0000 至 9999 变化。

项目五

设计制作里程表

实时控制、故障自动处理以及计算机与外围设备间传送数据时通常采用中断系统。中断系统的应用使计算机的功能更强、效率更高、使用更灵活方便。本项目主要通过里程表的设计制作使读者学会89C51单片机的中断系统的结构和工作原理。

任务一　认识外部中断

一、任务要求

单片机具有实时处理能力，能对外界发生的事件进行及时处理，就是依靠它的中断系统实现的，中断系统是计算机的重要组成部分。本任务要求利用按键模拟外部中断0，当外部中断0有中断请求时，CPU响应中断，中断程序使P1口所接的8个LED闪烁5次后返回。本任务可帮助读者学习89C51单片机的中断系统、中断响应过程及外部中断的编程。

二、知识链接

1. 中断的基本概念

中断概念

在计算机系统中，外围设备何时向单片机发出请求，CPU预先是不知道的，如果采用查询方式必将大大降低CPU的工作效率，为了解决快速的CPU与慢速的外设间的矛盾，产生了中断的概念。良好的中断系统能提高计算机实时处理的能力，实现CPU与外设分时操作和自动处理故障。中断系统的应用使计算机的功能更强、效率更高、使用更灵活方便。

日常生活中，经常会遇到这样的情形：当一个人正在家里看书时，来电话了，他便停止看书，而去接电话。类似的，当单片机的CPU正在处理某一事件A时，更重要的或突发事件B需要CPU立刻去处理（中断请求或中断申请）；CPU便暂停事件A的处理，转去处理事件B（中断响应）；事件B处理结束后，CPU又回到事件A暂停的地方继续处理事件A（中断返回），这一过程称为中断。

中断源

事件B是引起CPU中断的根源，称为中断源；事件A被暂停的地方称为断点；处理事件B的过程称为中断服务或中断处理；CPU处理事件B需要执行的程序称为中断服务程序；实现中断的所有部件称为中断系统。

2. 中断源及中断请求标志

89C51 单片机的中断系统有 5 个中断源，分别是两个外部中断源$\overline{INT0}$和$\overline{INT1}$、两个定时器/计数器 T0 和 T1、一个串行口中断源。如同电话铃声是电话来了的标志一样，每个中断源都有独立的中断请求标志位，当中断源有中断请求时，该中断源的中断请求标志位置 1。

89C51 的 5 个中断请求标志位分别在特殊功能寄存器 TCON（0x88）和 SCON（0x98）中，都可以进行位寻址。

定时器/计数器控制寄存器 TCON 的格式如下：

位	D7	D6	D5	D4	D3	D2	D1	D0
TCON	TF1	TR1	TF0	TR0	IE1	IT1	IE0	IT0
位地址	8FH	8EH	8DH	8CH	8BH	8AH	89H	88H

INT0：外部中断请求 0，中断请求标志为 IE0（TCON 的 D1 位）。该中断源的中断请求信号由$\overline{INT0}$（P3.2）引脚输入，有效信号通过硬件自动置位 IE0 =1，请求中断。

INT1：外部中断请求 1，中断请求标志为 IE1（TCON 的 D3 位）。该中断源的中断请求信号由$\overline{INT1}$（P3.3）引脚输入，有效信号通过硬件自动置位 IE1 =1，请求中断。

注意：P3 口均有第二功能，当 P3 口的某个引脚工作于第二功能时，就不能再作为普通 I/O 口使用了。

定时器/计数器 T0：中断请求标志为 TF0（TCON 的 D5 位）。片内计数器 T0 计数满溢出，自动置位 TF0 =1，产生中断请求。CPU 响应中断后，标志位 TF0 自动清零。

定时器/计数器 T1：中断请求标志为 TF1（TCON 的 D7 位）。片内计数器 T1 计数满溢出，自动置位 TF1 =1，产生中断请求。CPU 响应中断后，标志位 TF1 自动清零。

串行口的中断请求标志位在串行口控制寄存器 SCON 中，SCON 的格式如下：

位	D7	D6	D5	D4	D3	D2	D1	D0
SCON							TI	RI
位地址							99H	98H

串行口：该中断源有两个中断请求标志位，即 RI（SCON 的 D0 位）和 TI（SCON 的 D1 位）。当串行口接收完一帧串行数据时，置位 RI =1，产生接收中断请求；当串行口发送完一帧串行数据时，置位 TI =1，产生发送中断请求。CPU 响应中断后，标志位 RI 和 TI 都不能自动清零，必须在中断服务程序中通过软件清零。

3. 外部中断的中断请求触发方式

外部中断源有两种请求触发方式，即低电平触发和下降沿触发，具体选择哪种方式要通过 TCON 的 IT0 和 IT1 进行设置。

IT0（TCON 的 D0 位）：外部中断 INT0 的触发方式设置位。IT0 可根据需要由使用者置“1”或清“0”。当 IT0 为 0 时，选择为电平触发方式，此时$\overline{INT0}$（P3.2）引脚低电平将置位其中断请求标志 IE0（TCON 的 D1 位）。使用者需注意：如果$\overline{INT0}$（P3.2）引脚长时间保持低电平，CPU

中断服务返回后，会再次响应中断。当 IT0 为 1 时，选择为下降沿触发方式，即$\overline{INT0}$（P3.2）引脚的电平从高到低的负跳变有效，将中断请求标志 IE0（TCON 的 D1 位）置 1。当 CPU 响应外部中断 INT0 后，中断请求标志位 IE0 会自动由 1 变为 0，从而避免重复中断。

IT1（定时器/计数器控制寄存器 TCON 的 D2 位）：外部中断请求 INT1 的触发方式的设置位，其意义和 IT0 类似。

中断允许及优先级

4. 中断允许控制寄存器 IE

例如，看书时，即使来电话也不接，这种情况总是存在的。89C51 单片机的 CPU 对各中断源的中断请求是允许还是屏蔽，由中断允许寄存器 IE 控制，IE 的字节地址为 0xA8，可以位寻址。IE 的格式如下：

位	D7	D6	D5	D4	D3	D2	D1	D0
IE	EA	—	—	ES	ET1	EX1	ET0	EX0
位地址	AFH			ACH	ABH	AAH	A9H	A8H

中断允许寄存器 IE 各位的功能如下：

EA：中断允许总控制位。EA = 0，CPU 屏蔽所有的中断请求（关中断）；EA = 1，CPU 开放所有中断（开中断）。

ES：串行口中断允许位。ES = 0，禁止串行口中断；ES = 1，允许串行口中断。

ET1：定时器/计数器 T1 的溢出中断允许位。ET1 = 0，禁止 T1 溢出中断；ET1 = 1，允许 T1 溢出中断。

EX1：外部中断 1 中断允许位。EX1 = 0，禁止外部中断 1 中断；EX1 = 1，允许外部中断 1 中断。

ET0：定时器/计数器 T0 的溢出中断允许位。ET0 = 0，禁止 T0 溢出中断；ET0 = 1，允许 T0 溢出中断。

EX0：中断 0 中断允许位。EX0 = 0，禁止外部中断 0 中断；EX0 = 1，允许外部中断 0 中断。

89C51 单片机复位以后，IE 被清 0，即所有中断都被屏蔽。若允许某一个中断源中断，使用者除了要将中断总允许位 EA 置 1 以外，必须同时将该中断源的中断允许位置 1。如允许外部中断 INT0 中断，可使用语句“EA = 1；EX0 = 1;”，或使用语句“IE = 0x81;”。

5. 中断优先级寄存器 IP

假设在看书时，同时来电话和有人敲门，那么先接电话还是先开门呢？89C51 单片机有两个中断优先级，对于每一个中断请求源都可以编程设定为高优先级或低优先级，CPU 总是先响应高优先级中断。每个中断源的优先级别可以由 IP 寄存器的相应位来设置。中断优先级寄存器 IP 的字节地址为 0xB8，既可进行字节操作也可进行位操作。中断优先级寄存器 IP 的格式如下：

位	D7	D6	D5	D4	D3	D2	D1	D0
IP	—	—	—	PS	PT1	PX1	PT0	PX0
位地址				BCH	BBH	BAH	B9H	B8H

中断优先级寄存器 IP 各位的功能如下：

PS：串行口中断优先级控制位。PS＝1，串行口中断定义为高优先级；PS＝0，串行口中断定义为低优先级。

PT1：定时器/计数器 T1 中断优先级控制位。PT1＝1，定时器/计数器 T1 中断定义为高优先级；PT1＝0，定时器/计数器 T1 中断定义为低优先级。

PX1：外部中断 1 中断优先级控制位。PX1＝1，外部中断 1 定义为高优先级；PX1＝0，外部中断 1 定义为低优先级。

PT0：定时器 T0 中断优先级控制位。PT0＝1，定时器/计数器 T0 中断定义为高优先级；PT0＝0，定时器/计数器 T0 中断定义为低优先级。

PX0：外部中断 0 中断优先级控制位。PX0＝1，外部中断 0 定义为高优先级；PX0＝0，外部中断 0 定义为低优先级。

中断优先级相应原则：①低优先级可被高优先级中断，而高优先级中断源不能被任何中断源所中断；②任何一种中断（不管是高级还是低级），一旦得到响应，不会再被它的同级中断所中断。

当几个同优先级的中断同时申请中断时，响应哪一个中断源将取决于内部查询顺序，或称为辅助优先级结构，其优先级排列见表 5-1。

表 5-1　中断源辅助优先级排列

中 断 源	辅助优先级结构	中断入口地址（汇编语言）
外部中断 0	最高	0x0003
定时器/计数器 T0	↓	0x000B
外部中断 1	↓	0x0013
定时器/计数器 T1	↓	0x001B
串行口中断	最低	0x0023

6. 中断的处理过程

(1) 中断响应条件和时间　中断响应条件有三个：中断源有中断请求、此中断源的中断允许位为 1、CPU 开中断（EA＝1）。上述三个条件必须同时满足，CPU 才有可能响应中断。

中断过程及编程

延伸阅读：即使响应中断的三个条件都满足，但出现下列情况之一时，CPU 将封锁对中断的响应。第一，CPU 正在处理一个同级或更高级别的中断请求；第二，当前指令未执行完；第三，当前执行的指令与中断有关时，如 IE＝0x81，此时说明本次中断还没有处理完，所以都要等本指令处理结束，再执行一条指令才响应中断。

中断响应时间是指从将中断标志请求位置 1 到 CPU 响应中断、执行中断服务程序的第 1 条指令所需要的时间。

(2) 中断响应过程　CPU 响应中断的过程如下：设置内部相关电路，以阻止后来的同级或低级的中断请求；保护现场，转去执行中断服务程序；CPU 结束中断服务程序的执行后，返回到被中断的程序处，恢复现场，继续执行原来的程序。

延伸阅读：堆栈是计算机中在 RAM 区专门开辟的一个区域，主要用于函数调用及返回和中断断点处理的保护及返回。当中断发生时，CPU 会暂时终止程序的执行，转去执行中断程序，即产生了断点，为了避免被中断的程序与中断程序中的数据发生冲突，必须将断点的地址和现场进行保护，即将它们放入堆栈中。这样使 CPU 执行完中断程序后，能顺利地返回到被中断的程序处继续执行。为此，89C51 单片机中设置了堆栈指针 SP，其永远指向栈顶的地址。

假设 CPU 执行到 ROM 中地址为 0x1050 的指令之前被中断，中断程序执行后需返回到此指令继续执行，如果 SP 中的内容为 0x60，则在转去执行中断程序前，会自动执行类似的指令：

SP ++;　　　　　　//SP 中的值为 0x61，即栈顶指向 0x61
*SP = 0x50;　　　　//指令地址低 8 位入栈，即 0x61 中的内容为 0x50
SP ++;　　　　　　//SP 中的值为 0x62，栈顶指向 0x62
*SP = 0x10;　　　　//指令地址高 8 位入栈，即 0x62 中的内容为 0x10

即将断点地址进行了保护，同时将中断程序的起始地址送入程序计数器 PC，PC 里面永远存放的是下一条将要执行的指令的地址，从而使 CPU 转去执行中断程序。当执行完中断程序后，会自动地执行类似的指令：

$PC_{15\sim8}$ = *SP;　　　　//指令地址高 8 位出栈，即 $PC_{15\sim8}$ 中的内容为 0x10
SP --;　　　　　　//SP 中的值为 0x61，即栈顶指向 0x61
$PC_{7\sim0}$ = *SP;　　　　//指令地址低 8 位出栈，即 $PC_{7\sim0}$ 中的内容为 0x50
SP --;　　　　　　//SP 中的值为 0x60，即栈顶指向 0x60

这样保证了中断的顺利返回。可见，在堆栈区，数据采用的是“后进先出”的原则。在 89C51 单片机中，堆栈区的开辟、断点和现场的保护及恢复由编译器自动完成。

三、电路

本任务电路如图 5-1 所示，P1 口接 8 个 LED，低电平驱动，利用按键模拟外部中断 0。

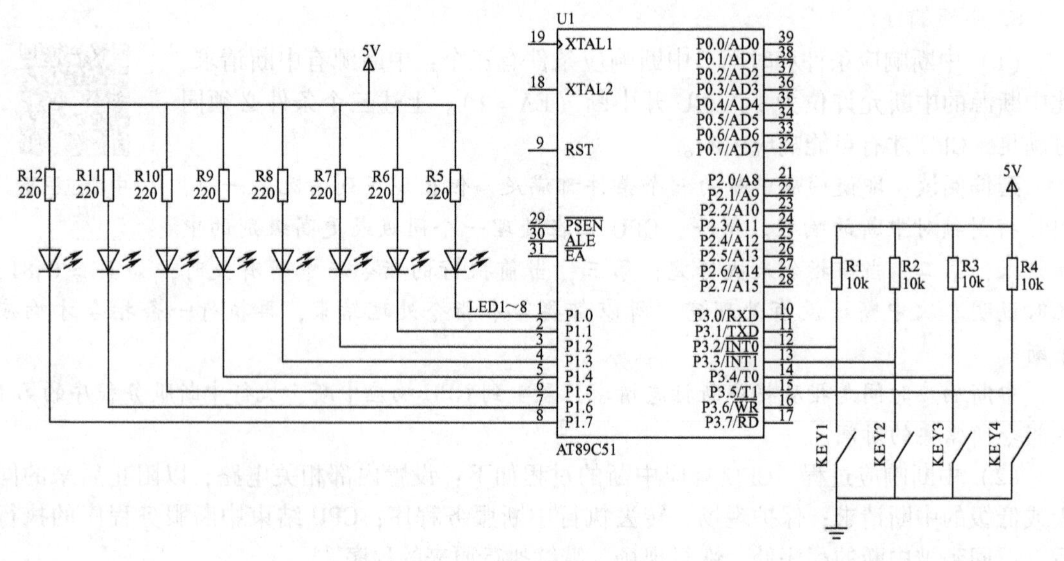

图 5-1　外部中断电路图

四、程序设计及分析

C51 编译器支持在 C 源程序中直接开发中断服务程序，使用该扩展属性的函数定义语法如下：

```
void 函数名( ) interrupt n
```

中断函数只能用 void 说明，表示没有返回值，同时也没有形式参数，即不能传递参数。其中 n 对应中断源的编号，其值从 0 开始，以 89C51 单片机为例，编号为 0 ~ 4，分别对应外中断 0、定时器 0 中断、外中断 1、定时器 1 中断和串行口中断。例如定时器 T1 中断源的编号是 3，则下面语句

```
void timer1( ) interrupt 3
{
    语句序列
}
```

定义了 timer1 是定时器 T1 的中断服务程序，中断服务内容由花括号内的语句序列完成。

延伸阅读：可以用 using 定义此中断服务程序所使用的寄存器组。关键字 using 后面的 n 是所选择的寄存器组，取值范围是 0 ~ 3。定义中断函数时，using 是一个选项，可以省略不用。如果不用，则由编译器选择一个寄存器组作为绝对寄存器组，例如：

```
void intt1( ) interrupt 2 using 1
{
    语句序列
}
```

定义了 intt1 是外部中断 1 的中断服务程序，中断服务的语句序列将使用寄存器组 1。

根据任务要求，编写程序（chengxu5_1_1. c）如下：

```
#include "reg51. h"
void delay( unsigned int t)
{
    unsigned int i,j;
    for( i = t;i >0;i -- )
        for( j = 110;j >0;j -- );
}
main( )
{
    P1 = 0xff;
    EA = 1;                    //开总中断
    EX0 = 1;                   //开外部中断 0 中断
    IT0 = 1;                   //设置外部中断 0 下降沿触发
    while(1);
}
```

```
void INTT0( ) interrupt 0                //外部中断 0 中断函数
{
    unsigned char i;
    for(i = 0;i < 5;i ++ )
    {
        P1 = 0x00;
        delay(500);
        P1 = 0xff;
        delay(500);
    }
}
```

使用外部中断，必须进行初始化，内容有开放中断、设置中断优先级（本例只使用一个中断源，可不设置）、选择触发方式等。电路中使用按键模拟中断信号的产生，当按键未按下时，外部中断$\overline{\text{INT0}}$（P3.2）引脚为高电平，按下按键后，该引脚变为低电平，出现一次负跳变（下降沿），产生一次中断请求。实际外部中断信号可以由防盗报警系统有人闯入、机器人到位等检测电路产生。

程序执行过程是：上电后，CPU 从 main 函数开始执行语句，首先初始化外部中断 0，然后反复执行“while (1);”语句，如果没有中断发生，将一直执行此语句。当按下按键后，产生中断请求信号，置位中断请求标志位 IE0，由于开中断，满足中断响应条件，CPU 会暂停“while (1);”语句的执行，转去执行外部中断 0（由 interrupt 0 标志）的中断服务程序 INTT0 ( )，LED 闪烁 5 次后，返回“while (1);”语句继续执行。

五、拓展训练

1. 两个外部中断源的中断请求标志位分别是什么？什么情况下，该标志位自动置 1、自动清 0？
2. 如何设置中断允许寄存器 IE？
3. 如何设置中断优先级寄存器 IP？
4. 中断响应过程是什么？
5. 各中断源的中断编号是怎么确定的？
6. 使用外部中断时，如何进行初始化？
7. 如图 5-1 所示的电路，编写程序，当外部中断 0 有中断请求时，LED 全亮；当外部中断 1 有中断请求时，LED 全灭。

任务二　实现模拟里程表

一、任务要求

里程表的原理非常容易理解，因为汽车车轮的直径已知，车轮的圆周长便是恒定不变的。由此可以计算出每走1km车轮要转多少圈，这个数也是恒定不变的。因此只要能够自动把车轮的转数积累下来，然后除以每1km对应的转数就可以得到行驶的距离了。本任务通过实现模拟里程表，使读者了解传感器基础知识，进一步巩固外部中断及数码管动态显示的应用。

二、知识链接

里程表传感器，其实质就是将车轮的转数转换成脉冲，常用的有霍尔传感器和光电传感器等。

1. 霍尔传感器

霍尔传感器是对磁敏感的传感元件，常用于开关信号采集的有CS3020、CS3040传感器等，这种传感器是一个3端器件，外形与晶体管相似，只要接上电源和地即可工作，输出通常是集电极开路（OC）门输出，工作电压范围宽，使用非常方便。

霍尔及光电传感器

使用霍尔传感器可以获得脉冲信号，其机械结构也可以做得较为简单，只要在转轴的圆周上粘上一粒磁钢，让霍尔开关靠近磁钢，就有信号输出，转轴旋转时，就会不断地产生脉冲信号输出。如果在圆周上粘上多粒磁钢，可以实现旋转一周，获得多个脉冲输出。这种传感器不怕灰尘、油污，在工业现场应用广泛。

2. 光电传感器

光电传感器是应用非常广泛的一种器件，有各种各样的形式，如透射式、反射式等，基本的原理就是当发射管光照射到接收管时，接收管导通，反之关断。以透射式为例，如图5-2所示，当不透光的物体挡住发射管与接收管之间的间隙时，开关管关断，否则打开。为此，可以制作一个遮光叶片（见图5-3）安装在转轴上，当扇叶经过时，产生脉冲信号。当叶片数较多时，旋转一周可以获得多个脉冲信号。

光电传感器原理动画

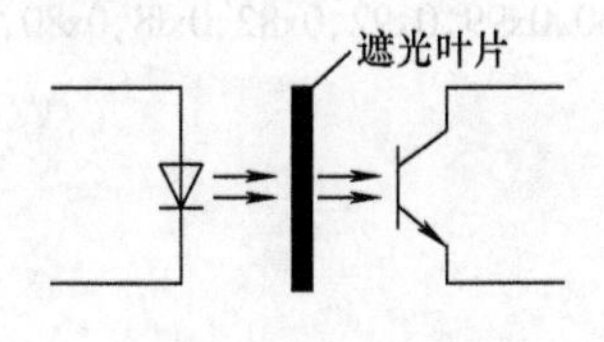

图5-2　光电传感器原理图

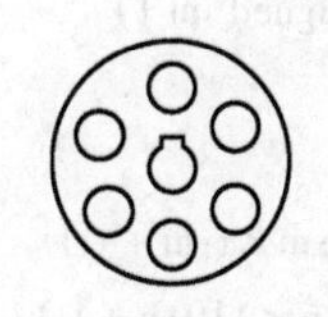
图5-3　遮光叶片

实际应用时，无论霍尔传感器还是光电传感器，其输出的信号一般都要经过放大、波形变换及整形等处理，变为标准脉冲信号才能被单片机所接收。

三、电路

里程表电路如图5-4所示，4位数码管用来显示里程，用按键模拟里程表传感器所产生的脉冲。

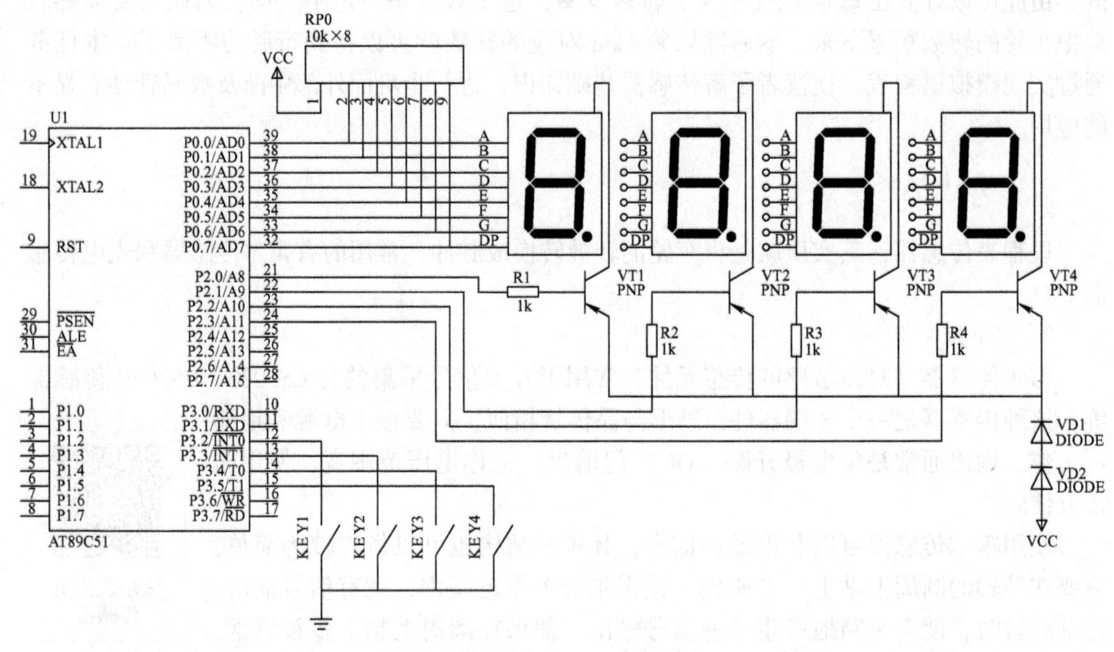

图 5-4　里程表电路图

四、程序设计及分析

假设每来一个脉冲相当于前进 1m，数码管显示的是实际运行距离，单位为米。编写程序（chengxu5_2_1. c）如下：

```
#include <reg51.h>
#define uchar unsigned char
#define uint unsigned int
uint Num = 0;
uchar code DSY_CODE[ ] = {0xc0,0xf9,0xa4,0xb0,0x99,0x92,0x82,0xf8,0x80,0x90};
void delay(unsigned int t)
{
    uint m,n;
    for(m = 0;m < t;m ++)
    for(n = 0;n < 110;n ++);
}
void display(uint number)
{
    P0 = DSY_CODE[number/1000];          //取 number 的千位数值的字形码送 P0 口
    P2 = 0xfe;                           //点亮第 1 位
    delay(2);                            //短延时
    P2 = 0xff;                           //关显示
    P0 = DSY_CODE[(number%1000)/100];    //取百位数值的字形码送 P0 口
    P2 = 0xfd;                           //点亮第 2 位
```

```
        delay(2);                              //短延时
        P2 = 0xff;                             //关显示
        P0 = DSY_CODE[(number%100)/10];        //取十位数值的字形码送 P0 口
        P2 = 0xfb;                             //点亮第 3 位
        delay(2);                              //短延时
        P2 = 0xff;                             //关显示
        P0 = DSY_CODE[number%10];              //取个位数值的字形码送 P0 口
        P2 = 0xf7;                             //点亮第 4 位
        delay(2);                              //短延时
        P2 = 0xff;                             //关显示
}
void main(void)
{
        TCON = 1;                              //设置外部中断 0 边沿触发
        IE = 0x81;                             //开中断
        while(1)
        {
            display(Num);
        }
}
void XINT0() interrupt 0
{
        Num ++;
}
```

五、拓展训练

1. 在程序 chengxu 5_2_1. c 中为什么将 Num 设置为全局变量？
2. 如果每来一个脉冲相当于前进 2m，则程序 chengxu 5_2_1. c 如何修改？

项目六

设计制作秒表

在检测、控制及智能仪器等领域中，常常需要实现定时控制，还需要计数器对外界事件计数。89C51 单片机内部提供的两个定时器/计数器可以实现这些功能。本项目主要介绍定时器/计数器的原理应用，读者可学会 89C51 单片机中定时器/计数器的使用方法。

任务一　设计制作精准方波发生器

一、任务要求

计数器原理动画

在前面的项目中，多次用到延时程序，其精确延时时间很难确定。89C51 单片机中的定时器/计数器就能实现精准定时，本任务就是利用定时功能实现精准的方波。

二、知识链接

定时计数器结构

计数器在数字系统中主要是对脉冲的个数进行计数，以实现测量、计数和控制的功能。89C51 单片机中有两个 16 位加法计数器：T0 和 T1，所谓加法就是每来一个脉冲，计数值加 1；所谓 16 位，是指最大能记录脉冲的个数可以用 16 位二进制表示，即 $2^{16}=65536$ 个。T0 使用特殊功能寄存器 TH0（高 8 位）、TL0（低 8 位）存放记录脉冲的个数；T1 使用特殊功能寄存器 TH1（高 8 位）、TL1（低 8 位）存放记录脉冲的个数。

1. 定时器/计数器控制寄存器 TCON

定时器/计数器的控制寄存器（TCON）用于控制定时器/计数器 T0 或 T1 的运行，是一个 8 位的特殊功能寄存器，其字节地址为 88H，可位寻址，格式如下：

位	D7	D6	D5	D4	D3	D2	D1	D0
TCON	TF1	TR1	TF0	TR0	IE1	IT1	IE0	IT0
位地址	8FH	8EH	8DH	8CH	8BH	8AH	89H	88H

TCON 的低 4 位用于控制外部中断，这在前面已经介绍，这里只介绍高 4 位，各位含义如下：

TF0、TF1：分别为定时器 T0、T1 的计数溢出中断请求标志位。

计数器计数溢出（计数值由二进制的 16 个 1 变为 16 个 0）时，该位由硬件置 1。使用

查询方式时，此位作为状态位供 CPU 查询，查询后需由软件清 0；使用中断方式时，此位作为中断请求标志位，CPU 响应中断后由硬件自动清 0。

TR0、TR1：分别为定时器 T0、T1 的运行控制位，可由软件置 1 或清 0。

TR0（TR1）=1，启动定时器/计数器工作；TR0（TR1）=0，停止定时器/计数器工作。

定时计数器设置

2. 定时器/计数器的工作方式寄存器

定时器/计数器工作方式寄存器 TMOD 是一个 8 位的特殊功能寄存器，用于设置定时器/计数器 T0 和 T1 的工作方式，其字节地址为 89H，不能进行位寻址。其中用高 4 位设置 T1 的工作方式，用低 4 位设置 T0 的工作方式。TMOD 的格式如下：

位	D7	D6	D5	D4	D3	D2	D1	D0
TMOD	GATE	$C/\overline{T}$	M1	M0	GATE	$C/\overline{T}$	M1	M0
	T1 方式控制字				T0 方式控制字			

TMOD 各位含义如下：

GATE：门控制。当 GATE =0 时，只要用软件使 TCON 的 TR0 或 TR1 为 1，就可以启动相应的定时器/计数器；当 GATE =1 时，要用软件使 TCON 的 TR0 或 TR1 为 1，同时外部中断引脚$\overline{INT0}$或$\overline{INT1}$也为高电平时，才能启动定时器/计数器工作。即当 GATE =1 时，计数器的启动不仅受 TR0 或 TR1 控制，还要受外部引脚信号 INT0 或 INT1 控制。

$C/\overline{T}$：定时器/计数器功能选择位。当$C/\overline{T}=1$ 时，选择计数功能，计数脉冲来自单片机的引脚 T0（P3.4）或 T1（P3.5），此时检测到该引脚上的电平由高跳变到低时，计数器就加 1；当$C/\overline{T}=0$ 时，选择定时功能，计数脉冲是由晶体振荡器的输出经 12 分频后得到的机器周期脉冲，可看作是对单片机机器周期个数的计数器，当晶振周期确定后，机器周期就确定了，机器周期与所计机器周期数值的乘积就是定时时间。因为具有定时和计数两种功能，所以称为定时器/计数器。

M1 和 M0：工作方式选择位。定时器/计数器有 4 种工作方式，可通过 M1、M0 进行设置，见表 6-1 。

表 6-1 定时器/计数器工作方式设置表

M1M0	工作方式	说 明
00	方式 0	13 位定时器/计数器
01	方式 1	16 位定时器/计数器
10	方式 2	可自动重装初值的 8 位定时器/计数器
11	方式 3	T0 分成两个独立的 8 位定时器/计数器；T1 没有方式 3

三、程序设计及分析

利用定时器产生方波时，首先应明确定时器的四种工作方式。89C51 的定时器/计数器 T0 有四种工作方式（方式 0、方式 1、方式 2 和方式 3），T1 有三种工作方式（方式 0、方式 1 和方式 2）。前三种工作方式，T0 和 T1 除了所使用的寄存器和有关控制位、标志位不同外，其他操作完全相同，为了简化叙述，下面以定时器/计数器 T0 为例进行介绍。

1. 利用工作方式 0 产生方波的程序

当 TMOD 的 M1M0 设置为 00 时，定时器器 T0 工作于方式 0。在这种方式下，由 TH0 的 8 位和 TL0 的低 5 位组成一个 13 位的定时器/计数器，TL0 的高 3 位未用。工作方式 0 的逻辑结构图如图 6-1 所示。

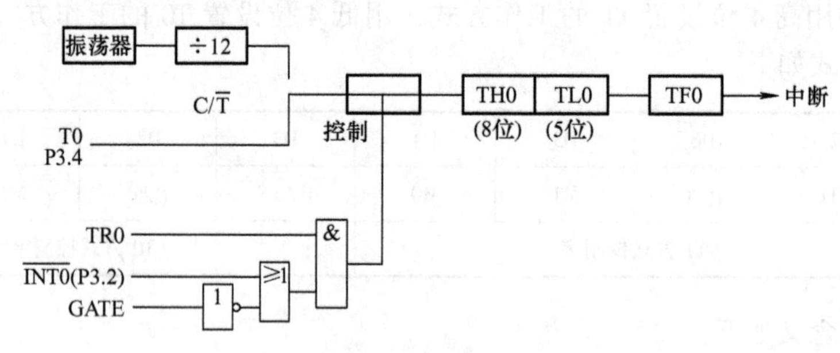

图 6-1　工作方式 0 的逻辑结构图

当 GATE =0 时，只要 TCON 中的启动控制位 TR0 为 1，由 TL0 和 TH0 组成的 13 位计数器就开始计数；当 GATE =1 时，此时仅 TR0 =1 仍不能使计数器开始工作，还需要$\overline{INT0}$（P3.2）引脚为高电平才能使计数器工作。即保持 TR0 =1 不变，当$\overline{INT0}$由 0 变 1 时，开始计数，由 1 变 0 时，停止计数。

方式 0 应用举例：利用定时器 T0 的方式 0 定时功能，在 P3.7 引脚上输出周期为 4ms 的方波，设单片机的晶振频率f_{osc} =11.0592MHz。

采用中断方式，程序（chengxu6_1_1.c）如下：

```
#include "reg51.h"
sbit  fangbo = P3^7;     //指定 P3.7 引脚
main()
{
    TMOD =0x00;
    TH0 =6349/32;
    TL0 =6349%32;
    ET0 =1;
    EA =1;
    TR0 =1;
    while(1);
}
void TIMER0(void) interrupt 1
{
    TH0 =6349/32;
    TL0 =6349%32;
```

```
        fangbo = ~fangbo;
    }
```

分析：若要在P3.7引脚输出周期为4ms的方波，只要使P3.7每隔2ms取反即可，因此需要定时2ms。在使用定时器/计数器时必须进行初始化设置，包括设置工作方式（TMOD）、设置初值（TH0、TL0）、开放中断（EA、ET0）、设置优先级（PT0）、启动定时器/计数器运行（TR0）。

工作方式控制字TMOD的设置：没有用T1，所以高4位设为0000B。启动T0运行不受$\overline{INT0}$限制，所以GATE=0；定时功能要求$C/\overline{T}=0$；T0工作在方式0，所以M1M0=00，综上TMOD=00000000B=0x00。

如果13位计数器初值为0，则每来一个有效的计数脉冲，13位计数值就会加1，一直到$2^{13}=8192$个计数脉冲后，13位计数器会由全1变为全0，即溢出，此时TCON的标志位TF0将自动置1。如果单片机采用12MHz晶振，机器周期为1μs，则此时定时器T0的最大定时时间为8192μs。

实际应用时经常有少于8192个计数值的要求，假设将计数器初值设置为8192－1000＝7192，即计数器从7192开始计数，那么计数器在1000个有效脉冲后，将会溢出。如果一个机器周期为1μs，那么定时时间为1000μs。由此可以得出：计数值＝定时时间/机器周期；而计数器初值应该为：计数初值＝满值－计数值＝满值－定时时间/机器周期。对于方式0有

$$N=8192-\frac{X}{12/f_{osc}}$$

式中，N为待求的计数初值；X为定时时间，单位是μs；f_{osc}为晶振频率，单位为MHz。如选择11.0592MHz晶振，要定时2ms，则计数初值计算为

$$N=8192-\frac{2000}{12/11.0592}=6349$$

方式0为13位的定时器/计数器，所以TL0的初值为6349%32，TH0的初值为6349/32。也可以采用语句“TH0＝6349≫5；TL0＝0x1f&6349；”赋初值。由于定时器/计数器在每次溢出后均变为0，所以为了连续获取定时2ms时间，每次时间到后必须重新赋初值。

以上讨论的是定时功能时所赋初值的计算，如果是计数功能，则计数初值＝满值－计数值。

2. 利用工作方式1产生周期为2s的方波的程序

当TMOD的M1M0为01时，设定定时器工作于方式1。在这种方式下，由特殊功能寄存器TL0和TH0组成一个16位的定时器/计数器，其最大的计数次数应为$2^{16}=65536$次。对于方式1有

方式1和方式2

$$N=65536-\frac{X}{12/f_{osc}}$$

式中，N为待求的计数初值；X为定时时间，单位是μs；f_{osc}为晶振频率，单位为MHz。

除了计数位数不同外，方式1与方式0的工作过程相同。和方式0比较，建议大家多采用方式1，因为其能定时更长的时间，另外就是方式0多余的3位没有任何用途。

延伸阅读：51单片机的设计者之所以设置了方式0，是为了和48系列单片机兼容。48系列单片机使用的是13位定时器/计数器，由于48系列单片机早已被淘汰，所以方式0应用较少。

方式1应用举例：假设晶振频率为12MHz，利用定时器T1的方式1，分别采用查询和

中断两种方式，编制 C51 程序，使连接在 P1 口的 8 个 LED 闪烁，周期为 2s。

1）采用中断方式，编写程序（chengxu6_1_2. c）如下：

```
#include "reg51. h"
unsigned char count = 0;
main()
{
    TMOD = 0x10;
    TH1 = (65536 - 50000)/256;
    TL1 = (65536 - 50000)%256;
    ET1 = 1;
    EA = 1;
    TR1 = 1;
    while(1);
}
void TIMER1(void) interrupt 3
{
    TH1 = (65536 - 50000)/256;
    TL1 = (65536 - 50000)%256;
    if(count ++ > =20)
    {
        count = 0;
        P1 = ~P1;
    }
}
```

程序首先进行定时器 T1 的初始化，设置定时器 T1 工作于定时方式 1，即将 TMOD 赋值为 0x10。由于晶振频率为 12MHz，一个机器周期为 1μs，在方式 1 下，定时器最大定时为 65536μs，而题目要求定时 1s。此时可以定时 50ms，再利用 count 变量记录 50ms 的个数，当达到 20 个 50ms 时便是 1s。1s 时间到，将 count 清 0，为记录下一个 1s 做准备。注意：当定时时间到，定时器溢出后，初值重新变为 0，为保证下一次定时依然是 50ms，必须重赋 50ms 初值。

2）采用查询方式，要求检测定时器 T1 的中断请求标志位 TF1 的状态。当定时器定时时间到，定时器溢出后，将置位 TF1，所以可以通过检测标志位 TF1 的状态来判断是否达到 50ms 定时。注意，采用中断方式时，CPU 响应中断后，会自动清 0 标志位 TF1；而采用查询方式时，必须使用软件清 0 标志位 TF1，否则将得不到准确的定时时间。查询方式程序（chengxu6_1_3. c）清单如下：

```
#include "reg51. h"
main()
{
    unsigned char count = 0;
    TMOD = 0x10;
    TH1 = (65536 - 50000)/256;
```

```
    TL1 = (65536 - 50000) % 256;
    TR1 = 1;
    while(1)
    {
        if(TF1 == 1)
        {
            TH1 = (65536 - 50000)/256;
                TL1 = (65536 - 50000) % 256;
            TF1 = 0;
            count ++ ;
            if(count > = 20)
            {
                count = 0;
                P1 = ~ P1;
            }
        }
    }
}
```

3. 利用工作方式 2 产生周期为 400μs 的方波的程序

方式 2 是自动重装初值的 8 位定时器/计数器。对于方式 0 和方式 1，当计数溢出时，计数器变为全 0，因此再循环定时的时候，需要反复重新用软件给 TH0 和 TL0 寄存器赋初值，这样会影响定时精度，方式 2 就是针对此问题而设置的。当 TMOD 的 M1M0 设为 10 时，选定定时器工作于方式 2。在这种方式下，8 位寄存器 TL0 作为计数器，TH0 用于存放计数初值，启动前，TL0 和 TH0 装入相同的初值，当 TL0 计数溢出时，在将中断标志位 TF0 置 1 的同时，TH0 的初值自动重新装入 TL0。在这种工作方式下，其最大的计数次数应为 2^8 = 256 次。工作方式 2 的逻辑结构图如图 6-2 所示。

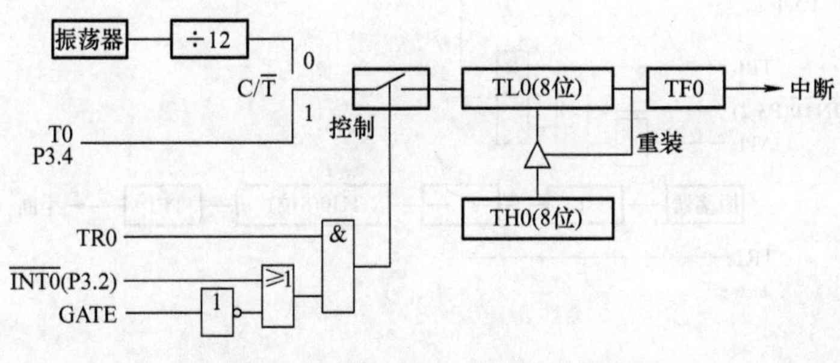

图 6-2 工作方式 2 的逻辑结构图

方式 2 应用举例：利用定时器 T0 的方式 2 定时方式，在 P3.7 引脚上输出周期为 400μs 的方波，设单片机的晶振频率 f_{osc} = 12MHz。程序（chengxu6_1_4. c）清单如下：

```
#include " reg51. h"
sbit    fangbo = P3^7;              //指定 P3.7 引脚
main( )
```

```
{
    TMOD = 0x02;
    TH0 = 256 - 200;
    TL0 = 256 - 200;
    ET0 = 1;
    EA = 1;
    TR0 = 1;
    while(1);
}
void TIMER0(void) interrupt 1
{
    fangbo = ~fangbo;
}
```

4. 工作方式3简介

当TMOD的M1M0为11时，设定定时器T0工作于方式3。方式3只适用于定时器/计数器T0，定时器/计数器T1不能工作在方式3。此方式下定时器/计数器T0分为两个独立的8位计数器：TL0和TH0，其逻辑结构图如图6-3所示，TL0使用T0的状态控制位C/$\overline{T}$、GATE、TR0及$\overline{INT0}$（P3.2）；而TH0被固定为一个8位定时器（不能作外部计数方式），并使用定时器T1的状态控制位TR1和TF1，同时占用定时器T1的中断源。一般情况下，当定时器T1用作串行口的波特率发生器时，定时器/计数器T0才工作在方式3。当定时器T0处于工作方式3时，定时器/计数器T1可设定为方式0、方式1和方式2，作为串行口的波特率发生器或用于不需要中断的场合。

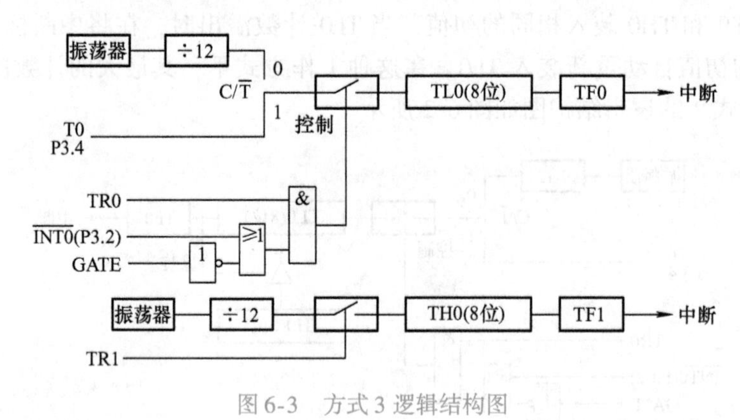

图6-3　方式3逻辑结构图

四、拓展训练

1. 请说出定时器/计数器的定时功能和计数功能的区别。

2. 分析定时器/计数器四种工作方式的异同。

3. 使用定时器/计数器时如何初始化？请按下列要求分别进行初始化（设晶振频率为12MHz）。

1）使用T0，方式0，定时时间1ms，开中断，启动定时器/计数器。

2）使用 T0，方式 1，定时时间 20ms，开中断，启动定时器/计数器。

3）使用 T1，方式 2，定时时间 100μs，开中断，启动定时器/计数器。

4）同时使用 T0、T1，T0 为方式 1，计数功能，且只当 P3.2 引脚为高电平时计数；T1 工作在定时功能，方式 1，定时 50ms。两者均开中断，启动定时器/计数器。

4. 试编写程序，使用 T0 的方式 3，在 P3.7 引脚输出周期为 500μs 的方波。要求分别使用 TL0 和 TH0 定时，编写两个程序。

任务二　实现秒表计时

一、任务要求

89C51 单片机片内有两个 16 位的定时器/计数器，有四种工作方式，可以实现定时、计数等功能。和延时程序比较，利用定时器可以得到更为精确的定时时间。使用定时器/计数器时，必须要进行初始化。本任务将通过几个实例，进一步提高读者对定时器/计数器的应用能力。

二、计数功能应用

当方式寄存器 TMOD 中的 C/$\overline{T}$为 1 时，定时器/计数器具有计数功能，此功能将记录外部输入脉冲的个数。使用 T0 时，外部脉冲需从 T0（P3.4）引脚输入；使用 T1 时，外部脉冲需从 T1（P3.5）引脚输入。此时要求外部计数脉冲的周期要大于两个单片机的机器周期，同时对外部计数脉冲的高、低电平的保持时间也有一定的要求。

应用举例：在图 6-4 所示的电路中，用按键模拟外部输入脉冲，利用计数功能记录外部 T0（P3.4）引脚输入脉冲的个数，并在数码管上显示出来。

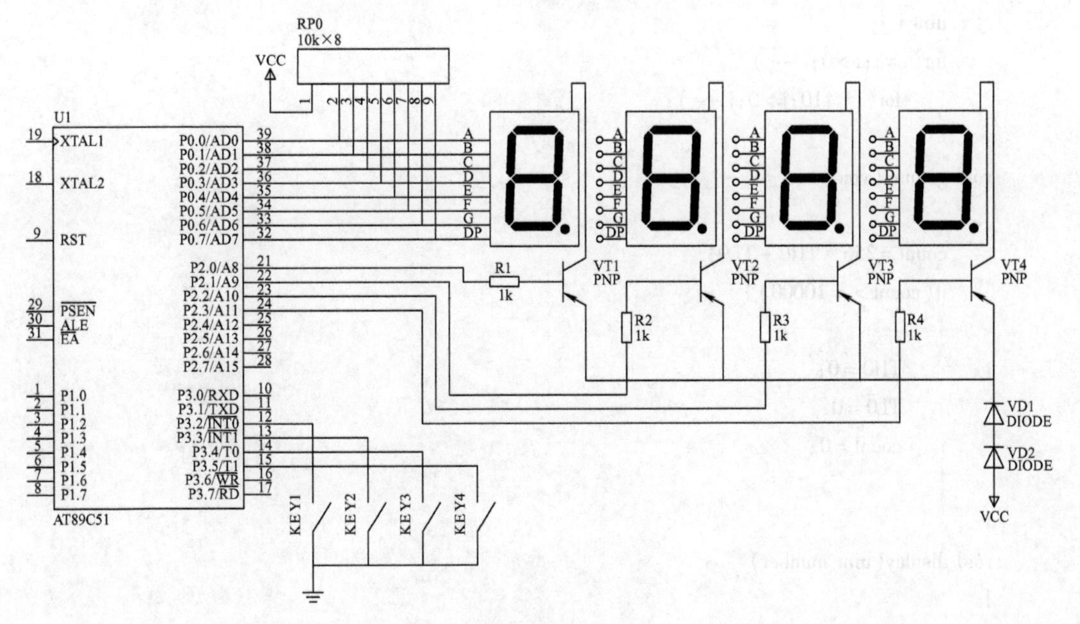

图 6-4　外部计数电路图

程序（chengxu6_2_1. c）如下：

```
#include "reg51. h"
#define uchar unsigned char
#define uint unsigned int
void display(uint number);              //声明 display 函数
void delay(uint t);                     //声明 delay 函数
void getnum();
uint count = 0;
uchar code DSY_CODE[] = {0xc0,0xf9,0xa4,0xb0,0x99,
                         0x92,0x82,0xf8,0x80,0x90,0xff};
main()
{
    TMOD = 0x05;
    TH0 = 0;
    TL0 = 0;
    TR0 = 1;
    while(1)
    {
        getnum();
        display(count);
    }
}
void delay(uint t)
{
    uint i,j;
    for(i = t;i > 0;i --)
        for(j = 110;j > 0;j --);
}
void getnum(void)
{
    count = 256 * TH0 + TL0;
    if(count > = 10000)
    {
        TH0 = 0;
        TL0 = 0;
        count = 0;
    }
}
void display(uint number)
{
    P0 = DSY_CODE[number/1000];         //取 number 的千位数值的字形码送 P0 口
    P2 = 0xfe;                          //点亮第 1 位
```

```
        delay(2);                              //短延时
        P2 = 0xff;                             //关显示
        P0 = DSY_CODE[(number%1000)/100];      //取百位数值的字形码送 P0 口
        P2 = 0xfd;                             //点亮第 2 位
        delay(2);                              //短延时
        P2 = 0xff;                             //关显示
        P0 = DSY_CODE[(number%100)/10];        //取十位数值的字形码送 P0 口
        P2 = 0xfb;                             //点亮第 3 位
        delay(2);                              //短延时
        P2 = 0xff;                             //关显示
        P0 = DSY_CODE[number%10];              //取个位数值的字形码送 P0 口
        P2 = 0xf7;                             //点亮第 4 位
        delay(2);                              //短延时
        P2 = 0xff;                             //关显示
}
```

初始化时设置 T0 工作于计数功能方式 1，P3.4 引脚每输入一个脉冲，TH0（高 8 位）、TL0（低 8 位）的值就会加 1，其最大可记录输入脉冲的个数为 65535 个，但由于只采用4 位数码管，所以显示数值不能超过 9999。初始化时必须启动定时器/计数器的运行，否则，输入脉冲无效。输入的脉冲最好能使用硬件消抖，否则，由于抖动的因素，会产生一次按键、多次计数的情况。

89C51 单片机只提供两个外部中断源，当外部中断源较多，而又不使用定时器/计数器的前提下，可以利用计数功能模拟实现外部中断源。举例：在图 6-5 所示的电路中，利用 T0 的计数功能模拟外部中断源，当 KEY3 键按下，产生外部中断信号时，让发光二极管闪烁 5 次，即实现程序 chengxu5_1_1. c 的功能，但此时外部中断源却在 P3.4 引脚。

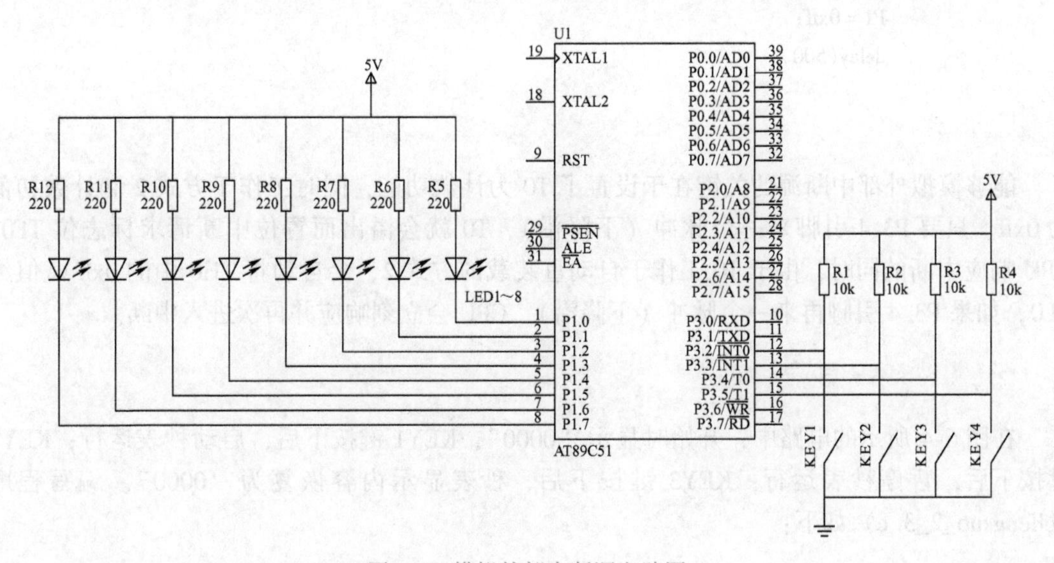

图 6-5　模拟外部中断源电路图

程序（chengxu6_2_2. c）清单如下：

```
#include "reg51. h"
```

```
void delay(unsigned int t)
{
    unsigned int i,j;
    for(i = t;i > 0;i -- )
      for(j = 110;j > 0;j -- );
}
main()
{
    P1 = 0xff;
    TMOD = 0x06;
    TH0 = 0xff;
    TL0 = 0xff;
    EA = 1;
    ET0 = 1;
    TR0 = 1;
    while(1);
}
void TIMER0() interrupt 1
{
    unsigned char i;
    for(i = 0;i < 5;i ++ )
    {
        P1 = 0x00;
        delay(500);
        P1 = 0xff;
        delay(500);
    }
}
```

能够模拟外部中断源的关键在于设置了 T0 为计数功能，同时工作于方式 2 和计数初值为 0xff。只要 P3.4 引脚来一个脉冲（下降沿），T0 就会溢出而置位中断请求标志位 TF0，CPU 响应中断的同时，由于 T0 工作于自动重装载的方式 2，会自动将 TH0 中的 0xff 赋值给 TL0，如果 P3.4 引脚再来一个脉冲（下降沿），CPU 会立刻响应并再次进入中断。

三、0～9999 秒表

在图 6-4 所示的电路中，开始时显示“0000”，KEY1 键按下后，启动秒表运行；KEY2 键按下后，暂停秒表运行；KEY3 键按下后，秒表显示内容恢复为“0000”。编写程序（chengxu6_2_3.c）如下：

```
#include "reg51.h"
#define uchar unsigned char
#define uint unsigned int
void display(uint number);                    //声明 display 函数
```

```
void delay(uint t);                           //声明 delay 函数
void keyscan(void);                           //声明 keyscan 函数
sbit   KEY1 = P3^2;                           //指定按键
sbit   KEY2 = P3^3;                           //指定按键
sbit   KEY3 = P3^4;                           //指定按键
uint count = 0,sec = 0;
uchar code DSY_CODE[] = {0xc0,0xf9,0xa4,0xb0,0x99,
                         0x92,0x82,0xf8,0x80,0x90,0xff};
main()
{
    TMOD = 0x01;
    TH0 = (65536 - 50000)/256;
    TL0 = (65536 - 50000)%256;
    EA = 1;
    ET0 = 1;
    while(1)
    {
        keyscan();
        display(sec);
    }
}
void delay(uint t)
{
    uint i,j;
    for(i = t;i > 0;i --)
      for(j = 110;j > 0;j --);
}
void keyscan(void)
{
    if(KEY1 == 0)                             //判断 KEY1 键是否按下
    {
        delay(5);                             //延时消抖
        if(KEY1 == 0)                         //KEY1 键确实按下
        {
            while(! KEY1)                     //等待键释放
              display(sec);                   //显示
            TR0 = 1;
        }
    }
    if(KEY2 == 0)                             //判断 KEY2 键是否按下
    {
        delay(5);                             //延时消抖
        if(KEY2 == 0)                         //KEY2 键确实按下
```

```
            {
                while(! KEY2)                  //等待键释放
                  display(sec);                //显示
                TR0 =0;
            }
        }
        if(KEY3 ==0)                           //判断 KEY3 键是否按下
        {
            delay(5);                          //延时消抖
            if(KEY3 ==0)                       //KEY3 键确实按下
            {
                while(! KEY3)                  //等待键释放
                  display(sec);                //显示
                sec =0;                        //显示内容清 0
            }
        }
}
void display(uint number)
{
        P0 = DSY_CODE[number/1000];            //取 number 的千位数值的字形码送 P0 口
        P2 =0xfe;                              //点亮第 1 位
        delay(2);                              //短延时
        P2 =0xff;                              //关显示
        P0 = DSY_CODE[(number%1000)/100];      //取百位数值的字形码送 P0 口
        P2 =0xfd;                              //点亮第 2 位
        delay(2);                              //短延时
        P2 =0xff;                              //关显示
        P0 = DSY_CODE[(number%100)/10];        //取十位数值的字形码送 P0 口
        P2 =0xfb;                              //点亮第 3 位
        delay(2);                              //短延时
        P2 =0xff;                              //关显示
        P0 = DSY_CODE[number%10];              //取个位数值的字形码送 P0 口
        P2 =0xf7;                              //点亮第 4 位
        delay(2);                              //短延时
        P2 =0xff;                              //关显示
}
void TIMER0(void) interrupt 1
{
        TH0 =(65536 -50000)/256;
        TL0 =(65536 -50000)%256;
        count ++;
        if(count >=20)
        {
```

```
            count = 0;
            sec ++ ;
            if( sec > = 10000)
               sec = 0;
        }
    }
```

程序首先进行定时器的初始化，定时器初值为50ms，即每50ms将产生中断，累计20次达到1s，为此设置了记录50ms个数的计数器count。1s时间到sec加1，由于只有4位数码管，所以当sec达到10000时，将其清0。通过控制定时器是否运行来控制秒表的启停。程序采用模块化结构设计，将具有特定功能的程序编写为相应的函数，看起来简单明了，层次清晰。

四、控制蜂鸣器发声

蜂鸣器是一种一体化结构的电子器件，广泛应用于计算机、打印机、复印机、报警器、电话机等电子产品中作发声器件。

蜂鸣器的发声原理是电流通过电磁线圈，使电磁线圈产生磁场来驱动振动膜发声。单片机I/O引脚带负载能力有限，因此需要使用驱动电路。单片机与蜂鸣器的接口电路如图6-6所示，使用一个PNP型晶体管来驱动蜂鸣器。晶体管的基极B经过限流电阻后由单片机的P3.7引脚控制，当P3.7引脚输出高电平时，晶体管截止，没有电流流过蜂鸣器；当P3.7引脚输出低电平时，晶体管导通，有电流流过蜂鸣器。当P3.7引脚输出某一频率的方波时，蜂鸣器就会发出声音，如果改变方波的频率，蜂鸣器发出的声调就会有变化，人耳能听到的声音频率范围是20~20000Hz。

1. “嘀、嘀……”报警声

在图6-6所示的电路中，编写程序，让蜂鸣器发出“嘀、嘀……”的报警声。

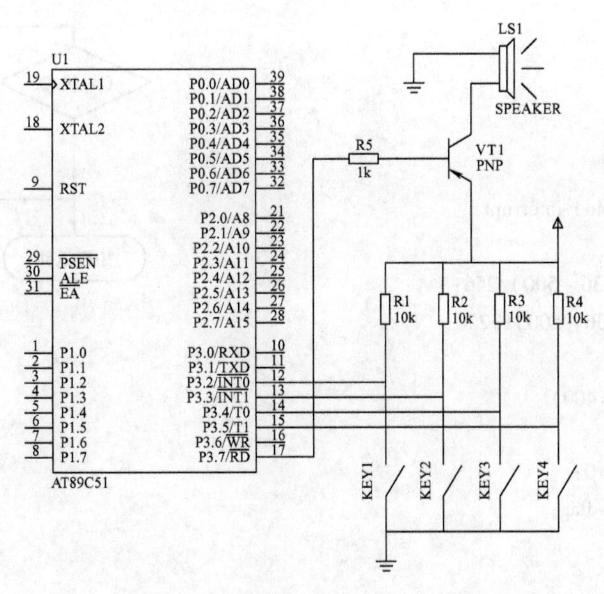

图6-6　单片机驱动蜂鸣器电路图

分析："嘀、嘀……"是常见的一种报警声。这种报警声要求嘀 0.2s，然后断 0.2s，如此循环下去。假设嘀声的频率为 1kHz，则报警声时序图如图 6-7 所示。

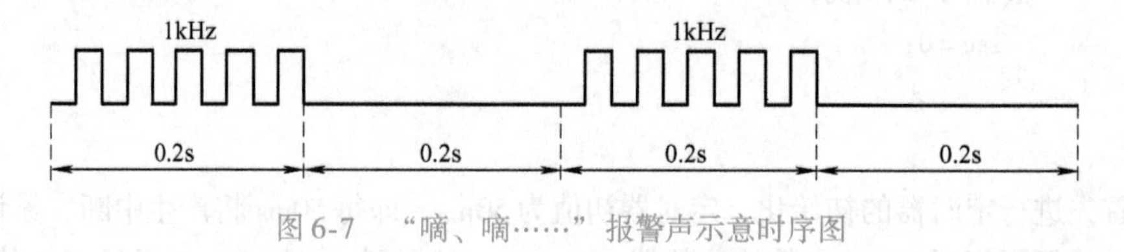

图 6-7 "嘀、嘀……"报警声示意时序图

对于 1kHz 的方波信号，周期为 1ms，高电平和低电平各占用 0.5ms，利用定时器 T0 来完成 0.5ms 的定时。上面的信号分成两部分：一部分为 1kHz 方波，占用时间为 0.2s；另一部分为低电平，也是占用 0.2s。而 0.2s 是 0.5ms 的 400 倍，因此设置计数器 count，利用其记录 0.5ms 的个数，当其值达到 400 时说明 0.2s 时间到。同时设置标志 flag，每 0.2s 标志 flag 翻转一次，当 flag = 0 时，P3.7 引脚输出 1kHz 的方波信号；当 flag = 1 时，P3.7 引脚输出电平信号。中断服务程序流程图如图 6-8 所示。

通过以上分析，编写程序（chengxu6_2_4.c）如下：

```
#include <reg51.h>
unsigned int count;
sbit sound = P3^7;
bit flag;
void main(void)
{
    TMOD = 0x01;
    TH0 = (65536 - 500)/256;
    TL0 = (65536 - 500)%256;
    TR0 = 1;
    ET0 = 1;
    EA = 1;
    while(1);
}
void TIMER0(void) interrupt 1
{
    TH0 = (65536 - 500)/256;
    TL0 = (65536 - 500)%256;
    count ++;
    if(count >= 400)
    {
        count = 0;
        flag = ~flag;
    }
    if(flag == 0)
    {
        sound = ~sound;
```

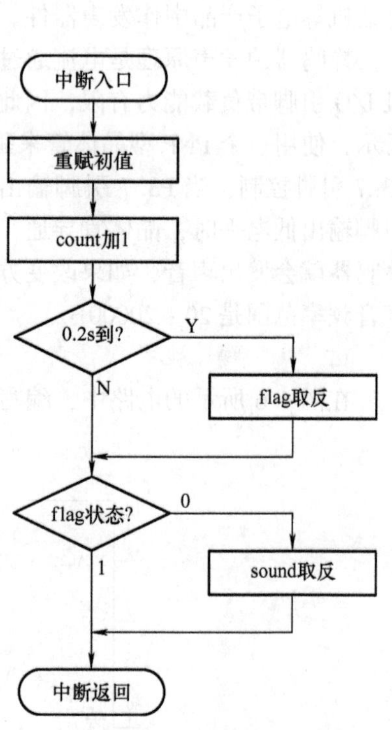

图 6-8 中断服务程序流程图

```
    }
}
```

任务还可以利用两个定时器完成：使用 T0 定时 500μs 产生 1kHz 的方波，使用 T1 产生 0.2s 定时，每隔 0.2s 将 T0 的运行控制位取反即可，程序（chengxu6_2_5.c）清单如下：

```
#include <reg51.h>
unsigned char count;
sbit sound = P3^7;
bit flag;
void main(void)
{
    TMOD = 0x11;
    TH0 = (65536 - 500)/256;
    TL0 = (65536 - 500)%256;
    TH1 = (65536 - 50000)/256;
    TL1 = (65536 - 50000)%256;
    TR1 = 1;
    ET0 = 1;
    ET1 = 1;
    EA = 1;
    while(1);
}
void TIMER0(void) interrupt 1
{
    TH0 = (65536 - 500)/256;
    TL0 = (65536 - 500)%256;
    sound = ~sound;
}
void TIMER1(void) interrupt 3
{
    TH1 = (65536 - 50000)/256;
    TL1 = (65536 - 50000)%256;
    count ++;
    if(count >=4)
    {
        count =0;
        TR0 = ~TR0;
    }
}
```

2. “叮咚”门铃

电路如图 6-6 所示，每按一次按键 KEY1，蜂鸣器便发出一次“叮咚”声。

分析：“叮”和“咚”的频率分别为 700Hz 和 500Hz，对应周期分别约为 1500μs 和

2000μs。可利用定时器T0定时250μs，700Hz的频率要经过3次250μs的定时，而500Hz的频率要经过4次250μs的定时。“叮”和“咚”声各占用0.5s，可利用变量count累计2000个250μs后实现0.5s定时。由于每次按键按下后，只发出一次“叮咚”声，所以第一个0.5s（flagID=0）发“叮”声；第二个0.5s（flagID=1）发“咚”声；以后（flagID=2）停止蜂鸣器发声，此时让定时器停止运行即可。中断服务程序流程图如图6-9所示。

“叮咚”门铃程序（chengxu6_2_6.c）清单如下：

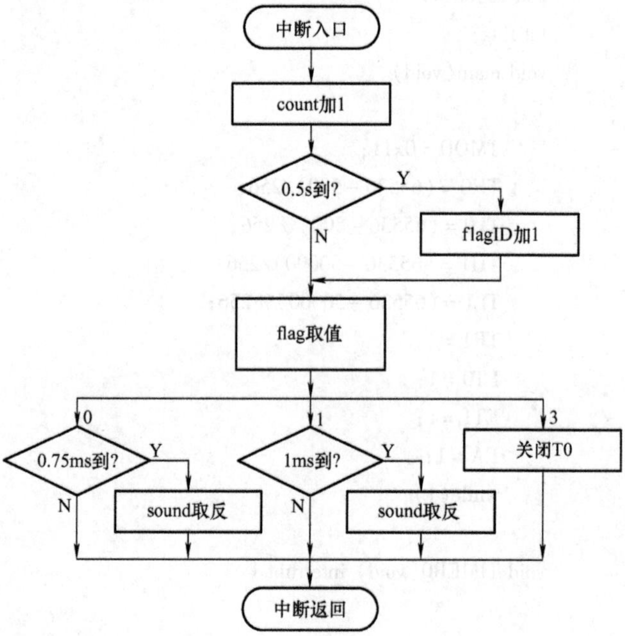

```
#include <reg51.h>
sbit sound = P3^7;
sbit KEY1 = P3^2;
unsigned char count700;
unsigned char count500;
unsigned char flagID;
unsigned int count;
void delay(int t)
{
    int i,j;
    for(i = t;i > 0;i -- )
      for(j = 110;j > 0;j -- );
}
void main(void)
{
    TMOD = 0x02;
    TH0 = 0x06;
    TL0 = 0x06;
    ET0 = 1;
    EA = 1;
    while(1)
    {
        if(KEY1 == 0)
        {
            delay(5);
            if(KEY1 == 0)
            {
                while(! KEY1); //等待键释放
                count700 = 0;
                count500 = 0;
                  count = 0;
                flagID = 0;
                TR0 = 1;
            }
        }
    }
```


图6-9　T0中断服务程序流程图

```
}
void TIMER0(void) interrupt 1
{
    count ++;
    if(count >= 2000)
      {count = 0;flagID ++;}
    switch(flagID)
    {
        case 0:if(count700 ++ >= 3)
                {count700 = 0;sound =~ sound;}
        break;
        case 1:if(count500 ++ > =4)
                  {count500 = 0;sound =~ sound;}
            break;
        default:TR0 = 0;
    }
}
```

五、拓展训练

1. 在图 6-4 所示的电路中，编写程序实现“00.00 ~ 99.99”秒表。按下 KEY1 键启动秒表运行；按下 KEY2 键暂停秒表运行；按下 KEY3 键将秒表清 0。

2. 在图 6-6 所示的电路中，让 P3.7 引脚循环依次输出以下频率的方波，每个频率的方波大概保持 0.3s（提示：可将各频率的定时初值放在一个表格中，利用查表法）：

523Hz、587Hz、659Hz、698Hz、784Hz、880Hz、988Hz、1046Hz。

项目七

设计制作LED电子显示屏

LED 点阵显示屏是单片机应用系统的又一种常用显示器件，本项目将介绍单片机对点阵显示屏的控制，希望读者能够学会单片机的串行口及其应用。

任务一　设计制作 8×8LED 点阵显示屏

一、任务要求

无论是单个发光二极管还是数码管，都不能显示字符汉字和一些特殊字符，更不能显示复杂的图像信息，这主要是因为它们没有足够的信息显示单位。LED 点阵显示屏是把很多的 LED 按矩阵方式排列在一起，通过对各个 LED 的亮灭控制来完成各种字符或图形的显示。本任务要求在 8×8 点阵显示屏上显示汉字“山”。

二、知识链接

点阵显示屏以发光二极管为像素，采用高亮度发光二极管芯阵列组合，由环氧树脂和塑模封装而成，具有亮度高、功耗低、引脚少、视角大、寿命长、耐湿、耐冷热、耐腐蚀等特点。常见的 LED 点阵显示模块有 5×7（5 列 7 行）、5×8、8×8 结构。5×7 点阵显示屏用于显示西文字母，5×8 点阵显示屏用于显示中西文，8×8 点阵显示屏用于显示中文文字，也可用于图形显示。用多块点阵显示屏组合则可构成大屏幕显示屏，实用装置常通过微机或单片机控制驱动。下面以 8×8 结构为例介绍点阵显示屏的结构、显示原理和使用方法。

1. 8×8LED 点阵显示屏简介

8×8LED 点阵显示屏的外形及引脚图如图 7-1 所示，其等效电路图如图 7-2 所示。

从等效电路图可以看出，点阵显示屏内部连接线有行线（Y 方向）和列线（X 方向），每个 LED 都处于行线和列线的交点，阳极和阴极各接所在交点的行线和列线。只要 LED 正偏（Y 方向为 1，X 方向为 0），就能点亮发光。如 Y7(0)=1，X7(H)=0 时，则对应点阵显示屏右下角的 LED 会发光。实际应用时，各 LED 还需接限流电阻，限流电阻既可接在 X 轴，也可接在 Y 轴。

2. LED 点阵显示屏的显示方式

LED 点阵显示屏的特定内部结构决定了其采用动态扫描驱动方式进行显示，由于 LED 管芯大多为高亮度型，因此某行或某列的单体 LED 驱动电流可选用窄脉冲，但其平均电流

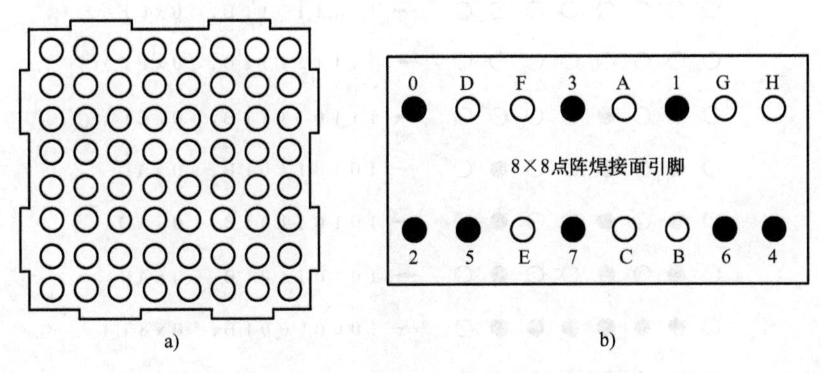

图 7-1 8×8LED 点阵显示屏的外形和引脚图

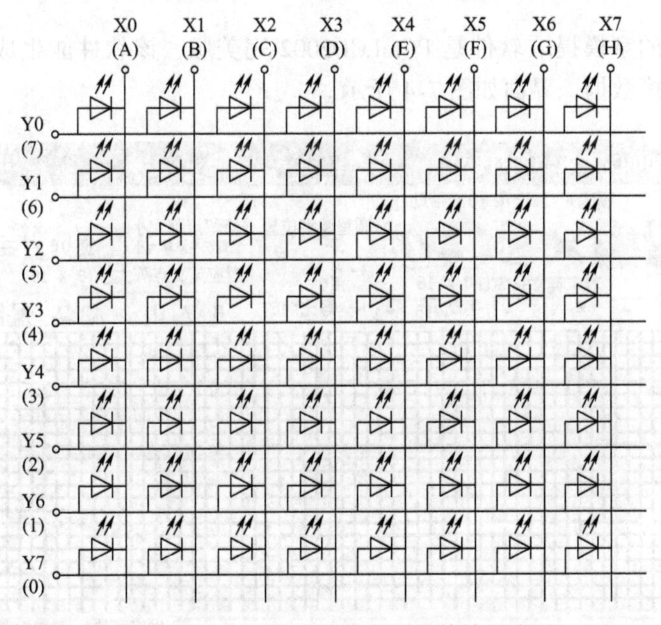

图 7-2 8×8LED 点阵显示屏的等效电路图

应限制在 20mA 内。多数点阵显示屏的单体 LED 的正向电压降在 2V 左右，但大亮点的点阵显示屏单体 LED 的正向电压降可达 6V。

3. LED 点阵显示屏的显示原理

8×8 点阵显示屏共用 64 个发光二极管组成，且每个发光二极管是放置在行线和列线的交叉点上，如图 7-2 所示，当对应点所在列置低电平、所在行置高电平时，则该点二极管被点亮。为了让 LED 点阵显示屏显示的内容丰富，加入高电平的行变化时，各列所送入的电平值不可能完全一致。如同数码管的动态扫描显示有段码（字形码）一样，按顺序各列送出的电平值将是一组二进制代码，这些代码就称为字模。汉字“山”的字模如图 7-3 所示。

无论显示何种字体或图像，都可以用这个方法来分析出它的扫描代码从而显示在屏幕上。我国的汉字有很多，且在 UCDOS 中文宋体字库中，每一个字由 16 行 16 列的点阵组成显示，即国标汉字库中的每一个字均由 256 点阵来表示。如果对每个汉字都自己去画表格算代码，将会浪费大量的时间和精力，此时可以使用字模提取软件。

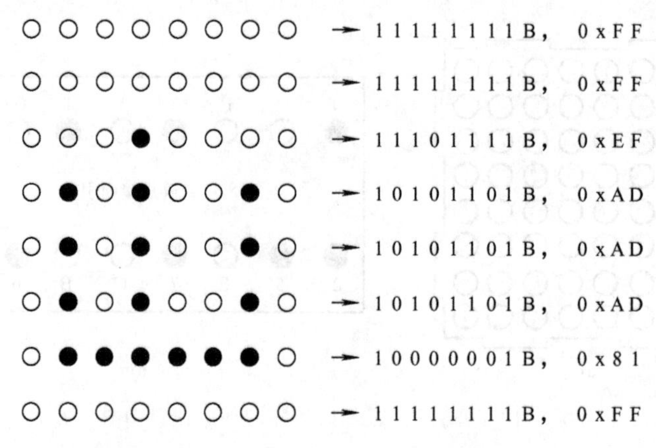

图 7-3　汉字“山”取模示意图

目前普遍使用的字模提取软件是 PCtoLCD2002 完美版，该软件能生成中、英文及数字混合的字符串的字模数据，界面如图 7-4 所示。

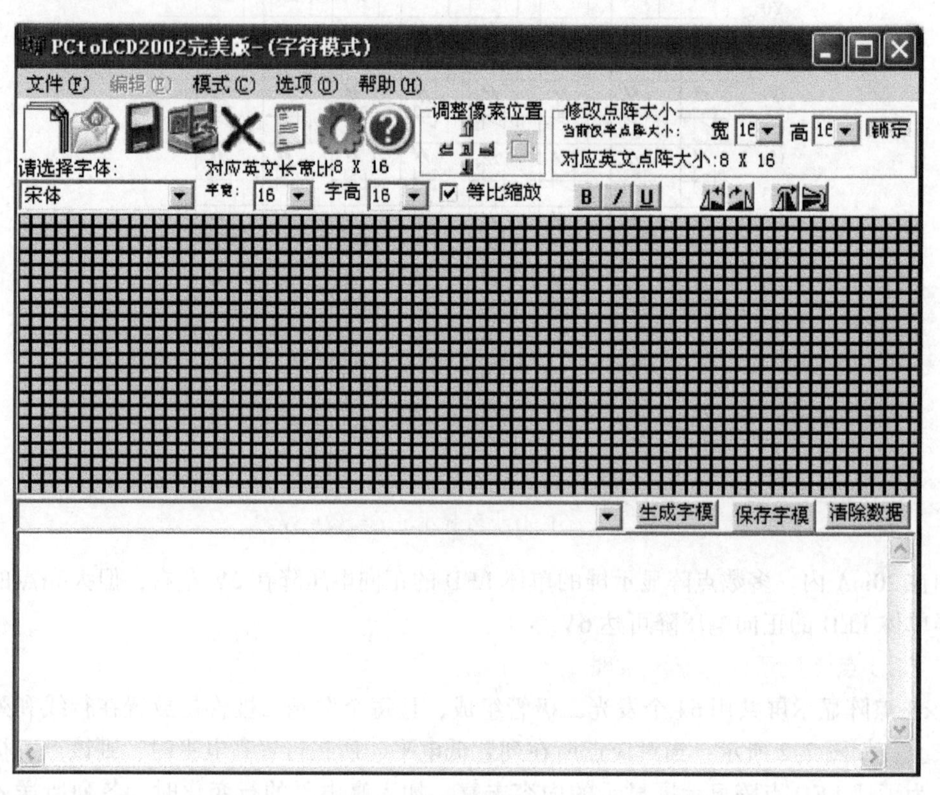

图 7-4　字模提取软件界面

PCtoLCD2002 完美版字模提取软件使用非常简单，主要功能有：可选择多种字体；旋转、翻转文字功能；任意调整输出点阵大小，并可以调整字符在点阵中的位置；系统预设了 C 语言和汇编语言两种数据输出格式，输出数据细节可自行定义；支持四种取模方式：逐行（就是横向逐行取点）、逐列（纵向逐列取点）、行列（先横向取第一行的 8 个点作为第一个字节，然后纵向取第二行的 8 个点作为第二个字节……）、列行（先纵向取第一列的前 8 个

点作为第一个字节，然后横向取第二列的前 8 个点作为第二个字节……）；支持阴码（亮点为 1）、阳码（亮点为 0）取模；支持纵向（第一位为低位）取模；输出数制可选十六进制或十进制；可生成索引文件，用于在生成的大量字库中快速检索到需要的汉字；动态液晶面板仿真，可调节仿真面板像素点的大小和颜色；图形模式下可任意用鼠标作画，左键画图，右键擦图。

三、电路

单片机和 8 ×8LED 点阵显示屏的接口电路如图 7-5 所示。P0 口输出行码信息，P2 口输出列码信息。为了增加点阵显示屏的驱动电流，减少单片机端口的负载，选用两个驱动电路 74HC245。两个 74HC245 的数据都需要由 A 向 B 传输，所以引脚 AB/$\overline{\text{BA}}$接高电平，使能端$\overline{\text{CE}}$接低电平。

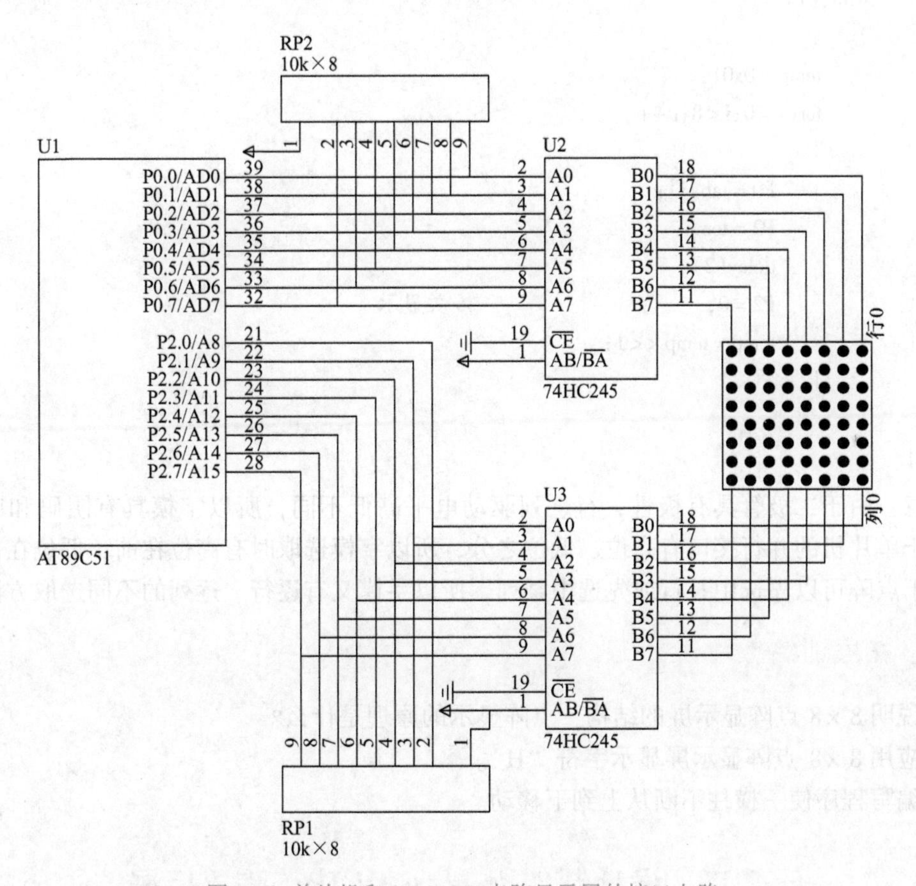

图 7-5　单片机和 8 ×8LED 点阵显示屏的接口电路

四、程序设计及分析

8 ×8 LED 点阵显示屏与 LED 数码管的结构不尽相同，但它们的显示原理及过程是一样的，都需要动态扫描显示及关显示，编写程序（chengxu7_1_1. c）如下：

```
#include" reg51. h"
```

```
#define uchar unsigned char
#define uint unsigned int
void delay(uint t)
{
    uint i,j;
    for(i = t;i > 0;i -- )
        for(j = 110;j > 0;j -- );
}
main()
{
    uchar temp,i;
    uchar tab[] = {0xff,0xff,0xef,0xad,0xad,0xad,0x81,0xff};
    while(1)
    {
        temp = 0x01;
        for(i = 0;i < 8;i ++ )
        {
            P0 = tab[i];
            P2 = temp;
            delay(2);
            P2 = 0;                    //关显示
            temp = temp << 1;
        }
    }
}
```

注意：由于二极管具有极性，行、列驱动电平高低不同，所以字模具有阴码和阳码之分；由于单片机的并行接口有高位、低位之分，所以字模选取时有高位在前、低位在前的区别；由于点阵可以先选中某行或先选中某列，所以字模又有逐行、逐列的不同选取方法。

五、拓展训练

1. 说明 8×8 点阵显示屏的结构，点阵显示的原理是什么？
2. 应用 8×8 点阵显示屏显示字符“H”。
3. 编写程序使一横柱不断从上到下移动。

任务二　设计制作 16×16 LED 点阵显示屏

一、任务要求

国标汉字库中的每一个字均由 256 点阵来表示，所以要想完整地显示一个汉字，至少需要 16×16 点阵显示屏。本任务就是设计制作一个 16×16 点阵显示屏，编写程序显示“好”字。通过本任务的学习，读者可学会利用单片机的串行口扩展 I/O 口的方法，以及编写简单的单片机串行口应用程序。

二、知识链接

串行通信概念

多点阵显示屏一般由8×8点阵显示屏级联得到，一个8×8点阵显示屏需要8行、8列共16根引线，一个16×16点阵显示屏则需要32根引线。如果再多些点阵，则单片机的I/O口就不够用了，此时必须使用外围器件扩展I/O口。实际使用时，经常利用单片机的串行口来扩展I/O口。

单片机在工作过程中，不可避免的总要和外围设备进行信息和数据的交换，即通信。在数码管动态显示电路中，P0口输出的8位段码数据利用8根传输线同时传输，采用的是并行通信方式。这8位数据还可以只用一根传输线，一位一位地按顺序传输，即采用串行通信方式。和并行通信相比，串行通信具有节省传输线的优点，但传输效率低。例如传输一个字节，并行通信只需要1个单位时间，而串行通信至少需要8个单位时间。由此可见，串行通信适合于长距离、低速率的数据传输；并行通信适合于短距离、高速率的数据传输。随着计算机外围设备使用越来越多，设备的串行口化趋势明显，大家熟悉的USB接口就是串行接口。

串行口的结构

89C51单片机内部有一个功能很强的串行口，不仅可以进行串行通信，还可以用来扩展I/O口，使用起来非常方便。

1. 89C51单片机串行口内部结构

89C51单片机串行口利用P3.0和P3.1（P3口第二功能）进行数据的传输。其结构框图如图7-6所示，内部有两个独立的缓冲器SBUF，一个为发送SBUF，一个为接收SBUF。当利用串行口传输数据时，无论发送还是接收，都必须经过缓冲器SBUF完成。当CPU发送数据时，需要将待发数据写到发送SBUF；当串行口接收数据完毕时，CPU通过读取接收SBUF的内容获取数据。所以，虽然两个缓冲器共用一个字节地址0x99，但使用时也不会引起混淆。读是对接收缓冲器的操作，写是对发送缓冲器的操作。例如：语句“SBUF = outdata;”就是将数据送至发送缓冲器SBUF；语句“getdata = SBUF;”就是读取接收缓冲器的数据。

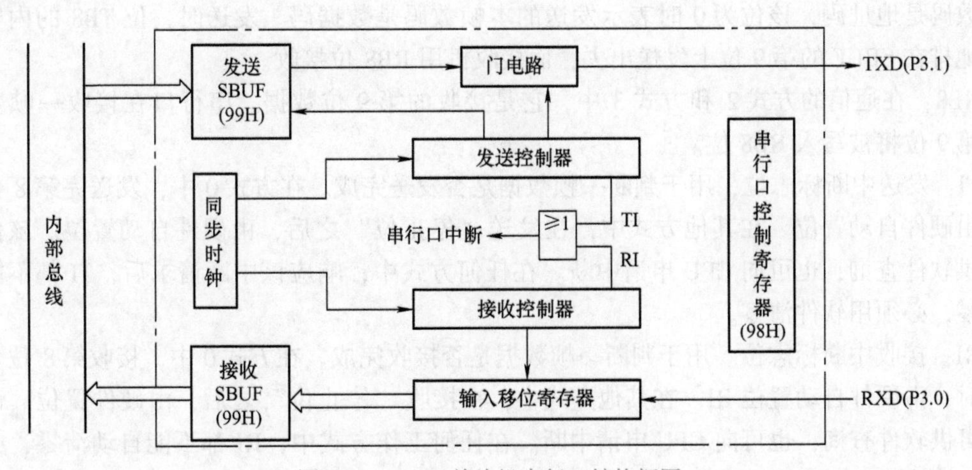

图7-6　89C51单片机串行口结构框图

2. 串行口控制寄存器 SCON

SCON 是串行通信中最重要的一个寄存器，该寄存器字节地址为 0x98，可以进行位寻址。SCON 的格式如下：

位	D7	D6	D5	D4	D3	D2	D1	D0
SCON	SM0	SM1	SM2	REN	TB8	RB8	TI	RI
位地址	9FH	9EH	9DH	9CH	9BH	9AH	99H	98H

SCON 各位的功能如下：

SM0、SM1：用于定义串行口的工作方式，见表 7-1，各方式的功能和工作过程详见后面内容。

表 7-1　串行口工作方式

SM0	SM1	工作方式	功能说明
0	0	方式 0	8 位同步移位寄存器方式（$f_{osc}/12$）
0	1	方式 1	10 位 UART（波特率可变）
1	0	方式 2	11 位 UART（波特率为 $f_{osc}/32$ 或 $f_{osc}/64$）
1	1	方式 3	11 位 UART（波特率可变）

SM2：若 SM2 =0，则接收到的第 9 位数据（RB8）无论是 0 还是 1，都将接收到的数据装入 SBUF，同时产生 RI =1 的中断标志。若 SM2 =1，只有接收到的第 9 位数据（RB8）为 1 时，才将接收到的数据装入 SBUF 中，产生中断请求，置位 RI；否则，如果接收到的第 9 位数据（RB8）为 0，则 RI（接收中断）不被激活，接收数据也将被丢弃。

REN：允许串行口接收控制位，由软件置位或清除。软件置 1 时，串行口进入接收状态，清零后禁止接收。

TB8：在通信的方式 2 和方式 3 中，它是发送的第 9 位数据，用于传输用户定义的信息，可以用软件置位和清零，该位可以作为奇偶校验位。在多机通信时，该位为 1 时表示发送的本帧数码是地址码，该位为 0 时表示发送的本帧数码是数据码。发送时，位 TB8 的内容将自动地排在 SBUF 的第 9 位上发送出去，而接收机用 RB8 位接收。

RB8：在通信的方式 2 和方式 3 中，它是接收的第 9 位数据。串行口在接收一帧数据时，第 9 位将被写入 RB8 位。

TI：发送中断标志位，用于判断一帧数据是否发送完成。在方式 0 中，发送完第 8 位数据时由硬件自动置位。在其他方式中，在发送“停止位”之后，由硬件自动置位。该位状态可供软件查询，也可向 CPU 申请中断。在任何方式中，响应该中断请求后，TI 都不能自动清零，必须用软件清零。

RI：接收中断标志位。用于判断一帧数据是否接收完成。在方式 0 中，接收第 8 位数据结束时，由硬件自动置位 RI。在其他方式中，在接收“停止位”之后，由硬件置位。该位状态可供软件查询，也可向 CPU 申请中断。在任何工作方式中，RI 都不能自动清零，必须用软件清零。

当串行口采用中断方式时，两个中断标志位 TI 和 RI 共用一个中断源和一个中断入口地

址，因此在同时使用这两个中断时，应该在中断服务子程序中先判断是哪一个标志位提出了中断申请，并清除标志位后，再进入相应的中断服务内容。

当 SCON 中的 SM0 和 SM1 两位为 00 时，串行口选择工作方式 0。

3. 串行口方式 0 介绍

串行口工作方式 0 为同步移位寄存器方式，同步通信要求收、发两端的时钟严格保持同步。方式 0 的波特率是固定的，为 $f_{osc}/12$，即一个机器周期传输一位二进制信息。波特率用来表示每秒钟传输多少位二进制数，用位/秒（bit/s）来表示，波特率的大小表明串行通信中数据传输速率的快慢。

发送时，数据从 RXD 引脚串行输出，TXD 引脚输出同步脉冲。当一个数据写入串行口发送缓冲器 SBUF 时，串行口将 8 位数据以 $f_{osc}/12$ 的固定波特率从 RXD 引脚输出，低位在前，高位在后。发送后置中断标志 TI 为 1，请求中断。CPU 响应中断后，必须用软件将 TI 清零。

接收时，接收器对 RXD 引脚输入的数据进行接收，TXD 引脚输出同步脉冲。当接收器接收完 8 位数据后，置中断标志 RI 为 1，请求中断。CPU 响应中断后，必须用软件将 RI 清零。

三、电路

本任务的电路如图 7-7 所示，由 4 个 8×8 点阵显示屏级联得到一个 16×16 点阵显示屏。

图 7-7 中，74154 是一个 4-16 译码器，当选通端（E1、E2）均为低电平时，可将地址端（ABCD）的二进制编码在一个对应的输出端，以低电平译出，其真值表见表 7-2 。注意：由于 74154 输出低电平控制点阵的行，所以设计电路板时，点阵的行应接入低电平时有效。

表 7-2　4-16 译码器 74154 的真值表

输　入						输　出															
E1	E2	D	C	B	A	15	14	13	12	11	10	9	8	7	6	5	4	3	2	1	0
0	0	0	0	0	0	1	1	1	1	1	1	1	1	1	1	1	1	1	1	1	0
0	0	0	0	0	1	1	1	1	1	1	1	1	1	1	1	1	1	1	1	0	1
0	0	0	0	1	0	1	1	1	1	1	1	1	1	1	1	1	1	1	0	1	1
0	0	0	0	1	1	1	1	1	1	1	1	1	1	1	1	1	1	0	1	1	1
0	0	0	1	0	0	1	1	1	1	1	1	1	1	1	1	1	0	1	1	1	1
0	0	0	1	0	1	1	1	1	1	1	1	1	1	1	1	0	1	1	1	1	1
0	0	0	1	1	0	1	1	1	1	1	1	1	1	1	0	1	1	1	1	1	1
0	0	0	1	1	1	1	1	1	1	1	1	1	1	0	1	1	1	1	1	1	1
0	0	1	0	0	0	1	1	1	1	1	1	1	0	1	1	1	1	1	1	1	1
0	0	1	0	0	1	1	1	1	1	1	1	0	1	1	1	1	1	1	1	1	1
0	0	1	0	1	0	1	1	1	1	1	0	1	1	1	1	1	1	1	1	1	1
0	0	1	0	1	1	1	1	1	1	0	1	1	1	1	1	1	1	1	1	1	1
0	0	1	1	0	0	1	1	1	0	1	1	1	1	1	1	1	1	1	1	1	1

（续）

输入						输出															
E1	E2	D	C	B	A	15	14	13	12	11	10	9	8	7	6	5	4	3	2	1	0
0	0	1	1	0	1	1	1	0	1	1	1	1	1	1	1	1	1	1	1	1	1
0	0	1	1	1	0	1	0	1	1	1	1	1	1	1	1	1	1	1	1	1	1
0	0	1	1	1	1	0	1	1	1	1	1	1	1	1	1	1	1	1	1	1	1
0	1	X	X	X	X	1	1	1	1	1	1	1	1	1	1	1	1	1	1	1	1
1	0	X	X	X	X	1	1	1	1	1	1	1	1	1	1	1	1	1	1	1	1
1	1	X	X	X	X	1	1	1	1	1	1	1	1	1	1	1	1	1	1	1	1

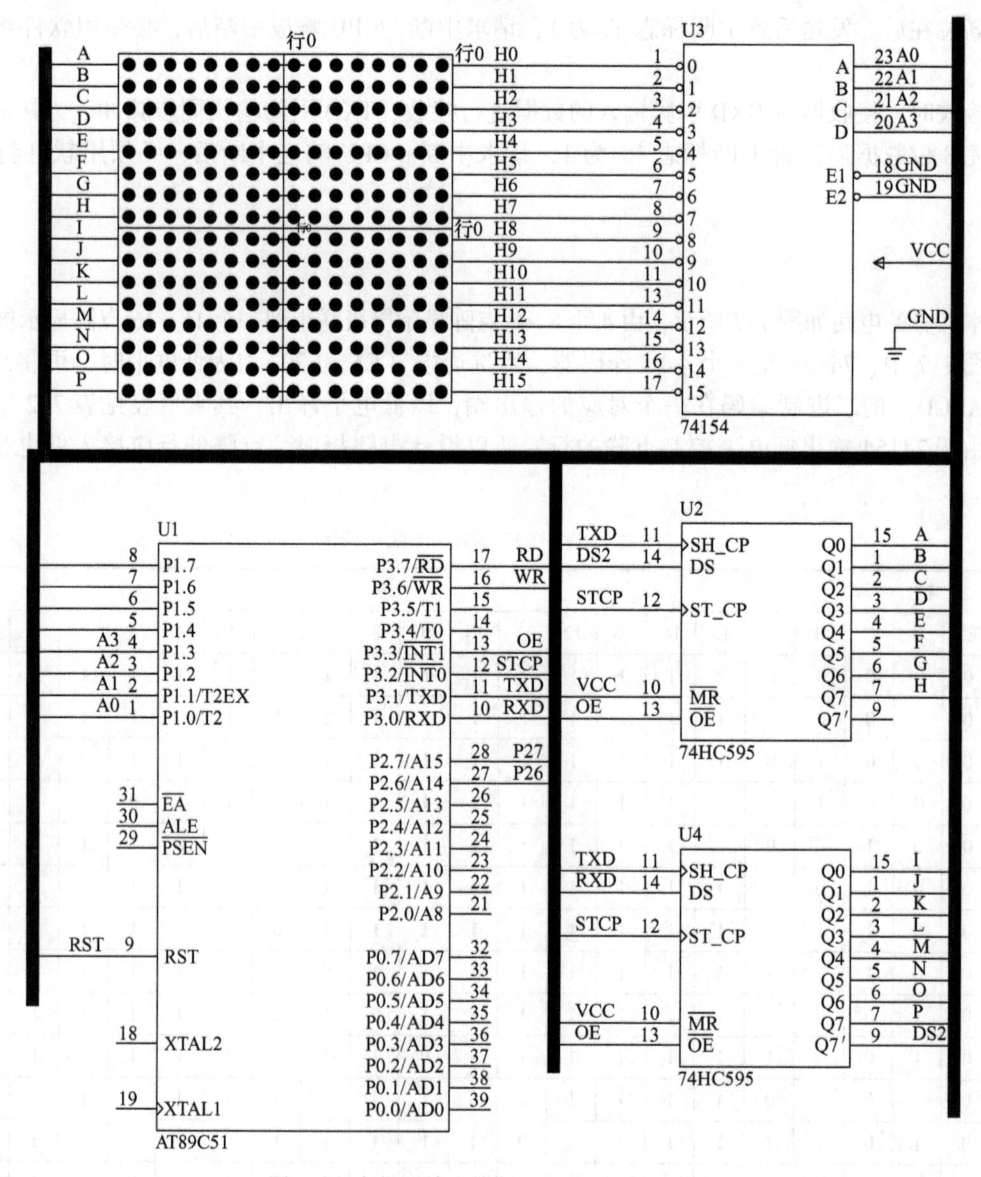

图 7-7　串行口输出控制 16×16 点阵电路图

图7-7中的74HC595是一个8位串行输入、并行输出的移位寄存器，有数据存储寄存器，在移位的过程中，输出端的数据可以保持不变。各引脚功能如下：

Q0～Q7：八位并行输出端。

Q7′（9脚）：级联输出端，可以将它接下一个74HC 595的DS端。

DS（14脚）：串行数据输入端。

$\overline{\text{MR}}$（10脚）：清零端，低电平时将移位寄存器的数据清零，通常将它接VCC。

SH_CP（11脚）：移位寄存器时钟输入端，上升沿时数据寄存器的数据移位，即Q0→Q1→Q2→…→Q7，下降沿移位寄存器数据不变。

ST_CP（12脚）：存储寄存器时钟输入端，上升沿时移位寄存器的数据进入数据存储寄存器，下降沿时存储寄存器数据不变。通常将ST_CP置为低电平，当移位结束后，在ST_CP端产生一个正脉冲，更新输出数据。

$\overline{\text{OE}}$（13脚）：输出使能端，低电平输出有效，高电平时禁止输出（输出为高阻态）。

74HC595的逻辑功能由表7-3列出。

表7-3　74HC595的逻辑功能

输入					输出		功能
SH_CP	ST_CP	$\overline{\text{OE}}$	$\overline{\text{MR}}$	DS	Q7′	Qn	
×	×	L	↓	×	L	NC	$\overline{\text{MR}}$为低电平时仅影响移位寄存器
×	↑	L	L	×	L	L	清移位寄存器，输出寄存器为0
×	×	H	L	×	L	Z	清移位寄存器，输出为高阻状态
↑	×	L	H	H	Q_6′	NC	移位寄存器的内容移位
×	↑	L	H	×	NC	Qn′	移位寄存器的内容到达保持寄存器并从并行口输出
↑	↑	L	H	×	Q6′	Qn′	移位寄存器内容移入，先前的移位寄存器的内容到达保持寄存器并输出

可以看出，16×16点阵的16行由单片机的P1口输出，经74154译码控制；其16列由单片机的串行口输出，经两个74HC595级联控制。第一个74HC595的移位输出要送给第二个74HC595的移位输入端。串行口和两个74HC595同步移位，所以单片机的移位脉冲TXD输出送给两个74HC595的SH_CP。用单片机的P3.2和P3.3分别控制74HC595的ST_CP和输出控制端$\overline{\text{OE}}$。

四、程序设计及分析

编写程序（chengxu7_2_1.c）如下：

```
#include"reg51.h"
#define uchar unsigned char
#define uint unsigned int
sbit STCP = P3^2;
sbit OE = P3^3;
void delay(uint t)
```

```
    {
        uint i,j;
        for(i = t;i > 0;i -- )
            for(j = 110;j > 0;j -- );
    }
out595(uchar outdata)
    {
        SBUF = outdata;
        while(TI == 0);                     //等待发送完毕
        TI = 0;
    }
main()
    {
        uchar i;
                                            //取模方式:阴码、顺向、逐行式
        uchar code tab[] = {0x10,0x00,0x10,0xFC,0x10,0x04,0x10,0x08,
                            0xFC,0x10,0x24,0x20,0x24,0x20,0x25,0xFE,
                            0x24,0x20,0x48,0x20,0x28,0x20,0x10,0x20,
                            0x28,0x20,0x44,0x20,0x84,0xA0,0x00,0x40};/*好*/
        SCON = 0x00;                        //初始化串行口,方式 0
        while(1)
        {
            for(i = 0;i < 16;i ++ )         //共 16 行
            {
                P1 = i;                     //送行信号
                out595(tab[2 * i + 1]);     //每行 2 个字节的字模
                out595(tab[2 * i]);
                STCP = 0;STCP = 1;
                OE = 0;
                delay(2);
                OE = 1;                     //关显示
            }
        }
    }
```

如果将串行口当作普通 I/O 口，根据 74HC595 的特性，传送给 74HC595 一个字节的数据，程序还可以编写为如下形式：

```
sbit dat_pin = P3^0;
sbit clk_pin = P3^1;
void out595(uchar number)
    {
        uchar i,dat;
        dat = number
        for(i = 0;i < 8;i ++ )
        {
            clk_pin = 0;
```

```
        if( dat & 0x01)
            dat_pin = 1;
        else dat_pin = 0;
        clk_pin = 1;
        clk_pin = 0;
        dat >> = 1;
    }
}
```

五、拓展训练

1. 简述89C51单片机串行口方式0的特点及工作过程。

2. 设计电路，利用两个74HC595级联扩展单片机的I/O口，每个74HC595接一个数码管。

3. 编写程序，在第2题电路中，使数码管循环显示00~99。

4. 应用图7-7所示的16×16点阵显示屏轮流显示“你”“好”两个字。

任务三　远程控制显示内容

一、任务要求

比较而言，个人计算机（PC）具有更强的信息处理能力。实际应用中经常需要将单片机采集到的现场数据传送给PC集中处理，或者由PC发出命令，各终端（单片机）执行。本任务要求由PC发出不同数据，单片机接收后从P1口输出，控制LED的亮灭，从而验证接收数据是否正确。

二、知识链接

89C51单片机的串行口在方式1~3为异步通信模式，即通信时发送端和接收端的时钟可以彼此独立，不需要同步。此时串行口是全双工异步串行通信接口，简称UART。

串行口工作方式1

1. 串行口工作方式1

当SM0、SM1为01时，串行口工作在方式1，TXD（P3.1引脚）为发送端，RXD（P3.0引脚）为接收端。一帧数据为10位，其格式如下：

起始位	8位数据位								停止位
0	D0	D1	D2	D3	D4	D5	D6	D7	1

串行口以方式1发送时，CPU执行一条语句“SBUF = outdata;”，数据写入发送缓冲器SBUF，启动发送器发送。发送时TXD引脚将依次输出一位起始位“0”、8位数据位（先低位后高位）和一位停止位“1”。当发送完数据后，置中断标志TI为1。

当串行口置为方式1，且REN = 1时，串行口处于方式1的接收状态。接收器对RXD引脚状态进行采样时，如果接收到由1到0的负跳变，就启动接收器，开始接收数据。在方式1接收时，必须同时满足以下条件：RI=0和停止位为1或SM2=0。接收数据有效，进入SBUF，停止位进入RB8，并将中断请求标志RI置1。若任何一个条件不满足，则该组数据丢失，不再恢复。这时将重新检测RXD上1到0的负跳变，准备接收下一帧数据。中断标志位必须由用户在程序中清零。

方式1的波特率取决于定时器TI的溢出率和特殊功能寄存器PCON中最高位SMOD的值。注意：PCON为电源控制寄存器，是特殊功能寄存器，字节地址为0x87，不可位寻址。它的低7位全都用于单片机的电源控制，只有PCON的最高位SMOD用于串行口波特率系数的控制。方式1波特率的计算公式为

$$\text{波特率}=\frac{2^{\text{SMOD}}}{32}\times\text{定时器 T1 的溢出率}$$

定时器T1的溢出率即每秒钟溢出的次数，计算公式为

$$\text{定时器 T1 的溢出率}=\frac{f_{\text{osc}}}{12}\left(\frac{1}{2^{k}-N}\right)$$

式中，k为定时器T1的计数位数；N是定时器T1的预置初值；f_{osc}为晶振频率。

选择定时器T1作为波特率发生器，通常将其设置为定时器方式2（且TCON的TR1=1，启动定时器），可以不用重新装入初值。在实际使用时，一般是固定一个通信波特率，然后去计算T1的预置初值N，其计算公式如下：

$$N=256=\frac{2^{\text{SMOD}}\times f_{\text{osc}}}{\text{波特率}\times 32\times 12}$$

例如，系统的时钟频率为12MHz，通信波特率为2400bit/s，当SMOD=1时，那么定时器T1的预置初值为

$$N=256-\frac{2^{1}\times 12\times 10^{6}}{2400\times 32\times 12}\approx 230=\text{E6H}$$

2. 串行口工作方式2和方式3

串行口工作方式2和3

当SM0、SM1为10时，串行口为工作方式2，一帧数据为11位，其中包括一位起始位“0”、8位数据位（先低位后高位）、一位可编程位（D8位）和一位停止位“1”。发送时可编程位装入SCON中的TB8，根据需要装入“0”或“1”。它由软件置位或清零，可作为多机通信中地址/数据的标志位，也可作为数据的奇偶校验位。一帧数据的格式如下：

起始位	8位数据位								可编程位	停止位
0	D0	D1	D2	D3	D4	D5	D6	D7	D8	1

方式2的发送与方式1类似，单片机在数据写入SBUF之前，先将数据的可编程位写入TB8。CPU执行一条给SBUF赋值的命令后，便立即启动发送器发送，发送完毕，置发送请求标志位为1。必须用软件将TI清零。

方式2的接收与方式1类似，当REN=1时，串行口接收数据。当接收器对RXD端输入时，接收11位数据信息，其中包括一位起始位“0”、8位数据位（先低位后高位）、一位可控“1”或“0”的第9位数据、一位停止位“1”。当接收器收到第9位数据后，如

RI=0且SM2=0或接收到的第9位数据位为1时，将收到的数据送入SBUF（接收数据缓冲器），第9位数据送入RB8，并对RI置1；若以上两个条件均不满足，则接收信息丢失。

当SM0、SM1为11时选择工作方式3，除了波特率可变与方式2有所区别之外，其余都与方式2相同。

方式2的波特率是固定的，其波特率为$f_{osc}/32$或$f_{osc}/64$，根据PCON中SMOD位的状态来选择波特率。计算公式为

$$波特率=\frac{2^{SMOD}}{64}f_{osc}$$

方式3的波特率是可变的，其计算方法与方式1相同。

在双机通信中，只要双方的波特率一致就能够完成通信；但是在标准的异步通信协议中，只有几种波特率是适用的，如1200bit/s、2400bit/s、4800bit/s、9600bit/s…。而通过计算可以看出，并不是所有的晶振频率都能够得到准确的上述波特率。比如采用12MHz晶振，代入公式进行运算，就无法得到4800bit/s的准确波特率（TH1必须为小数）。在这种情况下，可以采用很多通信专用的晶振，例如3.6864MHz、11.0592MHz…的晶振，都能够直接得到准确的波特率。表7-4列出了各种常用的波特率及其获得方法。

表7-4　常用波特率和定时器T1的参数关系

波特率	f_{OSC}/MHz	SMOD	定时器T1		
			$C/\overline{T}$	模式	初始值
方式0：1Mbit/s	12	×	×	×	×
方式2：375kbit/s	12	1	×	×	×
方式1、3：62.5kbit/s	12	1	0	2	FFH
19.2kbit/s	11.0592	1	0	2	FDH
9.6kbit/s	11.0592	0	0	2	FDH
4.8kbit/s	11.0592	0	0	2	FAH
2.4kbit/s	11.0592	0	0	2	F4H
1.2kbit/s	11.0592	0	0	2	E8H
137.5kbit/s	11.0592	0	0	2	1DH
110bit/s	6	0	0	2	72H
110bit/s	12	0	0	1	FEEBH

3. RS-232C通信协议

单片机可以利用串行口实现和PC的通信，这需要了解PC的一些特性。

串行口通信协议

RS-232C标准是美国EIA（电子工业联合会）与BELL等公司一起开发并于1969年公布的通信协议，目前该通信协议在微机通信接口中广泛使用，在IBM PC上的COM1、COM2接口，就是选用了RS-232接口。RS-232C标准包括了按位串行传输的电气和机械方面的规定，适用于数据终端设备和数据通信设备之间的接口。

（1）机械特性　RS-232C接口规定使用25针连接器，连接器的尺寸及每个插针的排列位置都有明确的定义。在实际应用中，常常使用9针连接器代替25针连接器。连接器引脚定义如图7-8所示。

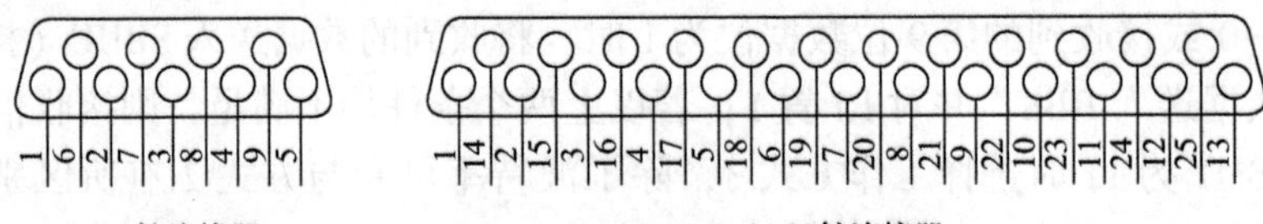

图7-8　9针和25针连接器引脚定义

（2）功能特性　RS-232C接口的主要信号线的功能定义见表7-5。

表7-5　RS-232C标准接口主要引脚功能

引脚序号	符号	功能	方向
2（3）	TXD	发送数据	输出
3（2）	RXD	接收数据	输入
4（7）	RTS	请求发送	输出
5（8）	CTS	清除发送	输入
6（6）	DSR	数据通信设备准备好	输入
7（5）	GND	信号地	
8（1）	DCD	数据载体检测	输入
20（4）	DTR	数据终端准备好	输出
22（9）	RI	振铃指示	输入

注：引脚序号（ ）内为9针连接器的引脚号。

（3）电气特性　RS-232C采用负逻辑，规定逻辑0：3～15V；逻辑1：-3～-15V。RS-232C标准的信号传输的最大电缆长度为几十米，传输速率小于20kbit/s。

（4）电平转换　鉴于89C51单片机输入、输出电平均为TTL/CMOS电平，而计算机配置的是RS-232C标准串行接口，使用的是RS-232C标准电平（逻辑0：3～15V，逻辑1：-3～-15V），二者的电气规范不一致，因此要完成PC与单片机的数据通信，必须进行电平转换。

电平转换可以选用MAXIM公司生产的MAX232电平转换专用芯片，它是一个包含两路接收器和驱动器的IC芯片，其内部有一个电源电压变换器，可以把输入的5V电压变换成为RS-232C输出电平所需的±10V电压。所以，采用此芯片接口的串行通信系统只需要单一的5V电源就可以了。其引脚排列如图7-9所示，各引脚功能见表7-6。

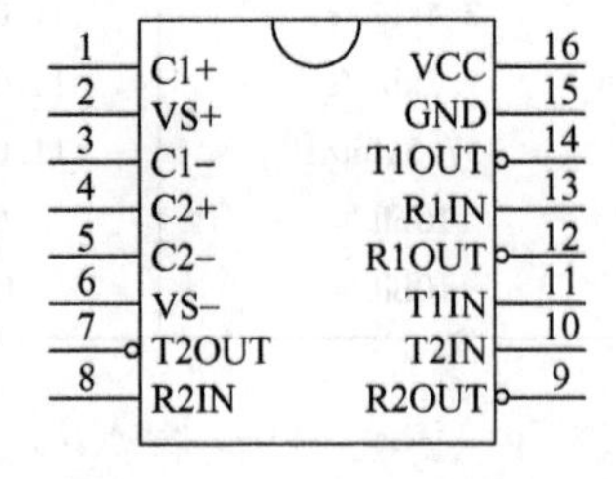

图7-9　MAX232引脚图

表7-6　MAX232电平转换专用芯片引脚功能

引脚名	功能	引脚名	功能
C1+、C1-	正极充电泵的输入终端电容器	R1IN、R2IN	RS-232接收输入
VS+	+2VCC电压充电泵	R1OUT、R2OUT	RS-232接收输出
C2+、C2-	负极充电泵的输入终端电容器	T1IN、T2IN	RS-232发送输入
VS-	-2VCC电压充电泵	GND	电源地
T1OUT、T2OUT	RS-232发送输出	VCC	电源（4.5～5.5V）

MAX232 芯片内部有两路电平转换电路，实际应用中，可以从两路发送接收器中任选一路作为接口，但要注意其发送和接收的引脚必须对应。引脚 T1IN 或 T2IN 可以直接接 TTL/CMOS 电平的单片机的串行发送端 TXD；R1OUT 或 R2OUT 可以直接接 TTL/CMOS 电平的单片机的串行接收端 RXD；T1OUT 或 T2OUT 可以直接接 PC 的 RS-232 串行口的接收端 RXD；R1IN 或 R2IN 可以直接接 PC 的 RS-232 串行口的发送端 TXD。

4. 串口调试助手

当单片机和 PC 通信时，PC 的通信程序可以使用汇编语言编写，也可以使用其他高级语言（如 VB、BC）来编写。最方便的方法是使用串口调试助手，这样就无需自己再编写程序。图 7-10 所示为 STC 下载软件自带的串口调试助手界面，单击“使用说明”按钮后可以详细了解其使用方法。

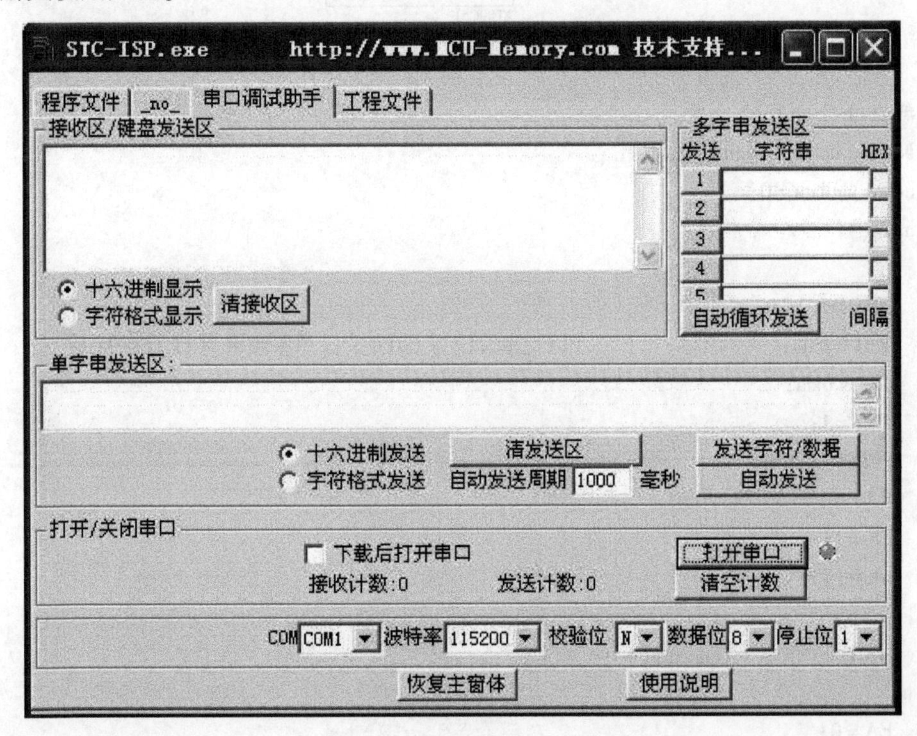

图 7-10　串口调试助手界面

三、电路

显示内容的远程控制电路如图 7-11 所示，利用串口调试助手将某一数据发送给单片机，单片机收到 PC 发来的数据后，回送同一数据给 PC，并在串口调试助手的接收区显示出来，同时单片机将接收的数据送到 P1 口，利用 P1 口外接的 8 个 LED 来检验数据的准确性。

PC与单片机通信硬件电路与软件编程

四、程序设计及分析

根据任务要求，编写程序（chengxu7_3_1. c）如下：

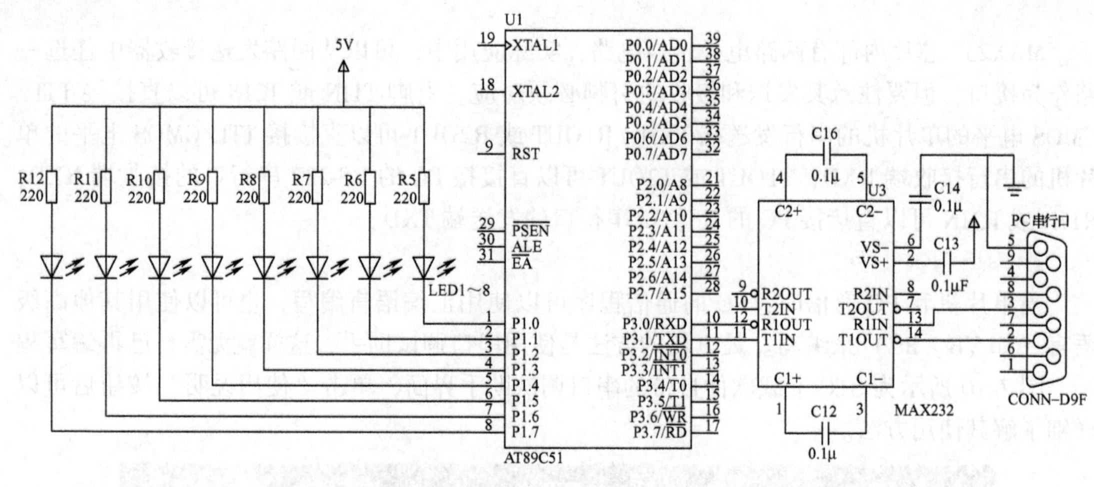

图 7-11　单片机与 PC 通信电路图

```
#include"reg51.h"
#define uchar unsigned char
uchar getdata=0;
main()
{
  TMOD=0x20;
  TH1=0xfa;                    //波特率设定为4800bit/s(晶振频率为11.0592MHz)
  TL1=0xfa;
  TR1=1;
  SCON=0x50;
  EA=1;
  ES=1;
  while(1);                    //等待
}
void CHUANKOU()interrupt 4
{
  EA=0;
  RI=0;
  getdata=SBUF;
  P1=getdata;
  SBUF=getdata;
  while(!TI);
  TI=0;
  EA=1;
}
```

使用串行口时必须进行初始化，即设置串行口的工作方式和波特率。当串行口采用方式 1 和方式 3 时，由于采用定时器 T1 作为波特率发生器，所以还要进行定时器 T1 的相关设置，如设置工作方式、定时器初值和启动定时器等；同时波特率还与电源控制寄存器 PCON

的 SMOD 有关，所以也需进行设置。当串行口采用方式 2 时，波特率固定为 $f_{osc}/32$ 或 $f_{osc}/64$，由电源控制寄存器 PCON 的 SMOD 选择，所以对此进行设置；波特率与定时器 T1 无关，所以无需设置。当串行口采用方式 0 时，波特率是固定的 $f_{osc}/12$，与定时器 T1 和 SMOD 位均无关，都无需设置。

同样，串口调试助手也要进行相应的设置，主要有：选择实际使用的串行口（COM1 还是 COM2）；波特率和单片机端必须一致；如单片机设置串行口为工作方式 1，则选择没有校验位。在串口调试助手界面，不论数据接收区还是数据发送区，均有十六进制和字符两种格式供选择。

延伸阅读：

双机串行通信硬件电路

1. 双机通信应用举例

电路如图 7-12 所示，要求利用串行口实现两个单片机之间的串行通信。其中一个单片机作为发送方，称为甲机；另一个作为接收方，称为乙机。甲机 P1 口接 4 个独立按键，当有按键按下时，将键号（1～4）发送给乙机，乙机收到数据后在数码管上显示键号。

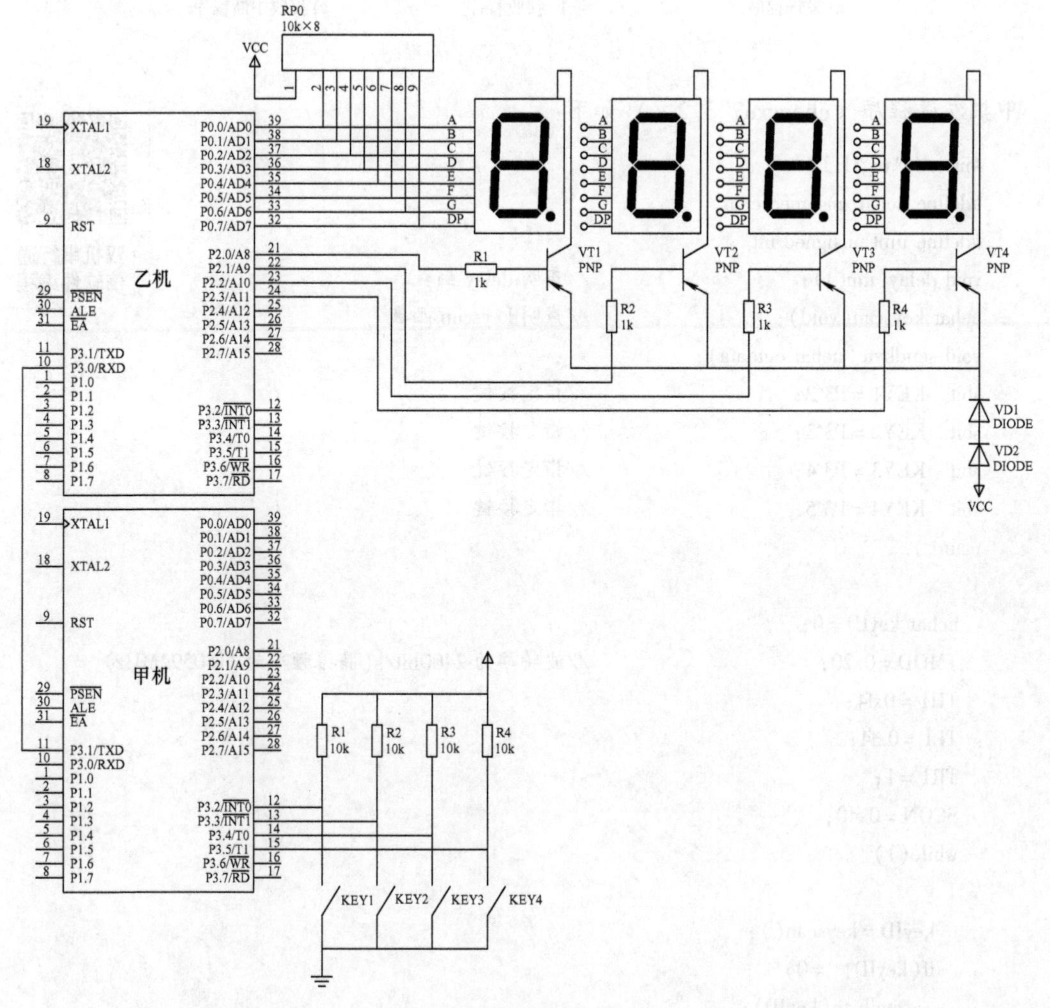

图 7-12　双机通信电路图

程序设计思路为：双机通信的收、发双方必须按照约定好的方式、速率来传输信息，所以在传输中应有最基本的协议。甲机应时刻检测是否有键按下，当有键按下时将键号发送给乙机。为避免接收信息丢失，乙机必须一直处于等待接收状态，一旦接收到数据，立刻更新数码管的显示内容。程序流程图如图7-13所示。

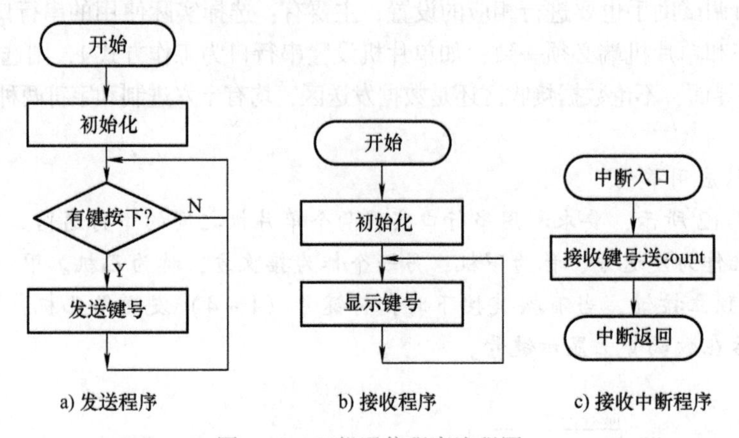

图7-13　双机通信程序流程图

甲机发送程序（chengxu7_3_2.c）如下：

```
#include" reg51. h"
#define uchar unsigned char
#define uint unsigned int
void delay( uint t) ;                    //声明 delay 函数
uchar keyscan( void) ;                   //声明 keyscan 函数
void sendbyte( uchar outdata) ;
sbit   KEY1 = P3^2;                      //指定按键
sbit   KEY2 = P3^3;                      //指定按键
sbit   KEY3 = P3^4;                      //指定按键
sbit   KEY4 = P3^5;                      //指定按键
main( )
{
  uchar keyID = 0;
  TMOD = 0x20;                           //波特率为 2400bit/s( 晶振频率为 11. 0592MHz)
  TH1 = 0xf4;
  TL1 = 0xf4;
  TR1 = 1;
  SCON = 0x40;
  while( 1)
  {
    keyID = keyscan( ) ;
    if( keyID!  = 0)
      sendbyte( keyID) ;
  }
```

```
}
void delay(uint t)
{
  uint i,j;
  for(i=t;i>0;i--)
    for(j=110;j>0;j--);
}
uchar keyscan(void)
{
  if(KEY1==0)                   //判断KEY1键是否按下
  {
    delay(5);                   //延时消抖
    if(KEY1==0)                 //KEY1键确实按下
    {
      while(!KEY1);             //等待键释放
      return(1);
    }
  }
  if(KEY2==0)                   //判断KEY2键是否按下
  {
    delay(5);                   //延时消抖
    if(KEY2==0)                 //KEY2键确实按下
    {
      while(!KEY2);             //等待键释放
      return(2);
    }
  }
  if(KEY3==0)                   //判断KEY3键是否按下
  {
    delay(5);                   //延时消抖
    if(KEY3==0)                 //KEY3键确实按下
    {
      while(!KEY3);             //等待键释放
      return(3);
    }
  }
  if(KEY4==0)                   //判断KEY4键是否按下
  {
    delay(5);                   //延时消抖
    if(KEY4==0)                 //KEY4键确实按下
    {
      while(!KEY4);             //等待键释放
      return(4);
    }
```

```
    }
    return 0;
}
void sendbyte(uchar outdata)
{
  SBUF = outdata;
  while(TI == 0);
  TI = 0;
}
```

乙机接收程序(chengxu7_3_3.c)如下:

```
#include"reg51.h"
#define uchar unsigned char
#define uint unsigned int
void display(uint number);                //声明 display 函数
void delay(uint t);                       //声明 delay 函数
uchar count = 0;
uchar code DSY_CODE[] = {0xc0,0xf9,0xa4,0xb0,0x99,
                         0x92,0x82,0xf8,0x80,0x90,0xff};
main()
{
  TMOD = 0x20;
  TH1 = 0xf4;
  TL1 = 0xf4;
  TR1 = 1;
  SCON = 0x50;                            //允许接收
  EA = 1;
  ES = 1;
  while(1)
  {
    display(count);
  }
}
void delay(uint t)
{
  uint i,j;
  for(i = t;i > 0;i--)
    for(j = 110;j > 0;j--);
}
void display(uint number)
{
  P0 = DSY_CODE[number/1000];             //取 number 的千位数值的字形码送 P0 口
  P2 = 0xfe;                              //点亮第 1 位
  delay(2);                               //短延时
```

```
        P2 = 0xff;                               //关显示
        P0 = DSY_CODE[ (number%1000)/100];       //取百位数值的字形码送 P0 口
        P2 = 0xfd;                               //点亮第 2 位
        delay(2);                                //短延时
        P2 = 0xff;                               //关显示
        P0 = DSY_CODE[ (number%100)/10];         //取十位数值的字形码送 P0 口
        P2 = 0xfb;                               //点亮第 3 位
        delay(2);                                //短延时
        P2 = 0xff;                               //关显示
        P0 = DSY_CODE[ number%10];               //取个位数值的字形码送 P0 口
        P2 = 0xf7;                               //点亮第 4 位
        delay(2);                                //短延时
        P2 = 0xff;                               //关显示
    }
    void CHUANKOU( ) interrupt 4
    {
        count = SBUF;
        RI = 0;
    }
```

在双机通信时，要求收、发两端的工作方式和波特率必须严格一致，且要求共地，即使用导线将双方的地连在一起。使用串行口发送数据一般采用查询方式；接收数据一般采用中断方式，串行口的中断号为 4。

2. 使用库函数 printf 和 scanf

C51 编译器提供了丰富的库函数，使用库函数有时可以简化程序设计。在项目三中介绍了库函数_crol_() 的使用，下面讨论库函数 printf 和 scanf。

（1）标准输出函数 printf　下面程序（chengxu7_3_4. c）的功能是不断从串行口输出“Hello World!”字符，使用本任务中给出的单片机和 PC 通信电路，编译、下载、运行程序后，在串口调试助手界面将会看到程序的运行结果。

```
    #include" reg51. h"
    #include" stdio. h"
    void main( void)
    {
        SCON = 0x50;                 //串行口方式 1,允许接收
        TMOD = 0x20;                 //定时器 1 定时方式 2
        TCON = 0x40;                 //设定时器 1 开始计数
        TH1 = 0xE8;                  //晶振频率为 11.0592MHz,波特率为 1200bit/s
        TL1 = 0xE8;
        TI = 1;
        TR1 = 1;                     //启动定时器
        while(1)
        {
```

```
        printf("Hello World! \n");            //显示"Hello World!"
    }
}
```

C51 的输出函数 printf 是通过串行口工作的，因此，要使用这类函数必须对单片机的串行口进行设置和初始化，如串行口模式的选择和波特率的设定等。该函数在头文件 stdio.h 中，所以需要包含头文件 stdio.h。

除了显示字符外，有时还需要显示一些变量中的值，如下面的程序（chengxu7_3_5.c）将显示 1+2+…+10 的运算结果。

```
#include"reg51.h"
#include"stdio.h"
void main(void)
{
    unsigned char i=1;
    unsigned int sum=0;
    SCON=0x50;                    //串行口方式1,允许接收
    TMOD=0x20;                    //定时器1定时方式2
    TCON=0x40;                    //设定时器1开始计数
    TH1=0xE8;                     //晶振频率为11.0592MHz,波特率为1200bit/s
    TL1=0xE8;
    TI=1;
    TR1=1;                        //启动定时器
    while(i<=10)
    {
        sum=i+sum;                //累加
        printf("sum=%d\n",sum);   //显示
        i++;
    }
    while(1);
}
```

上面程序中，给 printf() 函数传递了两个参数：第一个参数叫作格式化字符串，即包含在双引号中的部分；第二个参数是要输出值的变量名（sum）。

格式化字符串包括三部分内容：一部分是正常字符，这些字符将按原样输出，如 sum =；一部分是转义序列，提供特殊的格式控制，由一个反斜杠和一个字符构成，如 \n 为转义序列，常用的转义序列见表 7-7；另外还包括转换说明符，由“%”和一个字符组成，用来确定要输出变量的格式，如%d 将变量 sum 的输出值视为有符号十进制整数。

表 7-7　常用转义字符表

转义字符	含　义	ASCII 码（十六进制/十进制）	转义字符	含　义	ASCII 码（十六进制/十进制）
\0	空字符（NULL）	00H/0	\f	换页符（FF）	0CH/12

（续）

转义字符	含　义	ASCII码（十六进制/十进制）	转义字符	含　义	ASCII码（十六进制/十进制）
\n	换行符（LF）	0AH/10	\'	单引号	27H/39
\r	回车符（CR）	0DH/13	\"	双引号	22H/34
\t	水平制表符（HT）	09H/9	\\	反斜杠	5CH/92
\b	退格符（BS）	08H/8			

常用的转换说明符有%d（十进制有符号整数）、%u（十进制无符号整数）、%f（浮点数）、%s（字符串）、%c（单个字符）、%p（指针的值）、%x（以十六进制表示的无符号整数）。

一条printf语句可以打印多个变量的值，但对于每个变量，格式化字符串中都要包含一个与之对应的转换说明符。转换说明符与变量必须成对出现，且顺序一一对应，否则将会出现意想不到的错误。例如：

```
printf("m1 = %d,m2 = %f\n",m1,m2);
```

变量m1和%d是一对，变量m2和%f是一对。转换说明符在格式化字符串中的位置就是变量输出的位置。

（2）标准输入函数scanf　函数scanf将按指定的格式从串行口输入数据，并将其赋给一个或多个变量。与printf相同，转换说明符需要以%开始，例如：

```
int a,b;
scanf("%d%d",&a,&b);
```

将输入的数据依次存放到变量a和b中。其中&为取地址运算符，不能省略。如果在“格式控制”字符串中除了格式说明以外还有其他字符，则在输入数据时应输入与这些字符相同的字符。例如：

```
scanf("a = %d,b = %d",&a,&b);
```

输入应为以下形式：a=3，b=4

和printf一样，使用scanf函数必须对单片机的串行口进行设置和初始化。

scanf函数应用举例：要求利用串口调试助手，输入给单片机两个无符号整数，经单片机处理后，显示两个数的大小。编写程序（chengxu7_3_6.c）如下：

```
#include"reg51.h"
#include"stdio.h"
void main(void)
{
    unsigned int x,y;
    SCON = 0x50;                    //串行口方式1,允许接收
    TMOD = 0x20;                    //定时器1定时方式2
    TCON = 0x40;                    //设定时器1开始计数
    TH1 = 0xE8;                     //晶振频率为11.0592MHz,波特率为1200bit/s
```

```
    TL1 = 0xE8;
    TI = 1;
    TR1 = 1;                                       //启动定时器
    while(1)
    {
    printf("INPUT TWO NUMBER X AND Y\n");  //提示输入两个数
    scanf("%d%d",&x,&y);                   //输入
    if(x < y)
      printf("X < Y\n");                   //当X小于Y时
    else                                   //当X不小于Y时再做判断
    {
        if(x == y)
          printf("X = Y\n");               //当X等于Y时
        else
          printf("X > Y\n");               //当X大于Y时
    }
  }
}
```

使用库函数 printf 和 scanf 虽然能带来方便，却是以牺牲程序存储器 ROM 空间和运行速度为代价的。

五、拓展训练

1. 使用串行口怎样进行初始化?
2. 如何设置串行口的波特率?
3. 芯片 MAX232 有何作用? 画出单片机和 PC 的接口电路图。

项目八

设计制作简易仪器仪表

随着科学技术及工农业生产水平的不断提高，对相应的仪器仪表也提出了越来越高的要求。利用单片机可大大提高仪器仪表系统的可靠性，并能降低成本和增强仪器的性能。本项目就是通过三个任务，简单说明单片机在仪器仪表中的应用，重点是使读者学会模拟量的单片机输入/输出接口技术。

任务一 设计制作简易信号发生器

一、任务要求

信号发生器又称信号源或振荡器，在生产实践和科技领域中有着广泛的应用。能够产生多种波形的电路被称为函数信号发生器。函数信号发生器在电路实验和设备检测中具有十分广泛的用途。本任务所设计的信号发生器能够产生锯齿波、方波和三角波，可通过按键选择输出所需要的波形。

二、知识链接

由于单片机输出的是数字信号，要想有模拟信号波形输出，就需要使用D-A转换芯片，单片机与D-A转换器（DAC）的接口电路是单片机与外界联系的重要接口电路之一。DAC种类型号很多，按输出信号可分为电压输出型和电流输出型，按输出端口可分为并行输出型和串行输出型。这里只介绍典型的8位D-A转换器DAC0832。

1. D-A转换器的主要参数

将数字量转换成模拟量的器件则称为数-模转换器（D-A转换器），D-A转换器的输出是模拟电压或电流信号。

在设计D-A转换器与单片机接口电路时，需根据D-A转换器的技术指标选择D-A转换器芯片。有关D-A转换器的技术性能指标很多，例如绝对精度、相对精度、线性度、输出电压范围、温度系数、输入数字代码种类（二进制或BCD码）、分辨率和建立时间等。下面介绍主要的技术指标。

（1）分辨率　分辨率是D-A转换器对输入量变化敏感程度的描述。D-A转换器的分辨率定义为：当输入数字量发生单位数码变化时，即1LSB位产生一次变化时所对应输出模拟量的变化量。对于线性D-A转换器来说，分辨率Δ与输入数字量位数n的关系为$\Delta = F_S/2^n$，

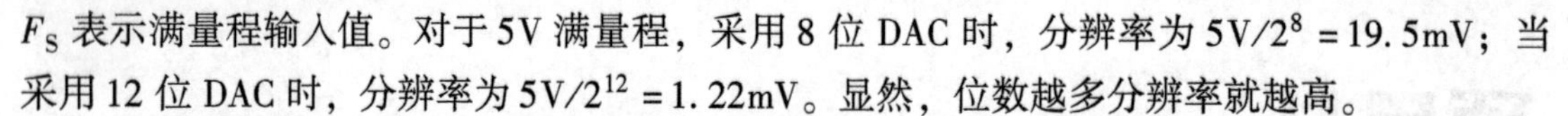

F_S 表示满量程输入值。对于 5V 满量程，采用 8 位 DAC 时，分辨率为 $5V/2^8=19.5mV$；当采用 12 位 DAC 时，分辨率为 $5V/2^{12}=1.22mV$。显然，位数越多分辨率就越高。

（2）建立时间　建立时间是描述 D-A 转换速率快慢的一个重要参数。建立时间是指输入数字量变化后，模拟输出量达到终值误差 ±1LSB/2（最低有效位）时所经历的时间。根据建立时间的长短，把 D-A 转换器分成以下 5 档。

1）超高速：<100ns。

2）较高速：100ns ~ 1μs。

3）高速：1 ~ 10μs。

4）中速：10 ~ 100μs。

5）低速：≥100μs。

2. 8 位 D-A 转换器 DAC0832

DAC0832 是 D-A 转换集成芯片，具有接口简单、转换控制容易等优点，在单片机应用系统中得到了广泛的应用。其主要参数有：分辨率为 8 位、输出电流稳定时间为 1μs、功耗为 20mW 等。DAC0832 的引脚与结构框图如图 8-1 所示。

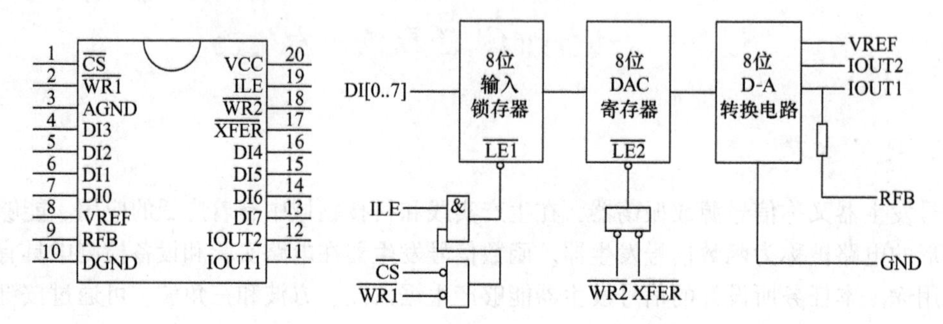

图 8-1　DAC0832 的引脚与结构框图

DAC0832 内部由三部分电路组成：“8 位输入锁存器”用于存放 CPU 送来的数字量，使输入数字量得到缓冲和锁存，由 $\overline{\text{LE1}}$ 加以控制；“8 位 DAC 寄存器”用于存放待转换数字量，由 $\overline{\text{LE2}}$ 控制；“8 位 D-A 转换电路”能输出和数字量成正比的模拟电流。因此，DAC0832 通常需要外接运算放大器才能得到模拟输出电压。

DAC0832 的引脚功能如下：

DI0 ~ DI7：数字量输入引脚。

CS：片选信号，输入，低电平有效。

ILE：数据锁存允许信号，输入，高电平有效。

$\overline{\text{WR1}}$：写信号 1，输入，低电平有效。

上述两个信号控制输入锁存器是数据直通方式还是数据锁存方式，当 ILE = 1 和 $\overline{\text{WR1}}=0$ 时，为输入锁存器直通方式；当 ILE = 0 或 $\overline{\text{WR1}}=1$ 时，为输入锁存器锁存方式。

$\overline{\text{XFER}}$：数据传送控制信号，输入，低电平有效。

$\overline{\text{WR2}}$：写信号 2，输入，低电平有效。

上述的两个信号控制 DAC 寄存器是数据直通方式还是数据锁存方式，当$\overline{WR2}=0$和$\overline{XFER}=0$时，为 DAC 寄存器直通方式；当$\overline{WR2}=1$或$\overline{XFER}=1$时，为 DAC 寄存器锁存方式。

VREF：参考电压接线脚，可正可负，范围为 $-10\sim10$V。

IOUT1 和 IOUT2：电流输出引脚，其中 IOUT1 和运放反相输入端相连；IOUT2 和运放同相输入端相连并接地端。

$\overline{LE1}$和$\overline{LE2}$：分别为寄存器的锁存端。

RFB：反馈电阻引脚，片内集成的电阻为 15kΩ。

AGND、DGND：模拟地和数字地引脚。

3. DAC0832 与单片机的接口

DAC0832 可工作在单缓冲、双缓冲及直通三种方式。

（1）直通工作方式　在图 8-2 所示的电路中，DAC0832 的所有控制信号均有效，DAC0832 处于直通工作方式，数字量一旦输入，就直接进入 DAC 寄存器，进行 D-A 转换。DAC0832 的输出端直接与运放 LM358 连接，将电流信号转换成电压信号输出，输出电压的幅值为 $V_{out}=-(D/256)\times V_{REF}$。

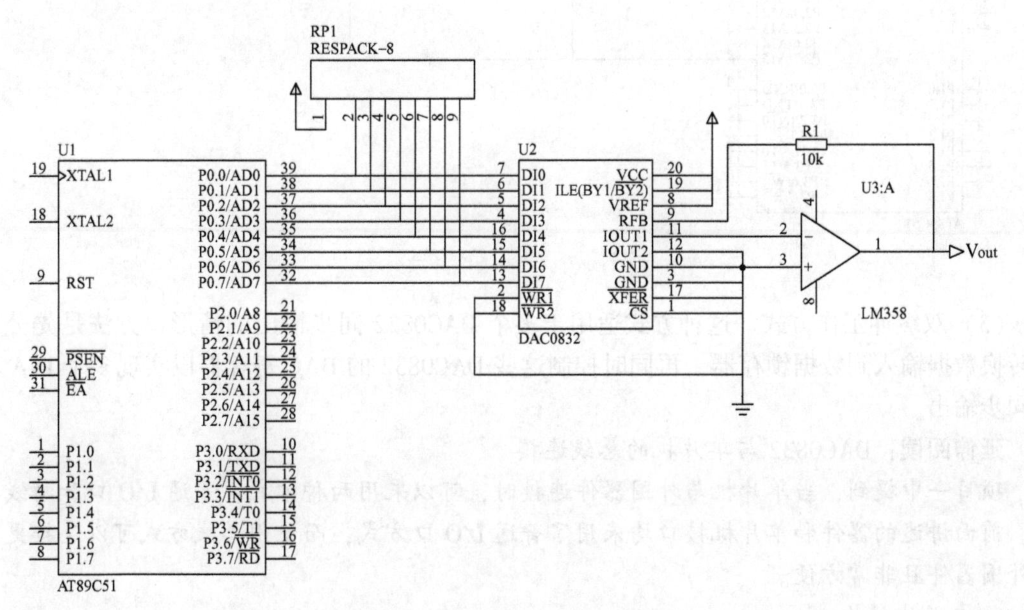

图 8-2　DAC0832 的直通工作方式

延伸阅读：运放是运算放大器的简称。在实际电路中，通常结合反馈网络共同组成某种功能模块。由于早期应用于模拟计算机中，用以实现数学运算，故得名“运算放大器”，此名称一直延续至今。常利用虚短和虚断的概念来分析运放电路。

由于运放的电压放大倍数很大，而运放的输出电压是有限的。因此运放的两个输入端电压差不足 1mV，如同两个输入端“短路”一样，可将两输入端视为等电位，这一特性称为虚假短路，简称虚短。

由于理想运放的输入电阻很大，一般在 1MΩ 以上。因此流入运放输入端的电流往往不足1μA，接近于0，故可将运放的两输入端视为开路，即虚断。

（2）单缓冲工作方式　这种方式适用于只有一路模拟量输出或几路模拟量非同步输出的情形，其方法是控制数据锁存器和DAC寄存器同时接收数据，或者只用数据锁存器而把DAC寄存器接成直通方式。图8-3所示为89C51单片机与DAC0832连接成单缓冲方式的电路图。电路中，单片机只使用一根地址线，即P2.7引脚，来控制DAC0832的内部通路。只要P2.7引脚输出为0，则单片机P0口的输出就经DAC0832转换为模拟量输出；否则，若P2.7引脚输出为1，DAC0832内部的数据通道被阻断。

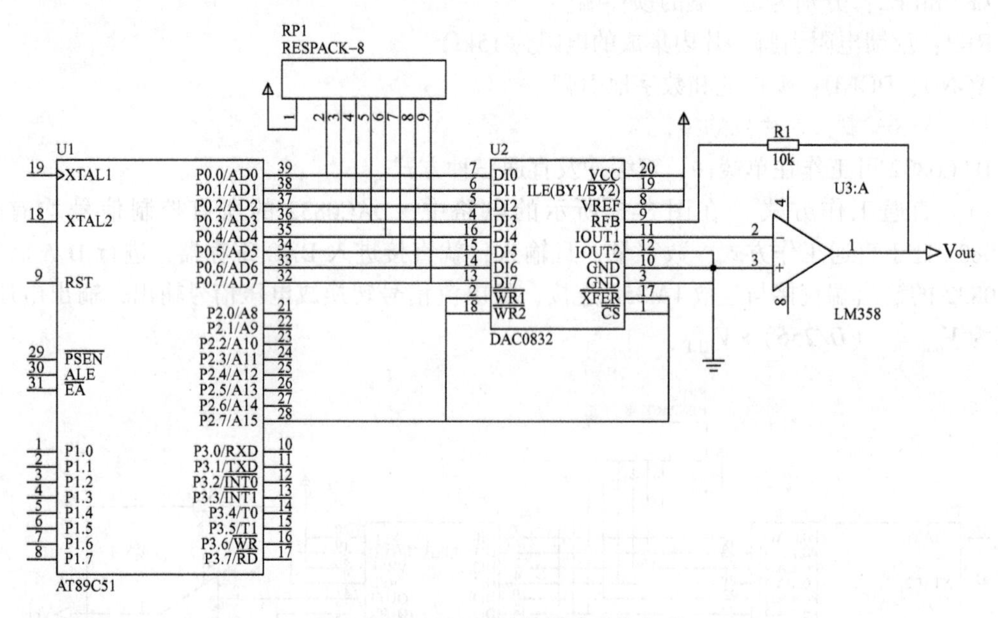

图8-3　DAC0832的单缓冲工作方式

（3）双缓冲工作方式　这种方式适用于多个DAC0832同步输出的情形，方法是先分别将转换数据输入到数据锁存器，再同时控制这些DAC0832的DAC寄存器以实现多个D-A转换同步输出。

延伸阅读：DAC0832与单片机的总线连接

项目一中提到，当单片机与外围器件连接时，可以采用两种方式：普通I/O口和总线接口。前面讲述的器件和单片机接口均采用了普通I/O口方式，而使用总线方式可以连接更多的外围器件且非常方便。

1. 三总线结构

为了使单片机能方便地与各种扩展芯片连接，89C51单片机常采用和一般微型计算机一样的三总线结构形式，如图8-4所示。

（1）地址总线（AB）　如果单片机扩展外部的存储器芯片，在一个存储器芯片中有许多的存储单元，要依靠地址进行区分，在单片机和存储器芯片之间要用地址线相连。除存储器之外，其他扩展芯片也有地址问题，也需要和单片机之间用地址线连接，各个外围芯片共同使用的地址线构成了地址总线，用于单片机向外部输出地址信号，它是一种单向总线。

89C51共提供16根地址线，其中由P2口提供高8位地址线，低8位地址线由P0口与地址锁存器提供。地址总线的根数决定了单片机可以访问的存储单元数量和I/O口的数量。

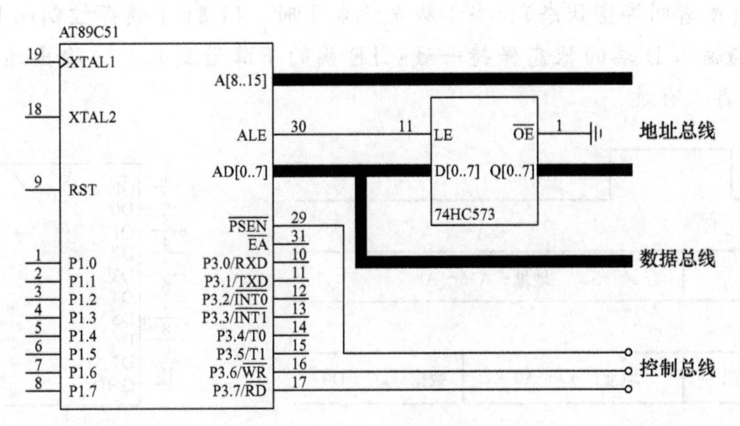

图 8-4　89C51 的三总线结构

16 根地址线，则可以产生 $2^{16}=65536$ 个地址编码，即能访问 65536 个地址单元。

（2）数据总线（DB）　用于外围芯片和单片机之间进行数据传输。在 89C51 单片机中，数据的传输是用 8 根线同时进行的，也就是 51 单片机的数据总线的宽度是 8 位，这 8 根线就被称之为数据总线，由 P0 口提供。数据总线是双向的，既可以由单片机传到外部芯片，也可以由外部芯片传入单片机。

（3）控制总线（CB）　这是一组控制信号线，有一些是由单片机送出（去控制其他芯片）的，而有一些则是由其他芯片送出（由单片机接收以确认这些芯片的工作状态等）的。对于单片机而言，这一类线的数量不多。这类线就其某一根而言是单向的，可能是单片机送出的控制信号，也可能是外部送到单片机的控制信号，但就其总体而言，则是双向的，因为控制总线里有些是送出的，有些是接收的。

89C51 单片机常用的控制线有：

1）ALE——地址锁存信号，用于实现对低 8 位地址的锁存，高电平有效。

2）$\overline{\text{PSEN}}$——片外程序存储器读选通信号。

3）$\overline{\text{RD}}$——片外数据存储器读信号。

4）$\overline{\text{WR}}$——片外数据存储器写信号。

2. 地址数据分离电路

单片机的 P0 口作为数据总线和低 8 位的地址总线来使用，如果直接将 P0 口接到扩展芯片的数据总线和低 8 位地址是行不通的，一定要把地址和数据区分开。图 8-5 给出了 P0 口的地址/数据复用关系，可以看出，在每一个周期里，P2 口始终是输出高 8 位的地址信号，而 P0 口却被分成两个时段，第一个时段输出低 8 位的地址，而第二个时段则是传输数据，为了将两个时段的信号进行分离，要用地址锁存器芯片 74HC573。另外，在 ALE 的上升沿到来时，P0 口处于“高阻”状态，不会影响到锁存器。ALE 信号是单片机提供的专用于数据/地址分离的一个引脚。

74HC573 是具有 8 个输入端和 8 个输出端的锁存器，常用于扩展单片机并行 I/O 口及锁存低 8 位地址，其引脚排列如图 8-6 所示。其中，1 脚是输出使能（$\overline{\text{OE}}$），低电平有效，当 1 脚是高电平时，不管输入 D 端如何，也不管 11 脚（锁存控制端 LE）如何，输出 Q 端全部呈现高阻状态（或者叫浮空状态）；当1脚是低电平时，11脚（锁存控制端LE）高电平期间，输出Q端与输入D端的状态保持一致；LE端的下降沿到来后，输出端8位信息被锁存，直到LE端再次有效。

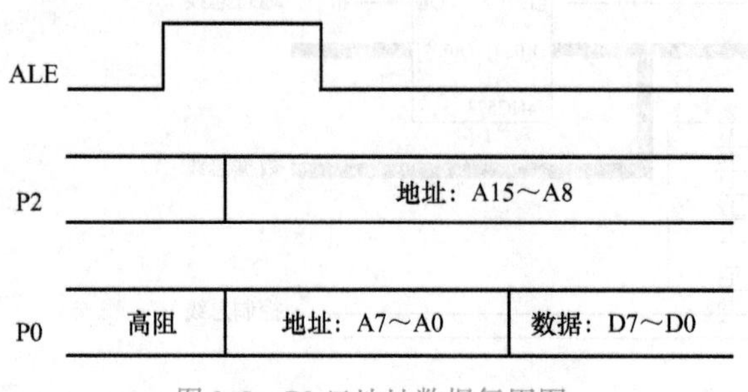

图8-5　P0口地址数据复用图

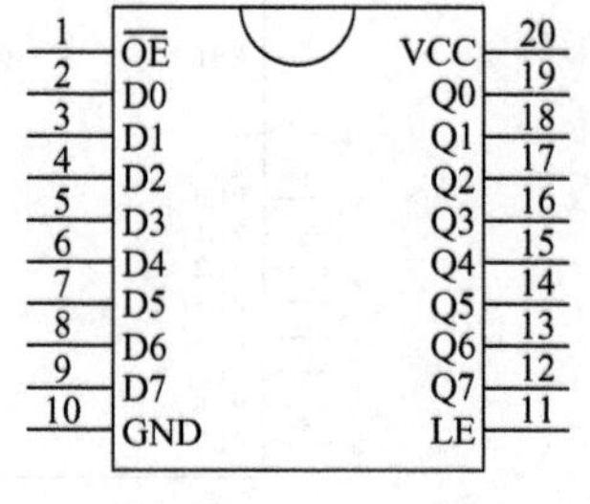

图8-6　74HC573的引脚排列图

3. DAC0832与单片机的总线连接

图8-7所示为89C51单片机与DAC0832连接成单缓冲方式的电路图。电路中，DAC0832与单片机的连接采用总线结构，判断是否为总线结构方式的依据之一是看是否用了单片机的读信号$\overline{RD}$（P3.7引脚）或写信号$\overline{WR}$（P3.6引脚）。图中DAC0832只使用一根地址线，即P2.7引脚，未用的地址线还可以用来连接其他器件。由图可知，只要设置DAC0832的地址为0x7fff，CPU对DAC0832进行一次写操作，则将一个数据送入DAC0832进行D-A转换。将未用的地址线设置为1，这是多数人采用的习惯，本图中，只要P2.7引脚的地址为0，其余地址的设置无关紧要。

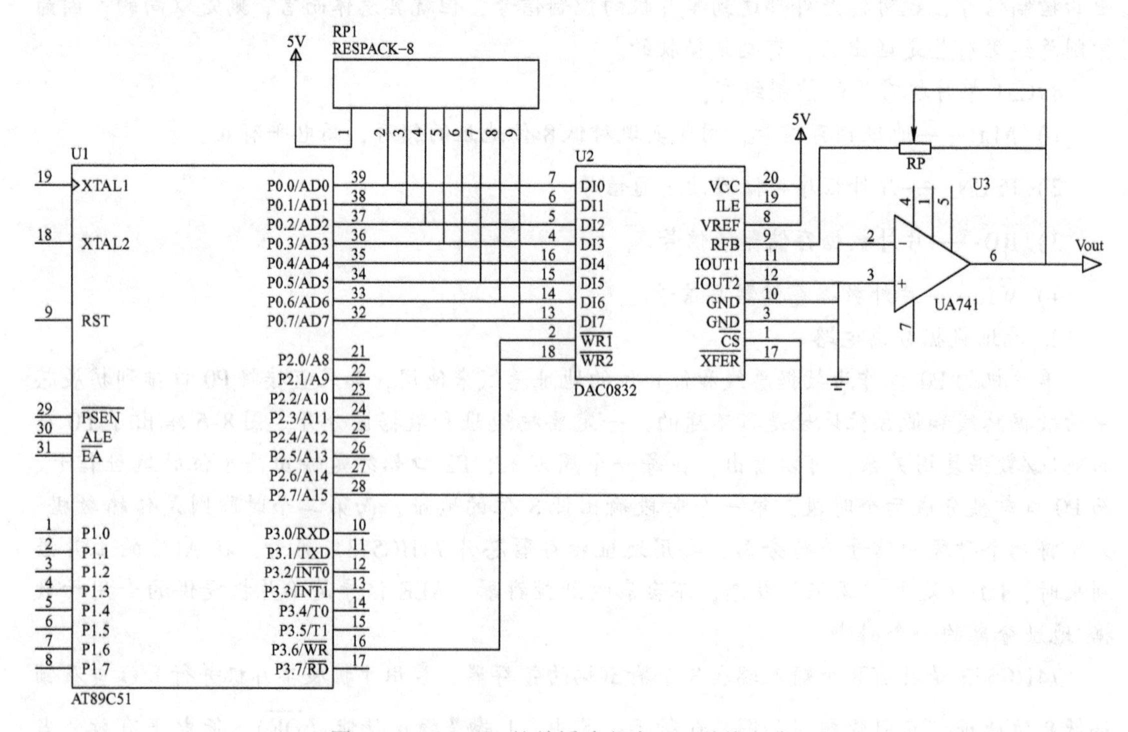

图8-7　DAC0832的单缓冲方式（三总线方式）

在图 8-7 所示电路中，编写程序，要求 Vout 端输出电压为锯齿波形。程序（chengxu8_1_1. c）清单如下：

```
1. #include"reg51. h"
2. #include"absacc. h"                    //包含对片外存储器地址进行操作的头文件
3. #define DAC0832 XBYTE[0x7fff]          //定义 DAC0832 地址
4. void main(void)
5. {
6.    unsigned char i;
7.    while(1)
8.    {
9.      for(i=0;i<255;i++)
10.          DAC0832=i;
11.    }
12. }
```

分析：89C51 单片机扩展外部 I/O 口采用与片外 RAM 相同的寻址方法，所有扩展的I/O口以及通过扩展 I/O 口连接的外围设备都与外部 RAM 统一编址。

在 C51 程序设计中，首先在程序中必须包含“absacc. h”绝对地址访问头文件，见第 2 行。然后用关键字 XBYTE 来定义 I/O 口地址或外部 RAM 地址，见第 3 行。有了以上定义后，就可以在程序中对已定义的 I/O 口名称进行读写了，见第 10 行，该语句的功能就是将数据 i 送入片外地址 0x7fff，实际上就是通过 P0 口将数据送入 DAC0832。

在绝对地址访问头文件 absacc. h 中，定义了 51 单片机所有存储区域的绝对地址访问关键字 CBYTE、DBYTE、PBYTE 和 XBYTE，可以对相应的存储区域的绝对地址进行字节寻址。其中包括 CBYTE 寻址 CODE 区，DBYTE 寻址 DATA 区，PBYTE 寻址分页 XDATA 区（低 256B），XBYTE 寻址 XDATA 区。

如果要访问外部数据存储区域 0x2000 处的内容，可以使用如下语句：

```
unsigned char val;
val=XBYTE[0x2000];
```

对锯齿波的产生做如下几点说明：

1）程序每循环一次，i 加 1，因此实际上锯齿波的上升边是由 256 个小阶梯构成的，但由于阶梯很小，所以宏观上看就是线性增长锯齿波。

2）在 CPU 输出待转换数据后，延时一段时间，再输出下一个数据，可以改变输出波形周期，同时锯齿波的斜率也将随着改变。

3）程序中变量 i 的变化范围是 0～255，因此得到的锯齿波是满幅度的。如要求得到非满幅锯齿波，可通过改变变量 i 的初值和终值实现。

三、电路

电路如图 8-8 所示，DAC0832 内部两级寄存器的控制信号并接，输入数据在控制信号的作用下直接送入 D-A 转换器，所以工作在单缓冲方式。DAC0832 的输出端直接与运放 LM358 连接，将电流信号转换成电压信号输出，输出电压的幅值为 $V_{out}=-(D/256)\times V_{REF}$。

三个独立按键进行输出波形的选择，分别控制输出锯齿波、方波和三角波。

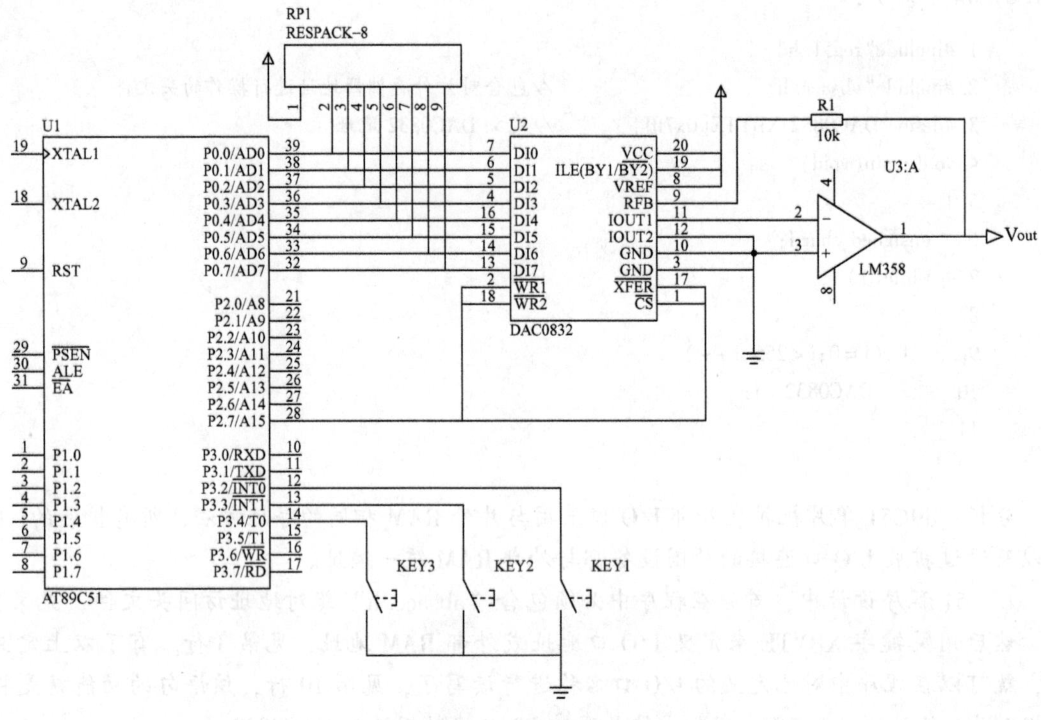

图 8-8　波形发生器电路图

四、程序设计及分析

根据任务要求，编写程序（chengxu8_1_2. c）如下：

```
#include"reg51. h"
#define DAC0832 P0                          //定义 DAC0832 数据输入端口
sbit enDAC0832 = P2^7;                      //定义 DAC0832 内部数据通道控制引脚
sbit KEY1 = P3^2;
sbit KEY2 = P3^3;
sbit KEY3 = P3^4;
void juchi( )                               //产生锯齿波函数
{
   unsigned char i;
   for( i = 0;i < 255;i ++ )
      DAC0832 = i;
}
void sanjiao( )                             //产生三角波函数
{
   unsigned char i;
   for( i = 0;i < 255;i ++ )
      DAC0832 = i;
```

```
    for(i=244;i>0;i--)
      DAC0832=i;
  }
void fangbo()                              //产生方波函数
  {
    unsigned char i;
    DAC0832=0;
    for(i=0;i<255;i++);
    DAC0832=255;
    for(i=0;i<255;i++);
  }
unsigned char keyscan()                    //键盘扫描函数
  {
    static unsigned char keytemp=0;        //定义静态变量
    if(KEY1==0)keytemp=1;
    if(KEY2==0)keytemp=2;
    if(KEY3==0)keytemp=3;
    return keytemp;
  }
void main(void)
  {
    unsigned char keyID=0;
    enDAC0832=0;
    while(1)
      {
        if(keyID!=keyscan())               //如果有键按下
          {
            keyID=keyscan();               //获取键号
          }
        switch(keyID)
          {
            case 1:juchi();break;
            case 2:sanjiao();break;
            case 3:fangbo();break;
            default:break;
          }
      }
  }
```

在函数 char keyscan 中，使用了静态变量。静态变量使用关键字 static 标志，定义在函数内部的静态局部变量，占用固定的存储单元，即使它所在的函数执行结束后，也不释放存储单元，静态变量中的值会一直保留。由于希望主函数再次调用 keyscan 函数时 keytemp 中的值还是原来的内容不变，所以将 keytemp 变量声明为 static 类型。注意：静态局部变量虽然一直存在，但是其作用域仍与自动变量相同，即只能在定义该变量的函数内使用该变量，退出该函数后，便不能使用它。对于主函数而言，定义静态局部变量毫无意义，因为主函数永远也不会被调用。

静态变量可以在声明的同时进行初始化，因为只有在函数首次调用时才初始化静态变量，以后再调用函数时，程序知道该变量已被初始化，而不会再次初始化，因此该变量的内容仍为前一次退出函数时的值。

和静态变量对应，程序中还可以使用自动变量。自动变量使用关键字 auto 声明，在函数内定义的局部变量默认是自动（auto）变量。自动变量只允许在定义它的函数内部使用，在函数外的其他任何地方都不能使用自动变量。当函数执行完毕后，自动变量便不再占用存储器空间，其存储的信息也自行消失。由于自动变量在定义它的函数的外面的任何地方都是不可见的，所以允许在这个函数外的其他地方或者是其他的函数内部定义同名的变量，它们之间并不会发生冲突。对于动态变量，每次函数被调用后，都被初始化为指定的值。

五、拓展训练

1. 查阅资料，编写程序，在图 8-4 所示的电路中，调试输出正弦波。

2. 设计电路，编写程序，完成数控直流电压发生器的制作与调试。要求数控直流电压发生器能够输出稳定的直流电压，其大小用数码管显示，并且能通过“+”“-”按键步进调节输出电压的大小。

3. 如何改变输出波形的频率？

任务二　设计制作直流数字电压表

一、任务要求

随着电子技术的发展，经常需要测量高精度的电压，所以数字电压表就成了一种必不可少的测量工具。数字电压表是将连续的模拟量（例如直流电压）转换成离散的数字量并加以显示的仪表。本任务要求设计、制作一个两位数字直流电压表，分辨率为 0.1V，量程为 0～5V。

二、知识链接

0～5V 电压是模拟量，不能被单片机直接识别和处理，必须进行 A-D 转换，将模拟量转换成数字量的器件称为模-数转换器（ADC），又称 A-D 转换器。

延伸阅读：

1. ADC 的工作原理

按模拟量转换成数字量的原理，A-D 转换器可分为逐次逼近式、双积分式及并行式等几种。下面介绍最常用的逐次逼近式 ADC 和双积分式 ADC 的转换原理。

（1）逐次逼近式 ADC 的转换原理　其转换原理图如图 8-9 所示。这种转换器是将转换的模拟电压 U_i 与一系列的基准电压进行比较，比较是从高位到低位逐位进行的，并依次确定各位数码是 1 还是 0。转换开始前，先将逐位逼近寄存器（SAR）清 0，开始转换后，控制逻辑将逐位逼近寄存器（SAR）的最高位 D7 置 1，使其输出为 80H，这个数码被 D-A 转换器转换成相应的模拟电压 U_n，送至比较器与输入 U_i 比较。若 $U_i \geqslant U_n$，则比较器输出为 1，将保留最高位 D7 为 1，同时设次高位 D6 为 1，所得新值 C0H 再经 DAC 转换得到新的 U_n，再与 U_i 比较，重复前述过程；反之，若 D7 置 1 后，$U_i < U_n$，说明寄存器输出的数码大，需使最高位 D7 为 0，同时置次高位 D6 为 1，然后再按同样的方法进行比较，确定次高位 D6 的 1 是去掉还是保留。这样逐位比较下去，一直到最低位为止，比较完毕后，寄存器中的状态就是转化后的数字输出。

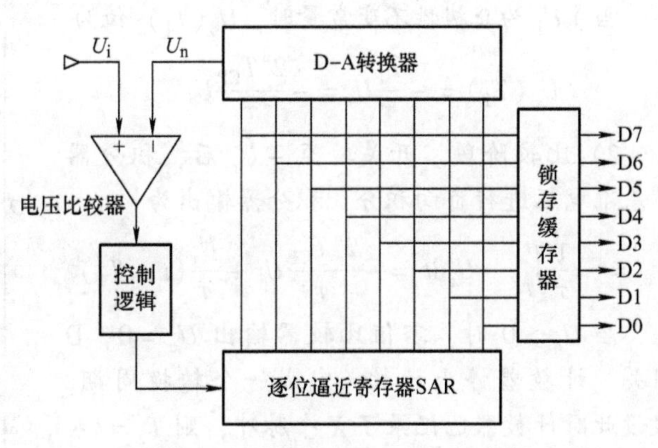

图 8-9　逐次逼近式 ADC 的原理框图

（2）双积分式 ADC 的转换原理　双积分式 ADC 的转换原理是先将模拟电压 U_i 转换成与其大小成正比的时间间隔 T，再利用基准时钟脉冲通过计数器将 T 转换成数字量。双积分式 ADC 的原理框图（以 4 位为例）如图 8-10 所示，它由积分器、零值比较器、时钟控制门 D 和计数器 F 等部分构成。双积分式 ADC 的工作波形如图 8-11 所示。

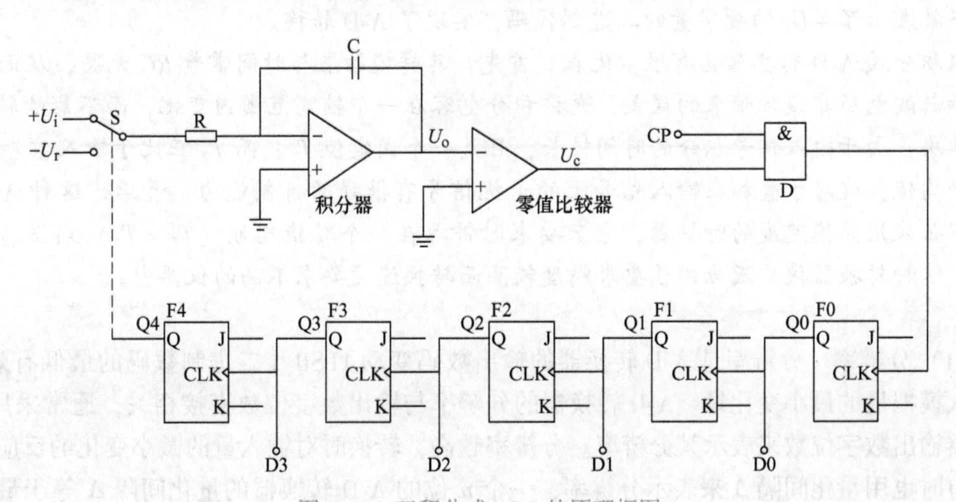

图 8-10　双积分式 ADC 的原理框图

1）取样阶段。A-D 转换开始前，将全部触发器置 0，由于触发器 F4 输出 Q4 = 0，使开关 S 接输入电压 $+U_i$。A-D 转换开始后，$+U_i$ 加到积分器的输入端，积分器对 $+U_i$ 进行正向积分。由于此时 $U_o \leqslant 0$，比较器输出 $U_c = 1$，D 门开，4 位二进制计数器开始计数，一直到 $t = T_1 = 2^4 T_{CP}$（T_{CP}为时钟周期）时，触发器 F3 ~ F0 状态回到 0000B，而触发器 F4 由 0 翻转为 1，由于 Q4 = 1，使开关转接至 $-U_r$，至此，取样阶段结束，可求得

$$U_o(t) = -\frac{1}{\tau}\int_0^t + U_i \mathrm{d}t$$

式中，$\tau = RC$ 为积分时间常数。

当 $+U_i$ 为正极性不变常量时，$U_o(T_1)$ 值为

$$U_o(T_1)=-\frac{T_1}{\tau}U_i=-\frac{2^4T_{CP}}{\tau}U_i$$

2）比较阶段。开关转至 $-U_r$ 后，积分器对基准电压进行负向积分，积分器输出为

$$U_o=-\frac{1}{\tau}\int_{T_1}^{t}-U_r\mathrm{d}t=-\frac{2^4T_{CP}}{\tau}U_i+\frac{U_r}{\tau}(t-T_1)$$

当 $U_o>0$ 时，零值比较器输出 $U_c=0$，D 门关，计数器停止计数，完成一个转换周期。假设此时计数器已记录了 X 个脉冲，则 $T_2=t-T_1=XT_{CP}$。

$$U_o(T_1+T_2)=-\frac{2^4T_{CP}}{\tau}U_i+\frac{T_2}{\tau}U_r=-\frac{2^4T_{CP}}{\tau}U_i+\frac{XT_{CP}}{\tau}U_r=0\text{V}$$

$$X=2^4\frac{U_i}{U_r}$$

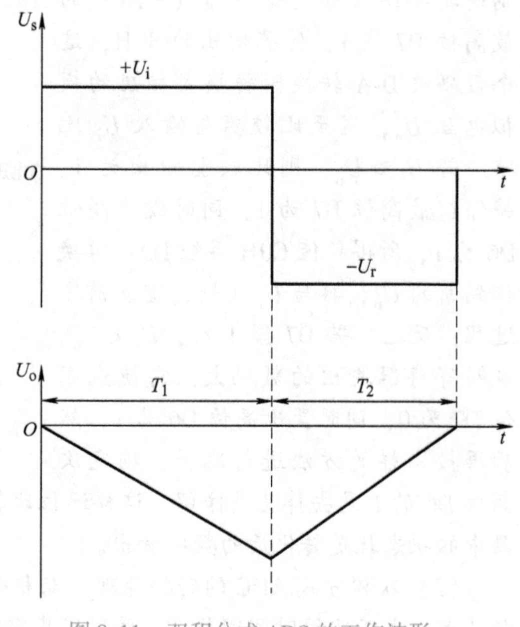

图 8-11　双积分式 ADC 的工作波形

由上式可见，计数器记录的脉冲数 X 与输入电压 $+U_i$ 成正比，计数器记录 X 个脉冲后的状态就表示了 $+U_i$ 的数字量的二进制代码，实现了 A-D 转换。

双积分式 A-D 转换器具有很多优点。首先，其转换结果与时间常数 RC 无关，从而消除了由于斜波电压非线性带来的误差，允许积分电容在一个较宽范围内变化，而不影响转换结果。其次，由于输入信号积分的时间较长，且是一个固定值 T_1，而 T_2 正比于输入信号在 T_1 内的平均值，这对于叠加在输入信号上的干扰信号有很强的抑制能力。最后，这种 A-D 转换器不必采用高稳定度的时钟源，它只要求时钟源在一个转换周期（T_1+T_2）内保持稳定即可。这种转换器被广泛应用于要求精度较高而转换速度要求不高的仪器中。

2. A-D 转换器的主要参数

（1）分辨率　分辨率是 A-D 转换器的输出数码变动 1LSB（二进制数码的最低有效位）时输入模拟量的最小变化量。A-D 转换器的分辨率与输出数字位数直接相关，通常采用A-D 转换器输出数字位数来表示其分辨率。分辨率越高，转换时对输入量的微小变化的反应越灵敏。有时也用量化间隔 Δ 来表示分辨率，一个 n 位的 A-D 转换器的量化间隔 Δ 等于最大允许的模拟输入量（满度值）除以 2^n，即

$$\Delta=\frac{\text{满量程输入电压}}{2^n}$$

例如，A-D 转换器的满量程输入电压为 5V，分辨率为 8 位时，量化间隔 Δ 约为 20mV。在实际应用中，该项参数可以决定被测量的最小分辨值。位数越大，分辨率越好。

（2）转换时间（或转换速度）　A-D 转换器从启动转换到转换结束（即完成一次 A-D 转换）所需的时间，可用 A-D 转换器在每秒内所能完成的转换次数（即转换速度）来表示。不同工作类型的 A-D 转换器转换速度不同，使用时需根据要求选择不同类型的 A-D 转换器。

(3) 转换误差(或精度)　转换误差是A-D转换结果的实际值与真实值之间的偏差，它用最低有效位数LSB或满度值的百分数来表示。转换误差有两种表示方法：一种是绝对误差，另一种是相对误差。

$$绝对误差=\frac{量化间隔}{2}=\frac{\Delta}{2}$$

$$相对误差=\frac{1}{2^{n+1}}\times 100\%$$

3. A-D转换器ADC0809

ADC0809是8通道的8位逐次逼近式A-D转换器，其引脚排列图如图8-12所示。由单一的5V电源供电，片内带有锁存功能的8选1的模拟开关。由C、B、A的编码来决定所选的输入模拟通道。

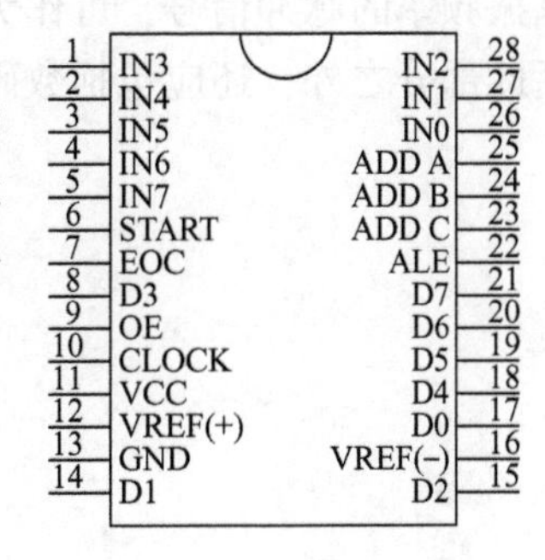

图8-12　ADC0809引脚排列图

ADC0809的转换时间为100μs，转换误差为LSB/2。ADC0809的引脚功能如下：

IN7 ~ IN0：模拟量输入通道。

ADD A、ADD B、ADD C：模拟通道地址线，可选通IN0 ~ IN7八通道中的一个通道进行转换，其输入与被选通的通道的关系见表8-1。

表8-1　ADC0809通道地址选择表

地址码			对应的输入通道	地址码			对应的输入通道
C	B	A		C	B	A	
0	0	0	IN0	1	0	0	IN4
0	0	1	IN1	1	0	1	IN5
0	1	0	IN2	1	1	0	IN6
0	1	1	IN3	1	1	1	IN7

ALE：地址锁存信号。

START：转换启动信号，高电平有效。

D7 ~ D0：数据输出线。

OE：输出允许信号，高电平有效。

CLOCK：时钟信号，最高时钟频率为640kHz。

EOC：转换结束状态信号，上升沿后高电平有效。

VCC：5V电源。

VREF：参考电压。

图8-13所示为ADC0809转换工作时序。其工作过程如下：ALE的上升沿将C、B、A端选择的通道地址锁存到8位A-D转换器的输入端。START的下降沿启动8位A-D转换器进行A-D转换。A-D转换开始使EOC端输

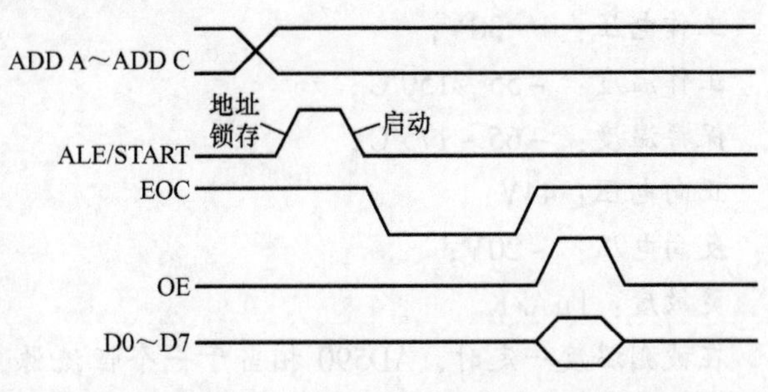

图8-13　ADC0809转换工作时序

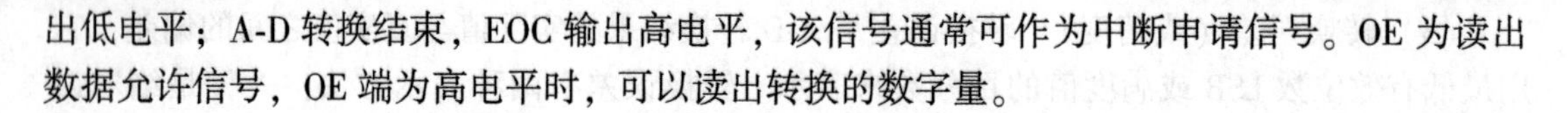

出低电平；A-D 转换结束，EOC 输出高电平，该信号通常可作为中断申请信号。OE 为读出数据允许信号，OE 端为高电平时，可以读出转换的数字量。

三、电路

ADC0809 和单片机的连接如图 8-14 所示，ADC0809 采用普通 I/O 连接方式，由于模拟通道地址线都为高电平，所以模拟量由通道 IN7 输入。由于单片机的 ALE 引脚可提供 1/6 晶振频率的脉冲信号，可作为 ADC0809 的时钟脉冲源。0 ~ 5V 直流数字电压表电路除了包括此部分之外，还应包括数码管显示电路，在此省略未画，详见项目四。

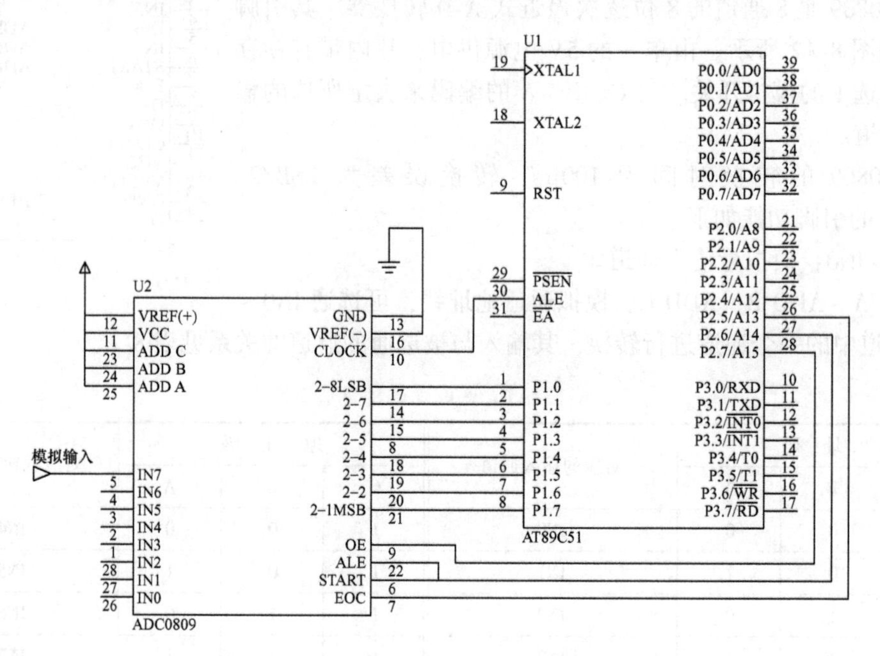

图 8-14　ADC0809 和单片机的接口电路图

延伸阅读：

电压测量在工农业生产中有着十分重要的意义，因为很多参数的测量都可以转化为电压的测量，下面举例说明。

(1) 温度测量　目前测温传感器的使用非常广泛而且种类繁多，常用的有热敏电阻、热电偶和半导体传感器等。AD590 是 AD 公司利用 PN 结正向电流与温度的关系制成的电流输出型两端温度传感器。AD590 的主要特性参数如下：

工作电压：4 ~ 30V；

工作温度：−55 ~ 150℃；

保存温度：−65 ~ 175℃；

正向电压：44V；

反向电压：−20V；

灵敏度：1μA/K。

在被测温度一定时，AD590 相当于一个恒流源，其产生的电流与绝对温度成正比，它有非常好的线性输出性能，温度每增加 1℃，其电流增加 1μA。因此在 0℃时的输出电流为

273.2μA，在100℃时输出电流为373.2μA。AD590测温电路如图8-15所示。

在设计测温电路时，首先应将电流转换成电压。当AD590的电流通过电阻阻值为10kΩ的R1时，电阻R1压降变化率为10mV/K，为了使此电阻精确，R1可用一个9kΩ电阻与一个2kΩ电位器串联，然后通过调节电位器来获得精确的10kΩ。AD590的温度、电流和R1两端电压的关系见表8-2。运算放大器A1接成电压跟随器形式，以增加信号输入阻抗。运算放大器A2接成差动放大形式，设电阻值RF=R3，R4=R5，则运放A2输出电压为

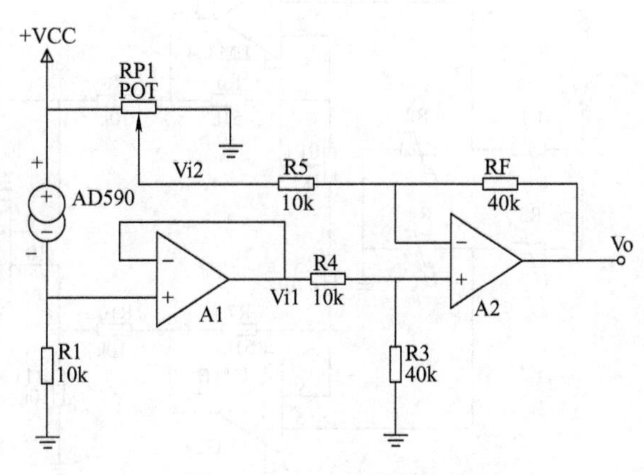

图8-15 AD590测温电路

$$Vo=\frac{RF}{R4}(Vi1-Vi2)$$

调节电位器RP1，使电压Vi2为2.732V（对应摄氏温度0℃时的电压），经A2做减法运算将绝对温度转成摄氏温度，并进行电压的放大。运放A2输出电压的大小与A-D转换器有关。

表8-2 AD590的温度、电流和R1两端电压的关系

摄氏温度/℃	AD590电流/μA	R1两端电压/V	摄氏温度/℃	AD590电流/μA	R1两端电压/V
0	273.2	2.732	20	293.2	2.932
40	313.2	3.132	60	333.2	3.332
80	253.2	3.532	100	373.2	3.732

（2）物体质量测量 物体质量的测量可以转换为压力的测量，而压力的变化可进一步转换为电压的变化。压力传感器为电阻应变式压力传感器，其工作原理是：弹性元件在外力作用下产生弹性变形，使粘贴在它表面的电阻应变片（转换元件）也随之产生变形，电阻应变片变形后，它的阻值将发生变化，再经相应的测量电路把这一电阻变化转换为电信号，从而完成了将外力变换为电信号的过程。

常用的压力测量电路如图8-16所示，当桥路中的某臂电阻发生变化时，桥路就不平衡，桥路输出的变化量就反映了压力的变化量，该变化量经过放大和低通滤波后输出。假设压力传感器量程为1kg，即当被测物体质量在0~1kg之间变化时，则输出电压变化量为0~5V。

图8-16中，RP3为零点调节器，用户可以利用该电位器调节零点。调零方法：用万用表测量压力传感器的输出端电压，调节电位器RP3，使之为0V。RP1为压力测量系统放大倍数调节器，放大倍数调节方法：先调零，托盘放300g砝码，用万用表测量输出端电压，调节电位器RP1，使之为1.50V。

四、程序设计及分析

程序（chengxu8_2_1.c）清单如下：

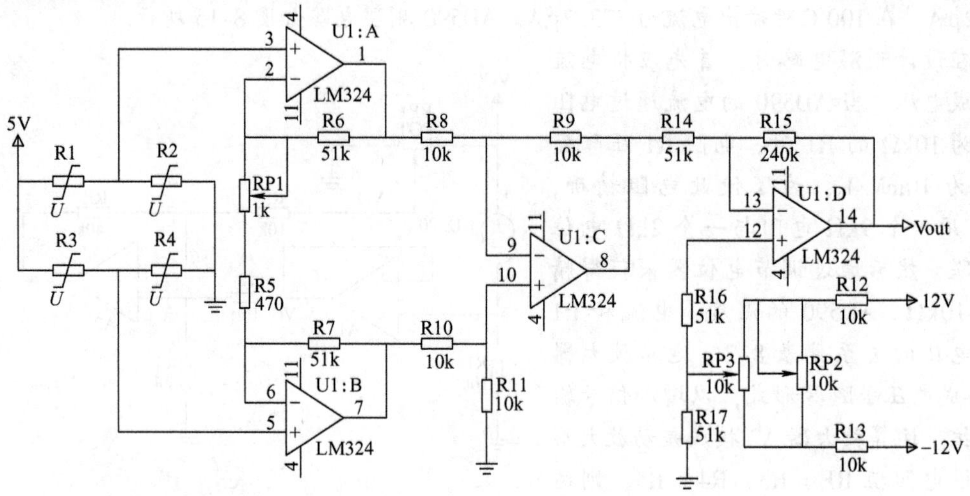

图 8-16　压力测量电路

```
#include"reg51.h"
#define uchar unsigned char
#define uint unsigned int
#define ADC0809 P1
//不带小数点的字形码
uchar code ledsegcode[ ] = {0xc0,0xf9,0xa4,0xb0,0x99,0x92,0x82,0xf8,0x80,0x90};
//带小数点的字形码
uchar code ledsegcode1[ ] = {0x40,0x79,0x24,0x30,0x19,0x12,0x02,0x78,0x00,0x10};
sbit START = P2^6;
sbit OE = P2^7;
sbit EOC = P2^5;
sbit WEIGE = P2^1;
sbit WEISHI = P2^0;
void delay(uint t);
void display(uint number);
void main()
{
  uint value,Num;
  while(1)
  {
    START = 1;                              //启动转换
    START = 0;
    while(EOC = =0);                        //等待转换结束
    OE = 1;                                 //转换结束,读取转换结果
    value = ADC0809;
    OE = 0;
    Num = value * 50/255;                   //将转换结果处理为 0 ~ 50 区间
    display(Num);
```

```
    }
}
void delay(uint t)
{
    uint m,n;
    for(m=0;m<t;m++)
        for(n=0;n<110;n++);
}
void display(uint num)
{
    P0=ledsegcode1[num/10];          //显示高位
    WEISHI=0;
    delay(2);                        //延时
    WEISHI=1;                        //关显示
    P0=ledsegcode[num%10];           //显示低位
    WEIGE=0;
    delay(2);                        //延时
    WEIGE=1;                         //关显示
}
```

程序的主体程序就是根据 ADC0809 的转换工作时序编写的，先启动 A-D 转换，等转换结束后读取转换结果。由于 ADC0809 的转换结果为 0～255，而 2 位数码管显示为 0.0～5.0，所以须将 ADC0809 的转换结果使用 value＊50/255 方法转换成 0～50 区间。

注意：由于数码管的位码和 ADC0809 的控制端共用 P2 口，为避免相互冲突，程序中均采用位操作。

五、拓展训练

1. 简述 ADC0809 进行转换的主要步骤。
2. 如果电压表采用三位数码管显示，则数据转换程序和显示程序如何修改？

任务三　设计制作液晶显示器接口电路

一、任务要求

LCD 显示器作为输出器件具有低压微功耗、体积小、重量轻、显示信息量大、没有电磁辐射、寿命长等优点，常用来作为仪器仪表的显示器件。本任务要求设计 LCD1602 与单片机的接口电路，并编写程序，使 LCD1602 的第一行显示“ok”，第二行显示“at89C51”。

二、知识链接

1. LCD 显示器的分类

通常可将 LCD 分为笔段型、字符型和点阵图形型。

（1）笔段型 笔段型是以长条状显示像素组成一位显示。该类型主要用于数字显示，也可用于显示西文字母或某些字符。这种段型显示通常有六段、七段、八段、十四段和十六段等，在形状上总是围绕数字 8 的结构变化，其中以七段显示最常用。它广泛应用于电子表、数字仪表中。

（2）字符型 字符型液晶显示模块是专门用来显示字母、数字、符号等的点阵型液晶显示模块。它是由若干个 5×8 或 5×11 点阵组成，每一个点阵显示一个字符。这类模块广泛应用于寻呼机、手机、电子笔记本等电子设备中。

（3）点阵图形型 点阵图形型是在一块平板上排列多行和多列，形成矩阵形式的晶格点，点的大小可根据显示的清晰度来设计。这类液晶显示器可广泛应用于图形显示，如游戏机、笔记本式计算机和彩色电视等设备中。

LCD 还有一些其他的分类方法，按采光方式可分为自然采光和背光源采光的 LCD。按 LCD 的显示驱动方式可分为静态驱动、动态驱动、双频驱动的 LCD。按控制的安装方式可分为含有控制器和不含控制器的 LCD，含有控制器的 LCD 又称为内置式 LCD。

2. 字符型液晶显示模块 LCD1602

LCD1602 内置的模块控制器都是 HD44780U 或其兼容产品，“1602”表示可以显示 2 行信息，而每行显示 16 位字符。

（1）LCD1602 引脚定义 LCD1602 通常有 14 条引脚，其中有 8 条数据线、3 条控制线。当与 CPU 相连时，通过送入数据和指令，就能使模块正常工作，引脚排列和功能见表 8-3。

表 8-3 LCD1602 引脚功能

引 脚	符 号	名 称	功 能
1	VSS	接地	0V
2	VDD	电路电源	5V（±10%）
3	VEE	液晶驱动电压	从 VDD 分压，控制显示亮度
4	RS	寄存器选择信号	H：数据寄存器；L：指令寄存器
5	$R/\overline{W}$	读/写信号	H：读；L：写
6	E	片选信号	下降沿触发，锁存数据
7～14	DB0～DB7	数据线	数据传输

（2）LCD1602 控制器内部结构 控制器主要由指令寄存器 IR、数据寄存器 DR、忙标志 BF、地址计数器 AC、显示数据寄存器 DDRAM、字符发生器 CGROM、CGRAM 以及时序发生电路组成。

1）指令寄存器 IR 和数据寄存器 DR。模块内部具有两个 8 位寄存器，即指令寄存器 IR 和数据寄存器 DR。用户可以通过 RS 和 $R/\overline{W}$输入信号的组合选择指定的寄存器，进行相应的操作。表 8-4 中列出了组合选择方式。

表 8-4 寄存器选择表

RS	$R/\overline{W}$	操 作
0	0	指令寄存器 IR 写入

（续）

RS	R/$\overline{W}$	操　作
0	1	忙标志和地址计数器读出
1	0	数据寄存器 DR 写入
1	1	数据寄存器读出

2）忙标志 BF。忙标志 BF = 1 时，表明模块正在进行内部操作，此时不接收任何外部指令和数据。当 RS = 0、R/$\overline{W}$ = 1 以及 E 为高电平时，BF 输出到 DB7。每次操作之前最好先进行状态字检测，只有在确认 BF = 0 之后，CPU 才能访问模块。

3）地址计数器 AC。地址计数器 AC 是 DDRAM 或者 CGRAM 的地址指针。随着 IR 中指令码的写入，指令码中携带的地址信息自动送入 AC 中，并做出 AC 作为 DDRAM 的地址指针还是 CGRAM 的地址指针的选择。

AC 具有自动加 1 或者减 1 的功能。当数据寄存器 DR 与 DDRAM 或者 CGRAM 之间完成一次数据传输后，AC 会自动加 1 或减 1。在 RS = 0、R/$\overline{W}$ = 1 且 E 为高电平时，AC 的内容送到 DB6 ~ DB0。

4）显示数据寄存器 DDRAM。DDRAM 存储显示字符的字符码，其容量的大小决定着模块最多可显示的字符数目。LCD1602 有 80 个字节的 DDRAM，其地址和屏幕的对应关系如下：

字符列位置		1	2	3	…	38	39	40
DDRAM 地址	第一行	00H	01H	02H	…	25H	26H	27H
	第二行	40H	41H	42H	…	65H	66H	67H

如想要在 LCD1602 屏幕的第一行第一列显示一个字符“A”，就要向 DDRAM 的 00H 地址写入“A”字符的代码。虽然一行有 40 个地址，但是在 LCD1602 中只使用前 16 个，第二行也一样用前 16 个地址。

5）字符发生器 CGROM。在 LCD1602 中，已经内置了 192 个常用字符的字模，存于字符发生器 CGROM 中。表 8-5 中列出了字符库的内容、字符和字符码的关系。

表 8-5　LCD1602 标准字库

高位 / 低位	0	1	2	3	4	5	6	7	8	9	A	B	C	D	E	F
0	(1)			0	@	P	`	p				一	タ	ミ	α	p
1	(2)		!	1	A	Q	a	q			。	ア	チ	ム	ä	q
2	(3)		“	2	B	R	b	r			┌	イ	ッ	メ	β	θ
3	(4)		#	3	C	S	c	s			┘	ウ	テ	モ	ε	∞
4	(5)		$	4	D	T	d	t			、	エ	ト	ャ	μ	Ω
5	(6)		%	5	E	U	e	u			·	オ	ナ	ュ	σ	u
6	(7)		&	6	F	V	f	v			ヲ	カ	ニ	ヨ	ρ	Σ
7	(8)		’	7	G	W	g	w			ァ	キ	ヌ	ラ	g	π

（续）

低位＼高位	0	1	2	3	4	5	6	7	8	9	A	B	C	D	E	F
8	(1)		(	8	H	X	h	x			ｨ	ク	ネ	リ	√‾	x̄
9	(2)		)	9	I	Y	i	y			ｩ	ケ	ノ	ル	-1	y
A	(3)		*	:	J	Z	j	z			ｪ	コ	ハ	レ	j	千
B	(4)		+	;	K	[	k	{			ｫ	サ	ヒ	ロ	、	万
C	(5)		,	<	L	¥	l	|			ｬ	シ	フ	ヮ	ф	円
D	(6)		-	=	M	]	m	}			ｭ	ス	ヘ	ン	キ	÷
E	(7)		.	>	N	^	n	→			ｮ	セ	ホ	゛	_n	
F	(8)		/	?	O	_	o	←			ｯ	ソ	マ	°	Ö	■

字符码地址范围为00H～FFH，其中00H～07H字符码与用户在CGRAM中生成的自定义图形字符的字模组相对应。从表8-5中可以看出，20H～7FH为标准的ASCII码，如“A”字符的代码为41H，因此在向DDRAM写字符代码时，可以使用ASCII码格式数据。A0H～FFH为日文字符和希腊文字符，其余字符码（10H～1FH及80H～9FH）没有定义。

在CGRAM中，用户可以生成自定义图形字符的字模组，可以生成5×8点阵的字符字模8组，相对应的字符码从CGROM的00H～07H范围内选择，后面将详细说明其使用方法。

（3）LCD1602指令系统　由于CPU可以直接访问模块内部的IR和DR，作为缓冲区域，IR和DR在模块进行内部操作之前，可以暂存来自CPU的控制信息，这样就给用户在CPU和外围控制设备的选择上增加了余地。模块的内部操作由来自CPU的RS、R/$\overline{W}$、E以及数据信号DB决定，这些信号的组合形成了模块的指令，共11条。

1）清屏指令。指令码：01H，格式如下：

RS	R/$\overline{W}$	DB7	DB6	DB5	DB4	DB3	DB2	DB1	DB0
0	0	0	0	0	0	0	0	0	1

该指令完成下列功能：将空码（20H）写入DDRAM的全部80个单元内；将地址指针计数器AC清零，光标或闪烁归00H位；设置输入方式参数I/D=1，即地址指针AC为自动加1输入方式。

该指令多用于上电时或更新全屏显示内容时。在使用该指令之前要确认DDRAM的当前内容是否有用。

2）光标归位指令。指令码：02H，格式如下：

RS	R/$\overline{W}$	DB7	DB6	DB5	DB4	DB3	DB2	DB1	DB0
0	0	0	0	0	0	0	0	1	0

该指令将地址指针计数器AC清零。执行该指令的效果是：将光标或闪烁位返回到显示屏的左上第一字符位上，即DDRAM地址00H单元位置，这是因为光标和闪烁位都是以地址

指针计数器 AC 当前值定位的。如果画面已滚动，则撤销滚动效果。

3）输入方式设置指令。指令码：04H ~07H，格式如下：

RS	R/$\overline{W}$	DB7	DB6	DB5	DB4	DB3	DB2	DB1	DB0
0	0	0	0	0	0	0	1	I/D	S

该指令的功能在于设置了显示字符的输入方式，即在计算机读/写 DDRAM 或 CGRAM 后，地址指针计数器 AC 的修改方式，反映在显示效果上就是，当写入一个字符后画面或光标的移动。该指令的两个参数位 I/D 和 S 确定了字符的输入方式。

I/D 表示当计算机读/写 DDRAM 或 CGRAM 的数据后，地址指针计数器 AC 的修改方式，由于光标位置也是由 AC 值确定，所以也是光标移动的方式。

I/D =0，AC 为减 1 计数器，光标左移一个字符位；I/D =1，AC 为加 1 计数器，光标右移一个字符位。

S 表示在写入字符时，是否允许显示画面的滚动。S =0，禁止滚动；S =1，允许滚动。

4）显示状态设置指令。指令码：08H ~0FH，格式如下：

RS	R/$\overline{W}$	DB7	DB6	DB5	DB4	DB3	DB2	DB1	DB0
0	0	0	0	0	0	1	D	C	B

该指令控制着画面、光标及闪烁的开关。该指令有三个状态位 D、C、B，这三个状态位分别控制着画面、光标和闪烁的显示状态。

D 为画面显示状态位。当 D =1 时为开显示；D =0 时为关显示。注意关显示仅是画面不出现显示内容，而 DDRAM 内容不变，这与清屏指令截然不同。

C 为光标显示状态位。当 C =1 时为光标显示；C =0 时为光标消失。光标为底线形式 (5 ×1 点阵)，出现在第 8 行或第 11 行上。光标的位置由地址指针计数器 AC 确定，并随其变动而移动。当 AC 值超出了画面的显示范围时，光标将随之消失。

B 为闪烁显示状态位。当 B =1 时为闪烁启用；B =0 时为闪烁禁止。闪烁是指一个字符位交替进行正常显示和全亮显示，闪烁位置同光标一样受地址指针计数器 AC 的控制。

5）光标或画面滚动指令。指令格式如下：

RS	R/$\overline{W}$	DB7	DB6	DB5	DB4	DB3	DB2	DB1	DB0
0	0	0	0	0	1	S/C	R/L	X	X

执行该指令将使画面或光标向左或向右滚动一个字符位。如果定时间隔地执行该指令将产生画面或光标的平滑滚动。画面的滚动是在一行内连续循环进行的，也就是说一行的第一单元与最后一个单元连接起来，形成了闭环式的滚动。当未开光标显示时，执行画面滚动指令时不修改地址指针计数器 AC 值；有光标显示时，由于执行任意一条滚动指令时都将使光标产生移位，所以地址指针计数器 AC 都需要被修改。光标的滚动是在 DDRAM 内全程进行的，它不分是一行显示还是两行显示。如果用光标的指针——地址指针计数器 AC 加 1 和减 1 功能来解释，就能理解光标从第 1 显示位左移至第 80 显示位，或从第 80 显示位右移至第 1 显示位的原理了。光标的滚动功能可以用于搜寻需要修改的显示字符。

该指令有两个参数位：

S/C 为滚动对象的选择：S/C＝1，画面滚动；S/C＝0，光标滚动。

R/L 为滚动方向的选择：R/L＝1，向右滚动；R/L＝0，向左滚动。

该指令与输入方式设置指令都可以产生光标或画面的滚动，区别在于该指令专用于滚动功能，每执行一次，显示呈现一次滚动效果；而输入方式设置指令仅是完成了一种字符输入方式的设置，仅在计算机对 DDRAM 等进行操作时才能产生滚动的效果。

6）工作方式设置指令。指令格式如下：

RS	$R/\overline{W}$	DB7	DB6	DB5	DB4	DB3	DB2	DB1	DB0
0	0	0	0	1	DL	N	F	X	X

该指令设置了控制器的工作方式，包括控制器与计算机的接口形式和控制器显示驱动的占空比系数等。该指令有三个参数：DL、N 和 F，它们的作用是：

DL 设置控制器与计算机的接口形式。接口形式体现在数据总线长度上。DL＝1，设置数据总线为 8 位长度，即 DB7～DB0 有效；DL＝0，设置数据总线为 4 位长度，即 DB7～DB4 有效。在该方式下，8 位指令代码和数据将按先高 4 位后低 4 位的顺序分两次传输。

N 设置显示的字符行数。N＝0 为一行字符行；N＝1 为两行字符行。

F 设置显示字符的字体。F＝0 为 5×7 点阵字符体；F＝1 为 5×10 点阵字符体。

该指令可以说是字符型液晶显示控制器的初始化设置指令，也是唯一的软件复位指令。

7）CGRAM 地址设置指令。指令格式如下：

RS	$R/\overline{W}$	DB7	DB6	DB5	DB4	DB3	DB2	DB1	DB0
0	0	0	1	A5	A4	A3	A2	A1	A0

该指令将 6 位的 CGRAM 地址写入地址指针计数器 AC 内，随后计算机对数据的操作是对 CGRAM 的读/写操作。

8）DDRAM 地址设置指令。指令格式如下：

RS	$R/\overline{W}$	DB7	DB6	DB5	DB4	DB3	DB2	DB1	DB0
0	0	1	A6	A5	A4	A3	A2	A1	A0

该指令将 7 位的 DDRAM 地址写入地址指针计数器 AC 内，随后计算机对数据的操作是对 DDRAM 的读/写操作。

9）读“忙”标志和地址指针值指令。指令格式如下：

RS	$R/\overline{W}$	DB7	DB6	DB5	DB4	DB3	DB2	DB1	DB0
0	1	BF	AC6	AC5	AC4	AC3	AC2	AC1	AC0

CPU 对指令寄存器通道进行读操作（RS＝0，$R/\overline{W}$＝1）时，将读出此格式的“忙”标志 BF 值和 7 位地址指针计数器 AC 的当前值。BF 值反映 LCD1602 的接口状态。CPU 在对 LCD1602 每次操作时首先都要读 BF 值判断其当前接口状态，只有在 BF＝0 时 CPU 才可以对

LCD1602 操作。

CPU 读出的地址指针计数器 AC 当前值可能是 DDRAM 的地址也可能是 CGRAM 的地址，这取决于最近一次计算机向 AC 写入的是哪类地址。

10）写数据指令。指令格式如下：

RS	R/$\overline{W}$	DB7	DB6	DB5	DB4	DB3	DB2	DB1	DB0
1	0	要写入的数据 D7～D0							

CPU 向数据寄存器通道写入数据，LCD1602 根据当前地址指针计数器 AC 值的属性及数值将该数据送入相应的存储器内的 AC 所指的单元里。如果 AC 值为 DDRAM 地址指针，则认为写入的数据为字符代码并进入 DDRAM 内 AC 所指的单元里；如果 AC 值为 CGRAM 地址指针，则认为写入的数据是自定义字符的字模数据并送入 CGRAM 内 AC 所指的单元里。所以计算机在写数据操作之前要先设置地址指针或人为地确认地址指针的属性及数值。在写入数据后地址指针计数器 AC 将根据最近设置的输入方式自动修改。

由此可知，计算机在写数据操作之前要做两项工作：其一是设置或确认地址计数器 AC 值的属性及数值，以保证所写数据能够正确到位；其二是设置或确认输入方式，以保证连续写入数据时 AC 值的修改方式符合要求。

11）读数据指令。指令格式如下：

RS	R/$\overline{W}$	DB7	DB6	DB5	DB4	DB3	DB2	DB1	DB0
1	1	要读出的数据 D7～D0							

在 LCD1602 的内部运行时序的操作下，地址指针计数器 AC 的每一次修改，包括新的 AC 值的写入、光标滚动位移所引起的 AC 值的修改或由计算机读写数据操作后所产生的 AC 值的修改，LCD1602 都会把当前 AC 所指单元的内容送到数据输出寄存器内，供计算机读取。如果 AC 值为 DDRAM 地址指针，则认为数据输出寄存器的数据为 DDRAM 内 AC 所指单元的字符代码；如果 AC 值为 CGRAM 地址指针，则认为数据输出寄存器的数据是 CGRAM 内 AC 所指单元的自定义字符的字模数据。

计算机的读数据是从数据寄存器通道中数据输出寄存器读取当前所存放的数据。所以计算机在首次读数据操作之前需要重新设置一次地址指针 AC 值，或用光标滚动指令将地址指针计数器 AC 值修改到所需的地址上，然后进行读数据操作获得所需的数据。在读取数据后，地址指针计数器 AC 将根据最近设置的输入方式自动修改。

由此可知，计算机在读数据操作之前要做两项工作：其一是设置或确认地址计数器 AC 值的属性及数值，以保证所读数据的正确性；其二是设置或确认输入方式，以保证连续读取数据时 AC 值的修改方式符合要求。

三、电路

LCD1602 液晶显示器与单片机的连接如图 8-17 所示。

四、程序设计及分析

根据图 8-17 所示的电路，编写程序，使 LCD1602 的第一行显示“ok”，第二行显示

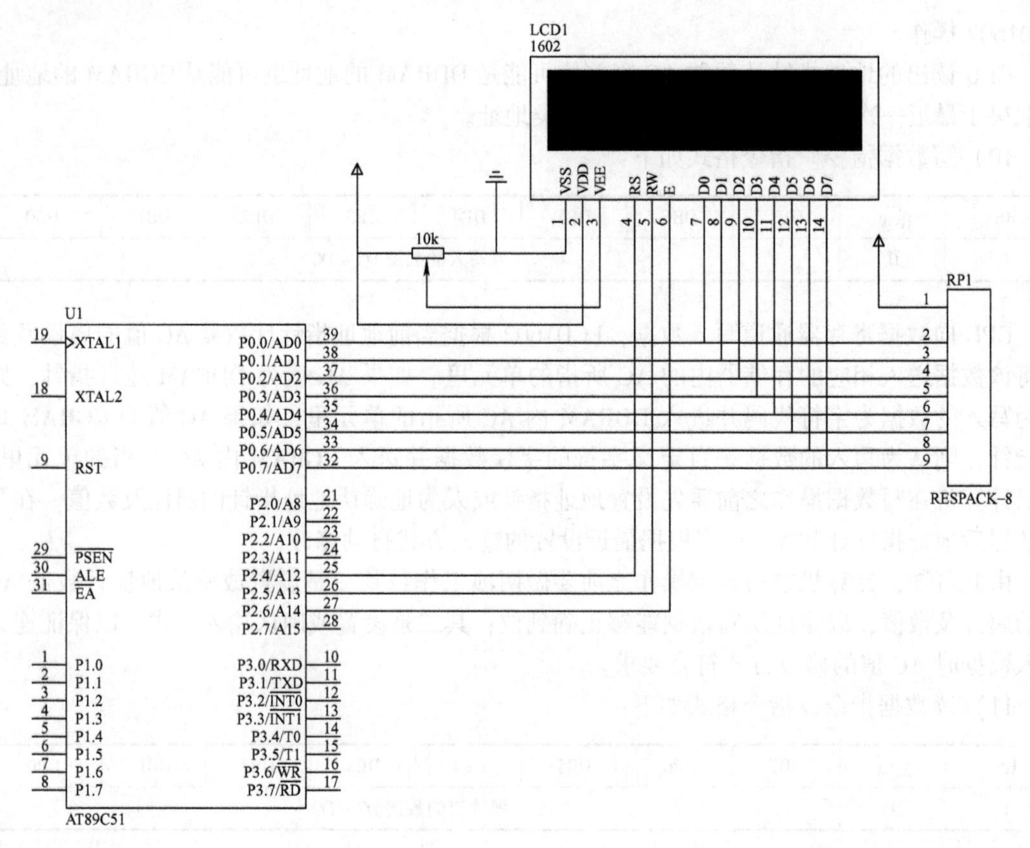

图 8-17　LCD1602 与单片机接口电路

"at89C51"。程序（chengxu8_3_1. c）清单如下：

```
1. #include <reg51. h>
2. #include <intrins. h>
3. #define uchar unsigned char
4. #define uint unsigned int
5. #define NOP _nop_()
6. sbit RS = P2^4;                                  //定义端口
7. sbit RW = P2^5;
8. sbit EN = P2^6;
9. #define DataPort P0
10. /*---延时函数,含有参数 uint t,无返回值-----*/
11. void DelayMs(uint t)
12. {
13.   uint i,j;
14.   for(i = t;i > 0;i--)
15.     for(j = 110;j > 0;j--);
16. }
17. /*---------------------判断忙函数---------------------*/
18. void LCD_Check_Busy(void)
19. {
```

```
20.   while(1)
21.   {
22.     DataPort =0xFF;
23.     RS =0;
24.     RW =1;
25.     EN =0;
26.     NOP;
27.     EN =1;
28.     if(DataPort & 0x80)break;
29.   }
30.   EN =0;
31.   DelayMs(2);
32. }
33. /*-----写入命令函数---------------------- */
34. void LCD_Write_Com(uchar com)
35. {
36.   LCD_Check_Busy();
37.   RS =0;
38.   RW =0;
39.   DataPort = com;
40.   EN =1;
41.   NOP;
42.   EN =0;
43. }
44. /*---------写入数据函数-------------------- */
45. void LCD_Write_Data(uchar Data)
46. {
47.   LCD_Check_Busy();
48.   RS =1;
49.   RW =0;
50.   DataPort = Data;
51.   EN =1;
52.   NOP;
53.   EN =0;
54. }
55. /*---------显示字符串函数------------------ */
56. void LCD_Write_String(uchar x,uchar y,uchar *s)
57. {
58.   if(y ==0)
59.     LCD_Write_Com(0x80 + x);          //表示第一行
60.   else   LCD_Write_Com(0xC0 + x);     //表示第二行
61.   while(*s)
62.   {
63.     LCD_Write_Data(*s);
```

```
64.      s++;
65.    }
66. }
67. /*--------------------显示字符函数--------------*/
68. void LCD_Write_Char(uchar x,uchar y,uchar Data)
69. {
70.   if(y==0)
71.   LCD_Write_Com(0x80 + x);
72.   else LCD_Write_Com(0xC0 + x);
73.   LCD_Write_Data(Data);
74. }
75. /*-----------------初始化函数----------------*/
76. void LCD_Init(void)
77. {
78.   LCD_Write_Com(0x01);
79.   LCD_Write_Com(0x38);
80.   LCD_Write_Com(0x0e);
81.   LCD_Write_Com(0x06);  /*显示光标移动设置*/
82. }
83. /*--------------主函数--------------*/
84. void main(void)
85. {
86.   LCD_Init();
87.   LCD_Write_Char(7,0,'o');
88.   LCD_Write_Char(8,0,'k');
89.   LCD_Write_String(1,1,"at89C51");
90.   while(1);
91. }
```

程序的第2行包含头文件intrins.h的目的是需要使用短延时函数_nop_()。单片机在对LCD1602操作前应确定其为空闲状态，即需要读取BF标志为0。程序的第12~32行为判忙函数，此时需要RS=0，RW=1，第28行读取LCD1602的状态并判断BF为0（不忙）时退出while循环，否则一直等待到不忙为止。相对来讲，LCD1602的运行速度小于CPU的运行速度，所以为使LCD1602有充分的时间响应CPU的命令，程序的第31行延时。

程序的55~66行为显示字符串函数，和67~74行的显示字符函数类似。显示字符串函数有三个参数，分别是需要显示的字符串指针*s、确定显示位置的x和y。其中y确定在第几行显示，取值为0或1；x确定在该行的第几个位置显示。由于LCD1602显示的第一行DDRAM地址为0x00~0x27，所以使用“0x80+x”指令码确定DDRAM地址（59行）；LCD1602显示的第二行DDRAM地址为0x40~0x67，使用“0xC0+x”指令码确定DDRAM地址（60行）。61~65行将待显示的字符串写到指定的DDRAM位置，即在指定位置显示相应的内容，直到字符串结束。程序的第89行调用显示字符串函数，调用时将字符串“at89C51”的首地址传递给*s，同时确定该字符串的显示位置从第二行的第二个字符开始。显示字符串函数具有通用性，如在主程序中使用语句“LCD_Write_String（4，1，"hello world");"调用该函数，则 LCD1602 的第二行第四个字符位置开始将显示 hello world。

LCD1602 在使用前一般需要进行初始化，程序的第 86 行调用初始化函数，而程序的第 75~82 行为初始化函数。主要是清屏（78 行），设置数据总线为 8 位长度、两行字符行和 5×7点阵字符（79 行），开显示、光标显示但不闪烁（80 行），设置光标自动右移一个字符位、禁止画面的滚动（80 行）。

在图 8-17 所示的电路中，编写程序，使 LCD1602 的第一行显示"temperature"，第二行显示"25℃"。从 LCD1602 的 CGROM 标准字库表中可以看到，在表的最左边是一列可以允许用户自定义的 CGRAM，从上往下有 16 个字节，实际只有 8 个字节可用。它的字符码是 00H~07H 这 8 个地址，表的下面还有 8 个字节，但因为 CGRAM 的字符码规定最低 3 位为有效地址，D7~D4 全为零，因此 CGRAM 的字符码最后三位为 000~111 共 8 个。

要向这 8 个自定义字符写入字模，首先利用设置 CGRAM 地址指令设定下一个要存入数据的 CGRAM 的地址。CGRAM 地址设置指令格式如下：

RS	$R/\overline{W}$	DB7	DB6	DB5	DB4	DB3	DB2	DB1	DB0
0	0	0	1	A5	A4	A3	A2	A1	A0

该指令将 6 位的 CGRAM 地址写入地址指针计数器 AC 内，随后计算机对数据的操作是对 CGRAM 的读/写操作。

这个指令数据的高 2 位已固定为 01，后面的 6 位是地址数据。在 6 位地址数据中，高 3 位就表示这 8 个自定义字符，最后的 3 位是字模数据的 8 个地址。例如，第一个自定义字符的字模地址为 01000000~01000111 共 8 个地址。要使 00H 位置存入"℃"的字模码，则需要先设置 CGRAM 地址为 01000000B，再依次存入以下数据，见表 8-6。

表 8-6 CGRAM 地址设置指令应用示例

地 址	数 据	图 示
01000000	00010000	○○○■○○○○
01000001	00000110	○○○○○■■○
01000010	00001001	○○○○■○○■
01000011	00001000	○○○○■○○○
01000100	00001000	○○○○■○○○
01000101	00001001	○○○○■○○■
01000110	00000110	○○○○○■■○
01000111	00000000	○○○○○○○○

如果要想显示这 8 个用户自定义的字符，其操作方法和显示 CGROM 的方法一样，先设置 DDRAM 位置，再向 DDRAM 写入字符码。如果要显示 CGRAM 的第一个自定义字符，就向 DDRAM 写入字符码 00H，如果要显示第 8 个就写入字符码 08H。

程序（chengxu8_3_2.c）清单如下：

```
1. #include <reg51.h>
2. #include <intrins.h>
3. #define uchar unsigned char
```

```
4. #define uint unsigned int
5. #define NOP _nop_()
6. sbit RS = P2^4;                                    //定义端口
7. sbit RW = P2^5;
8. sbit EN = P2^6;
9. #define DataPort P0
10. uchar code tab[ ] = {0x10,0x06,0x09,0x08,0x08,0x09,0x06,0x00};
11. /*---延时函数,含有参数 uint t,无返回值-----*/
12. void DelayMs(uchar t);
13. /*--------------------判断忙函数---------------------*/
14. void LCD_Check_Busy(void);
15. /*-----写入命令函数------------------------*/
16. void LCD_Write_Com(uchar com);
17. /*---------写入数据函数--------------------*/
18. void LCD_Write_Data(uchar Data);
19. /*---------显示字符串函数------------------*/
20. void LCD_Write_String(uchar x,uchar y,uchar *s);
21. /*-------------------显示字符函数--------------*/
22. void LCD_Write_Char(uchar x,uchar y,uchar Data);
23. /*-----------------初始化函数----------------*/
24. void LCD_Init(void);
25. /*--------------主函数--------------*/
26. void main(void)
27. {
28.   uchar i;
29.   LCD_Init();
30.   LCD_Write_Com(0x40);                             //设置 CGRAM 地址
31.   for(i=0;i<8;i++)
32.       LCD_Write_Data(tab[i]);
33.   LCD_Write_String(3,0,"temperature");
34.   LCD_Write_String(7,1,"25");
35.   LCD_Write_Char(9,1,0x00);
36.   while(1);
37. }
```

注意，程序 chengxu8_3_2.c 不完整，对于在程序 chengxu8_3_1.c 中使用过的函数，只是进行了声明，而没有定义。

五、拓展训练

1. LCD1602 内部结构包含哪几部分？各部分的作用分别是什么？
2. LCD1602 有多少条指令？各指令的格式及功能是什么？
3. 在图 8-17 所示电路中显示自己名字的汉语拼音，要求第一行显示姓，第二行显示名。
4. 编写出“工人”的显示字模，并在 LCD 上显示出来。

附　　录

附录 A　ASCII 码表

高3位 低4位	000 （0H）	001 （1H）	010 （2H）	011 （3H）	100 （4H）	101 （5H）	110 （6H）	111 （7H）
0000（0H）	NUL	DLE	SP	0	@	P	`	p
0001（1H）	SOH	DC1	!	1	A	Q	a	q
0010（2H）	STX	DC2	"	2	B	R	b	r
0011（3H）	ETX	DC3	#	3	C	S	c	s
0100（4H）	EOT	DC4	$	4	D	T	d	t
0101（5H）	ENQ	NAK	%	5	E	U	e	u
0110（6H）	ACK	SYN	&	6	F	V	f	v
0111（7H）	BEL	ETB	’	7	G	W	g	w
1000（8H）	BS	CAN	(	8	H	X	h	x
1001（9H）	HT	EM	)	9	I	Y	i	y
1010（AH）	LF	SUB	*	:	J	Z	j	z
1011（BH）	VT	ESC	+	;	K	[	k	{
1100（CH）	FF	FS	,	<	L	\	l	|
1101（DH）	CR	GS	–	=	M	]	m	}
1110（EH）	SO	RS	.	>	N	^	n	~
1111（FH）	SI	US	/	?	O	_	o	DEL

表中符号说明：

NUL　空
SOH　标题开始
STX　正文结束
ETX　文本结束
EOT　传输结果
ENQ　询问
ACK　承认
ETB　信息组传输结束
CAN　取消
EM　纸尽
SUB　减
ESC　换码
VT　垂直列表
FF　走纸控制
DC1　设备控制 1
DC2　设备控制 2
DC3　设备控制 3
DC4　设备控制 4
NAK　否定
FS　文字分隔符
GS　组分隔符

BEL　报警
BS　退格
HT　横向列表
LF　换行
SYN　空转同步
CR　回车
SO　移位输出
SI　移位输入
SP　空格
DLE　数据链换码
RS　记录分隔符
US　单元分隔符
DEL　作废

附录 B　C51 中的关键字

关键字	用途	说明
ANSIC 标准关键字		
auto	存储种类说明	声明自动变量
break	程序语句	退出最内层循环
case	程序语句	switch 语句中的选择项
char	数据类型说明	单字节整型数或字符型数据
const	存储类型说明	在程序执行过程中不可更改的常量值
continue	程序语句	转向下一次循环
default	程序语句	switch 语句中的失败选择项
do	程序语句	构成 do…while 循环结构
double	数据类型说明	双精度浮点数
else	程序语句	构成 if…else 选择结构
enum	数据类型说明	枚举
extern	存储种类说明	在其他程序模块中说明了的全局变量
float	数据类型说明	单精度浮点数
for	程序语句	构成 for 循环结构
goto	程序语句	构成 goto 转移结构
if	程序语句	构成 if…else 选择结构
int	数据类型说明	基本整型数
long	数据类型说明	长整型数
register	存储种类说明	使用 CPU 内部寄存的变量
return	程序语句	函数返回
short	数据类型说明	短整型数
signed	数据类型说明	有符号数，二进制数据的最高位为符号位
sizeof	运算符	计算表达式或数据类型的字节数
static	存储种类说明	静态变量
struct	数据类型说明	结构类型数据
switch	程序语句	构成 switch 选择结构
typedef	数据类型说明	重新进行数据类型定义

（续）

关 键 字	用　途	说　明
		ANSIC 标准关键字
union	数据类型说明	联合类型数据
unsigned	数据类型说明	无符号数数据
void	数据类型说明	无类型数据
volatile	数据类型说明	该变量在程序执行中可被隐含地改变
while	程序语句	构成 while 和 do…while 循环结构
		C51 编译器的扩展关键字
bit	位标量声明	声明一个位标量或位类型的函数
sbit	位标量声明	声明一个可位寻址变量
sfr	特殊功能寄存器声明	声明一个特殊功能寄存器
sfr16	特殊功能寄存器声明	声明一个 16 位的特殊功能寄存器
data	存储器类型说明	直接寻址的内部数据存储器
bdata	存储器类型说明	可位寻址的内部数据存储器
idata	存储器类型说明	间接寻址的内部数据存储器
pdata	存储器类型说明	分页寻址的外部数据存储器
xdata	存储器类型说明	外部数据存储器
code	存储器类型说明	程序存储器
interrupt	中断函数说明	定义一个中断函数
reentrant	再入函数说明	定义一个再入函数
using	寄存器组定义	定义芯片的工作寄存器

附录 C　C51 库函数

C51 软件包的库包含标准的应用程序，每个函数都在相应的头文件（.h）中有原型声明。如果使用库函数，必须在源程序中用预编译指令定义与该函数相关的头文件（包含该函数的原型声明）。

C.1　CTYPE.H：字符函数

原型：extern bit isalpha(char)

功能：isalpha 检查传入的字符是否在‘A’~‘Z’或‘a’~‘z’之间，如果为真返回值为 1，否则为 0。

原型：extern bit isalnum(char)

功能：isalnum 检查字符是否位于‘A’~‘Z’、‘a’~‘z’或‘0’~‘9’之间，为真返回值为 1，否则为 0。

原型：extern bit iscntrl(char)

功能：iscntrl 检查字符是否位于 0x00 ~ 0x1F 之间或 0x7F，为真返回值为 1，否则为 0。

原型：extern bit isdigit(char)

功能：isdigit 检查字符是否在 '0' ~ '9' 之间，为真返回值为 1，否则为 0。

原型：extern bit isgraph(char)

功能：isgraph 检查变量是否为可打印字符，可打印字符的值域为 0x21 ~ 0x7E。若为可打印，返回值为 1，否则为 0。

原型：extern bit isprint(char)

功能：除与 isgraph 相同外，还接收空格字符（0X20）。

原型：extern bit ispunct(char)

功能：ispunct 检查字符是否为标点或空格。如果该字符是个空格或 32 个标点和格式字符之一（假定使用 ASCII 字符集中 128 个标准字符），则返回 1，否则返回 0。ispunct 对下列字符返回 1：（空格）! " $ %^& ( ) +， -./： < = >？_ [' ~ {}

原型：extern bit islower(char)

功能：islower 检查字符变量是否位于 'a' ~ 'z' 之间，为真返回值为 1，否则为 0。

原型：extern bit isupper(char)

功能：isupper 检查字符变量是否位于 'A' ~ 'Z' 之间，为真返回值为 1，否则为 0。

原型：extern bit isspace(char)

功能：isspace 检查字符变量是否为下列之一：空格、制表符、回车、换行、垂直制表符和送纸。为真返回值为 1，否则为 0。

原型：extern bit isxdigit(char)

功能：isxdigit 检查字符变量是否位于 '0' ~ '9'、'A' ~ 'F' 或 'a' ~ 'f' 之间，为真返回值为 1，否则为 0。

原型：toascii(c)

功能：该宏将任何整型值缩小到有效的 ASCII 范围内，它将变量和 0x7F 相与从而去掉低 7 位以上所有数位。

原型：extern char toint(char)

功能：toint 将 ASCII 字符转换为十六进制，返回值 0 ~ 9 由 ASCII 字符 '0' ~ '9' 得到，10 ~ 15 由 ASCII 字符 'a' ~ 'f'（与大小写无关）得到。

原型：extern char tolower(char)

功能：tolower 将字符转换为小写形式，如果字符变量不在 'A' ~ 'Z' 之间，则不进行转换，返回该字符。

原型：_tolower(c)

功能：将参数 c 的值加上 0x20。

原型：extern char toupper(char)

功能：toupper 将字符转换为大写形式，如果字符变量不在 'a' ~ 'z' 之间，则不进行转换，返回该字符。

原型：_toupper(c)

功能：将参数 c 的值减去 0x20。

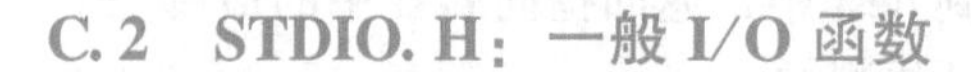

C.2　STDIO.H：一般 I/O 函数

原型：extern char _getkey()

功能：_getkey() 从串行口读入一个字符。

原型：extern char _getchar()

功能：getchar() 使用_getkey 从串行口读入字符，除了读入的字符马上传给 putchar 函数以响应外，与_getkey 相同。

原型：extern char * gets(char * s,int n)

功能：该函数通过 getchar 读入一个字符，送入由‘s’指向的数据组，n 为每次调用时能读入的最大字符数。

原型：extern char ungetchar(char)

功能：ungetchar 将输入字符推回输入缓冲区，因此下次 gets 或 getchar 可用该字符。ungetchar成功时返回‘char’，失败时返回 EOF，不可能用ungetchar 处理多个字符。

原型：extern putchar(char)

功能：putchar 通过串行口输出‘char’。

原型：extern int printf(const char * ,…)

功能：printf 以一定格式通过串行口输出数值和串。

原型：extern int sprintf(char * s,const char * ,…)；

功能：sprintf 与 printf 相似，但输出通过一个指针 s 送入可寻址的缓冲区。

原型：extern int puts(const char * s)

功能：puts 将串‘s’和换行符输出，错误时返回 EOF，否则返回一非负数。

原型：extern int scanf(const char * ,…)

功能：scanf 在格式串控制下，利用 getchar 函数读入数据，每遇到一个值（符号格式串规定)，就将它按顺序赋给每个参量，注意每个参量必须都是指针。scanf 返回它所发现并转换的输入项数。若遇到错误返回 EOF。

原型：extern int sscanf(const * s,const char * ,…)

功能：sscanf 与 scanf 方式相似，但串输入是通过另一个以空结束的指针。

C.3　STRING.H：串函数

串函数通常将指针串作输入值。一个串就包括 2 个或多个字符。串结尾以空字符表示。在函数 memcmp、memcpy、memchr、memccpy、memmove 和 memset 中，串长度由调用者明确规定，使这些函数可工作在任何模式下。

原型：extern void * memchr(void * s1,char val,int len)

功能：memchr 顺序搜索 s1 中的 len 个字符找出字符 val，成功时返回 s1 中指向 val 的指针，失败时返回 NULL。

原型：extern char memcmp(void * s1,void * s2,int len)

功能：memcmp 逐个字符比较串 s1 和 s2 的前 len 个字符。相等时返回 0，如果串 s1 大于或小于 s2，则相应返回一个正数或负数。

原型：extern void * memcpy(void * dest,void * src,int len)

功能：memcpy 由 src 所指内存中复制 len 个字符到 dest 中，返回指向 dest 中的最后一个字符的指针。如果 src 和 dest 发生交叠，则结果是不可预测的。

原型：extern void * memccpy(void * dest,void * src,char val,int len)

功能：memccpy 复制 src 中 len 个字符到 dest 中，如果实际复制了 len 个字符返回 NULL。复制过程在复制完字符 val 后停止，此时返回指向 dest 中下一个元素的指针。

原型：extern void * memmove(void * dest,void * src,int len)

功能：memmove 工作方式与 memcpy 相同，但复制区可以交叠。

原型：extern void * memset(void * s,char val,int len)

功能：memset 将 val 值填充指针 s 中的 len 个单元。

原型：extern char * strcat(char * s1,char * s2)

功能：strcat 将串 s2 复制到串 s1 结尾。它假定 s1 定义的地址区足以接受两个串，返回指针指向 s1 串的第一个字符。

原型：extern char * strncat(char * s1,char * s2,int n)

功能：strncat 复制串 s2 中 n 个字符到串 s1 结尾。如果 s2 比 n 短，则只复制 s2。

原型：extern char strcmp(char * s1,char * s2)

功能：strcmp 比较串 s1 和 s2，如果相等返回 0，如果 s1 > s2 则返回一个正数，如果 s1 < s2 则返回一个负数。

原型：extern char strncmp(char * s1,char * s2,int n)

功能：strncmp 比较串 s1 和 s2 中前 n 个字符，返回值与 strcmp 相同。

原型：extern char * strcpy(char * s1,char * s2)

功能：strcpy 将串 s2 包括结束符复制到 s1，返回指向 s1 的第一个字符的指针。

原型：extern char * strncpy(char * s1,char * s2,int n)

功能：strncpy 与 strcpy 相似，但只复制 n 个字符。如果 s2 长度小于 n，则 s1 串以‘0’补齐到长度 n。

原型：extern int strlen(char * s1)

功能：strlen 返回串 s1 字符个数（包括结束字符）。

原型：extern char * strchr(char * s1,char c)

　　　extern int strpos(char * s1,char c)

功能：strchr 搜索 s1 串中第一个出现的‘c’字符，如果成功，返回指向该字符的指针，搜索也包括结束符。搜索一个空字符返回指向空字符的指针而不是空指针。strpos 与 strchr 相似，但它返回字符在串中的位置或 -1，s1 串的第一个字符位置是 0。

原型：extern char * strrchr(char * s1,char c)

　　　extern int strrpos(char * s1,char c)

功能：strrchr 搜索 s1 串中最后一个出现的‘c’字符，如果成功，返回指向该字符的指针，否则返回 NULL。对 s1 搜索也返回指向字符的指针而不是空指针。strrpos 与 strrchr 相似，但它返回字符在串中的位置或 -1。

原型：extern int strspn(char * s1,char * set)

　　　extern int strcspn(char * s1,char * set)

　　　extern char * strpbrk(char * s1,char * set)

extern char * strrpbrk(char * s1, char * set)

功能：strspn 搜索 s1 串中第一个不包含在 set 中的字符，返回值是 s1 中包含在 set 里字符的个数。如果 s1 中所有字符都包含在 set 里，则返回 s1 的长度（包括结束符）。如果 s1 是空串，则返回 0。

strcspn 与 strspn 类似，但它搜索的是 s1 串中的第一个包含在 set 里的字符。strpbrk 与 strspn 很相似，但它返回指向搜索到字符的指针，而不是个数，如果未找到，则返回 NULL。

strrpbrk 与 strpbrk 相似，但它返回 s1 中指向找到的 set 字集中最后一个字符的指针。

C.4 STDLIB.H：标准函数

原型：extern double atof(char * s1)

功能：atof 将 s1 串转换为浮点值并返回它。输入串必须包含与浮点值规定相符的数。

原型：extern long atol(char * s1)

功能：atol 将 s1 串转换成一个长整型值并返回它。输入串必须包含与长整型值规定相符的数。

原型：extern int atoi(char * s1)

功能：atoi 将 s1 串转换为整型数并返回它。输入串必须包含与整型数规定相符的数。

C.5 MATH.H：数学函数

原型：extern int abs(int val)
　　　extern char cabs(char val)
　　　extern float fabs(float val)
　　　extern long labs(long val)

功能：abs 决定了变量 val 的绝对值，如果 val 为正，则不做改变返回；如果为负，则返回相反数。这四个函数除了变量和返回值的数据不一样外，它们的功能相同。

原型：extern float exp(float x)
　　　extern float log(float x)
　　　extern float log10(float x)

功能：exp 返回以 e 为底 x 的幂，log 返回 x 的自然数（e = 2.718282），log10 返回 x 以 10 为底的数。

原型：extern float sqrt(float x)

功能：sqrt 返回 x 的二次方根。

原型：extern int rand(void)
　　　extern void srand(int n)

功能：rand 返回一个 0 ~ 32767 之间的伪随机数。srand 用来将随机数发生器初始化成一个已知（或期望）值，对 rand 的相继调用将产生相同序列的随机数。

原型：extern float cos(float x)
　　　extern float sin(float x)
　　　extern float tan(float x)

功能：cos 返回 x 的余弦值，sin 返回 x 的正弦值，tan 返回 x 的正切值，所有函数变量

范围为 $-\pi/2 \sim \pi/2$，变量必须在 ±65535 之间，否则会产生一个 NaN 错误。

原型：extern float acos(float x)

extern float asin(float x)

extern float atan(float x)

extern float atan2(float y,float x)

功能：acos 返回 x 的反余弦值，asin 返回 x 的反正弦值，atan 返回 x 的反正切值，它们的值域为 $-\pi/2 \sim \pi/2$。atan2 返回 x/y 的反正切值，其值域为 $-\pi \sim \pi$。

原型：extern float cosh(float x)

extern float sinh(float x)

extern float tanh(float x)

功能：cosh 返回 x 的双曲余弦值，sinh 返回 x 的双曲正弦值，tanh 返回 x 的双曲正切值。

原型：extern void fpsave(struct FPBUF * p)

extern void fprestore(struct FPBUF * p)

功能：fpsave 保存浮点子程序的状态，fprestore 将浮点子程序的状态恢复为其原始状态，当用中断程序执行浮点运算时这两个函数是有用的。

C.6　ABSACC.H：绝对地址访问

原型：#define CBYTE((unsigned char *)0x50000L)

#define DBYTE((unsigned char *)0x40000L)

#define PBYTE((unsigned char *)0x30000L)

#define XBYTE((unsigned char *)0x20000L)

功能：上述宏定义用来对 8051 地址空间进行绝对地址访问，因此，可以字节寻址。CBYTE 寻址 CODE 区，DBYTE 寻址 DATA 区，PBYTE 寻址 XDATA 区，XBYTE 寻址 XDATA 区。

原型：#define CWORD((unsigned int *)0x50000L)

#define DWORD((unsigned int *)0x40000L)

#define PWORD((unsigned int *)0x30000L)

#define XWORD((unsigned int *)0x20000L)

功能：这些宏与上面相似，只是它们指定的类型为 unsigned int。通过指定灵活的数据类型，所有地址空间都可以访问。

C.7　INTRINS.H：内部函数

原型：unsigned char _crol_(unsigned char val,unsigned char n)

unsigned int _irol_(unsigned int val,unsigned char n)

unsigned long _lrol_(unsigned long val,unsigned char n)

功能：_crol_、_irol_、_lrol_以位形式将 val 左移 n 位。

原型：unsigned char _cror_(unsigned char val,unsigned char n)

unsigned int _iror_(unsigned int val,unsigned char n)

unsigned long _lror_(unsigned long val,unsigned char n)

功能：_cror_ 、_iror_ 、_lror_ 以位形式将 val 右移 n 位。

原型：void _nop_(void)

功能：_nop_ 产生一个 NOP 指令，该函数可用作 C 程序的时间比较。

原型：bit _testbit_(bit x)

功能：该函数测试一个位，当置位时返回 1，否则返回 0。如果该位置为 1，则将该位复位为 0。

C.8　STDARG. H：变量参数表

头文件 STDARG. H 允许处理函数的参数表，在编译时它们的长度和数据类型是未知的。为此，定义了下列宏：

宏名：va_list

功能：指向参数的指针。

宏名：va_stat(va_list pointer，last_argument)

功能：初始化指向参数的指针。

宏名：type va_arg(va_list pointer,type)

功能：返回类型为 type 的参数。

宏名：va_end(va_list pointer)

功能：识别表尾的哑宏。

C.9　SETJMP. H：全程跳转

SETJMP. H 中的函数用作正常的系列数调用和函数结束，它允许从深层函数调用中直接返回。

原型：int setjmp(jmp_buf env)

功能：setjmp 将状态信息存入 env 供函数 longjmp 使用。当直接调用 setjmp 时返回值是 0，当由 longjmp 调用时返回非零值，setjmp 只能在语句 if 或 switch 中调用一次。

原型：longjmp(jmp_buf env,int val)

功能：longjmp 恢复调用 setjmp 时存在 env 中的状态，参数 val 指定为 setjmp 函数的返回值。longjmp 和 setjmp 函数可用来执行一个非局部跳转，它们通过控制错误来恢复程序。

C.10　REGxxx. H：访问 SFR 和 SFR-BIT 地址

文件 REG51. H、REG52. H 和 REG552. H 允许访问 8051 系列的 SFR 和 SFR-BIT 的地址，对于 8051 系列中其他一些器件，用户可用文件编辑器很容易地产生一个“. h” 文件。

参 考 文 献

[1] 李全利. 单片机原理及应用技术［M］. 3 版. 北京：高等教育出版社，2009.
[2] 赵润林，张迎辉. 单片机原理与应用教程［M］. 北京：北京大学出版社，2005.
[3] 张永枫. 单片机应用实训教程［M］. 北京：清华大学出版社，2008.
[4] 曹克澄. 单片机原理及应用（汇编语言与 C51 语言版）［M］. 3 版. 北京：机械工业出版社，2018.